Ludwigskanal
und Eisenbahn

Wege und Irrwege zwischen Main und Donau.
Was ist davon geblieben? Was bringt die Zukunft?

Manfred Bräunlein

LUDWIGSKANAL UND EISENBAHN

Wege und Irrwege zwischen Main und Donau

Lorenz Spindler Verlag

Maria Magdalena Monika
gewidmet

1. Auflage 1991

ISBN 3-88929-075-2

Gesamtherstellung: Verlagsdruckerei Schmidt GmbH
8530 Neustadt a. d. Aisch

Vorwort

Zwischen Nürnberg und Fürth, in der Nähe der Ortschaft Doos, begegneten sich bis in unser Jahrhundert hinein drei Verkehrswege, von denen jeder eine historische Bedeutung hatte: Die 1805 ironischerweise unter preußischer Regie fertiggestellte „Fürther Chaussee" war eine der ersten modernen, gepflasterten Landstraßen Bayerns. Die Schienen der 1835 eröffneten „Ludwigsbahn" markierten den Beginn des Eisenbahnzeitalters in Deutschland und waren zugleich ein Symbol für den Anbruch des Industriezeitalters. Der „Ludwig-Donau-Main-Kanal" schließlich, ab 1846 in seiner ganzen Länge befahrbar, war bis zum gegenwärtigen „Rhein-Main-Donau-Kanal" der bedeutendste bayerische Wasserstraßenbau.

Angesichts der unübersehbaren Nähe dieser so unterschiedlichen Verkehrswege, zu denen ab 1844 noch die „Ludwig-Süd-Nordbahn" kam, ist es im Grunde verwunderlich, daß erst dieses Buch den lohnenden Versuch unternimmt, das Nebeneinander von Kanal und Eisenbahn in seiner ganzen Komplexität zu untersuchen. Dabei wird auch deutlich, daß Verkehrspolitik damals häufig nicht von Vernunftsgründen bestimmt wurde, sondern von Stimmungen und illusionären Erwartungen. Die Zukunft wird zeigen, ob die Verkehrsplaner unserer Tage etwa mit der Anlage des Rhein-Main-Donau-Kanals oder der in Diskussion befindlichen Neutrassierung der Bahnverbindung München–Nürnberg eine glücklichere Hand hatten als ihre Vorgänger im 19. Jahrhundert.

Dr. Franz Sonnenberger
Centrum Industriekultur
September 1991

Der Ludwigs-Kanal zwischen Fürth und Nürnberg aus dem Blickwinkel eines unbekannten Zeichners.   Foto: Hochbauamt der Stadt Nürnberg.

Inhalt

Hinweise:

Regentschaften im Königreich Bayern: 1806−1825 Maximilian I. Joseph
                                                  1825−1848 Ludwig I.
                                                  1848−1864 Maximilian II.
                                                  1864−1886 Ludwig II.

Gulden: eine Silbermünze und Währungseinheit in deutschen und benachbarten Staaten.
Bis 1873: 1 Gulden (fl) = 60 Kreuzer = 15 Batzen = $^2/_3$ Thaler
„fl" ist die Abkürzung für „florin"
Umgerechnet nach dem Münzgesetz vom 9. Juli 1873 entspricht dann 1 Gulden 1,71 Mark.

1 Wegstunde	= 3707,48 Meter
1 bayerische Meile	= 2 Poststunden = 7414,95 Meter
1 bayerischer Fuß	= 29,18 Zentimeter
1 Zentner	= 56 Kilogramm (bis 1877)

Fahrplan auf Seite 104:	Stadtarchiv Neumarkt/Opf.
Fahrplan auf Seite 68:	Sammlung Bräunlein
Plan auf Seite 164:	Staatsarchiv München

Die Zeichnungen auf Seite: 52, 54, 100, 107, 159 und 169 sind von Markus Kirchhoff hergestellt.

Titelfoto: Mit Volldampf ins Tal der Sulz. Unter diesem Motto weckte ein Sonderzug am 28. 2. 1988 Erinnerungen an den Plandienst der 60er Jahre.

Rückseite: Detailaufnahme eines Zahnradgetriebes für ein Stauwehr der Altmühl. Technikdenkmal im Kanalhafen Kelheim.

Foto Seite 6:   Schleuse 61 zwischen Röthenbach und Schwarzenbruck.

Foto Seite 7:   Kreuzung dreier Verkehrswege (Straße, Schiene, Wasserstraße) in Greißelbach. BR 98 550 fährt im Mai 1954 in Greißelbach ein. Foto: G. Turnwald.

Foto Seite 8:   Der Auslegearm eines Bockkranes als Ruheplatz für eine Möwe. Kelheim 1989. 4 Fotos: M. Bräunlein.

Verkehrswege in Nordbayern vor dem Bau der Ludwigsbahn

Ein Überblick

Handelsstraßen waren wichtige Faktoren wirtschaftlicher Entwicklung. Ihr Zustand allerdings setzte in jeder Hinsicht Grenzen. So klagte Landgraf Wilhelm IV. von Hessen-Kassel 1651: „Es ist eine Zeit viel Klagen gewesen . . . daß . . . hin und wieder die Steinwege in und vor den Städten, sowie die Landstraßen und Fahrwege auf dem Feld ganz böse, brüchig und unberechenbar, theils auch mit Gebüschen und Gesträuchern bewachsen sind, so daß nunmehr, es sei mit Kutschen oder Wagen, nicht mehr darauf fortzukommen ist."

Bei Regen verwandelten sich Wege in Bäche und Schlammzonen, Achs- und Radbrüche waren an der Tagesordnung. Unter solchen Umständen konnte eine Reise leicht zur Qual werden. Vorzüglich schildert derlei Widrigkeiten Markgräfin Wilhelmine von Bayreuth – eine Schwester Friedrichs des Großen – in ihrem Reisebericht für eine Fahrt von Bayreuth nach Gera: „Es war höllisches Wetter! Die Wege waren so schlecht, daß ich, aller meiner Eile ungeachtet, nur bis Hof kommen konnte, und das erst abends um elf Uhr, da es doch nur sechs Meilen von Bayreuth entfernt ist. Mein Gepäck war zurückgeblieben, ich mußte mich also ganz angekleidet auf ein schlechtes Bett legen, auf dem ich wenig schlief. Das Gepäck kam erst um zwei Uhr an; ich befahl, es weiterfahren zu lassen, in der Hoffnung, daß mein Nachtlager in der zweiten Nacht besser sein würde als das erste.

Die zweite Tagesreise war sehr lang. Ich reiste um drei Uhr ab und war mittags in Schleiz, das nur vier Meilen von Hof entfernt ist. Ohne aus dem Wagen zu steigen, nahm ich etwas Fleischbrühe, um recht früh in Gera, zwei Stationen weiter, einzutreffen. Die erste legte ich in vier Stunden zurück, auf der zweiten fand ich keine Pferde, obschon sie zwei Tage vorher bestellt waren.

Mich begleitete gar kein anderer Wagen als der, in welchem Herr von Seckendorf mit meinen Kammerfrauen saß. Der Postmeister, der wohl abgefeimt war, bat mich, um Gottes Willen nicht weiterzureisen, weil die Wege zum Halsbrechen wären. „Sie müssen", sagte er, „durch einen großen Wald, wo alle Tage geraubt und gemordet wird, und da Sie dieselben Pferde, welche Sie hierher brachten, auch nach Gera führen müssen, können Sie nur sehr spät eintreffen. Ich muß Ihnen das alles sagen, um aller Verantwortlichkeit ledig zu sein." Mir stieg der Kamm, wie ich diesen weisen Ratgeber hörte. Meine Hofdame wollte, daß wir die Nacht in diesem Dorfe zubringen sollten, allein wir hatten weder Betten noch Köche, das Haus sah wie eine Räuberhöhle aus, es stank zum Sterben, und die Schweinerei, die darinnen herrschte, machte einem übel und weh. Ich entschloß mich also schnell, stellte mich ganz heldenmäßig, indes mir himmelbang war, und setzte meinen Weg fort.

Historischer Wegweiser in Neuhof – liebevoll restauriert. Foto: M. Bräunlein.

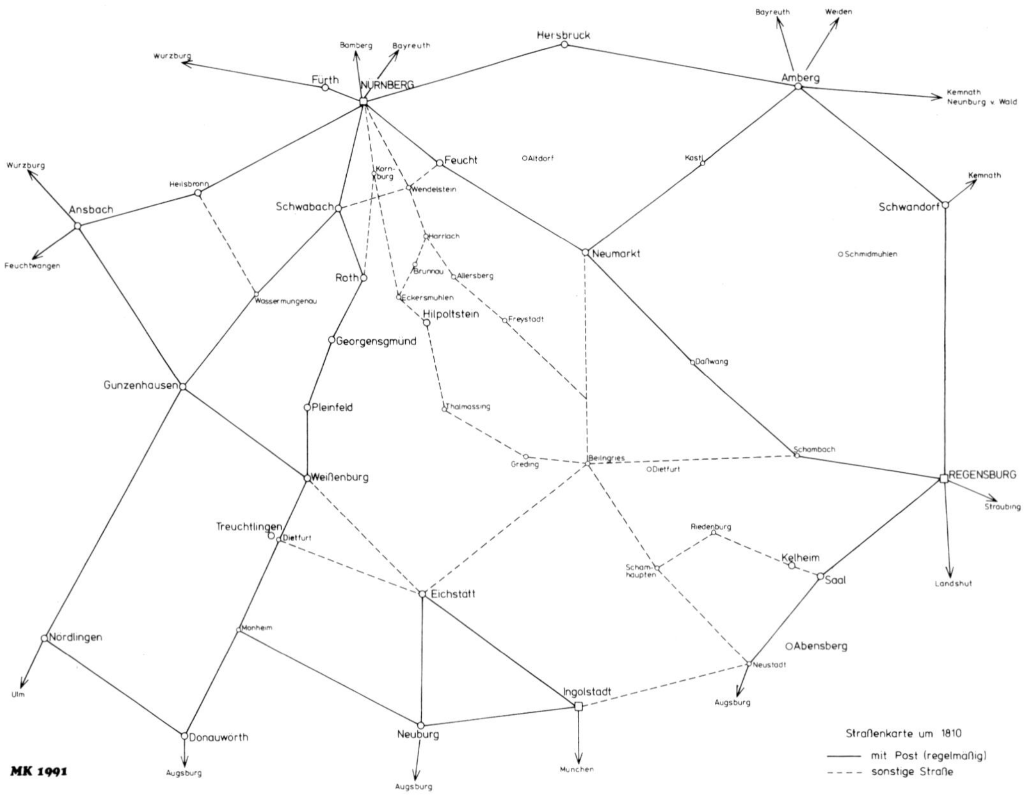

Straßenkarte um 1810

— mit Post (regelmäßig)
--- sonstige Straße

MK 1991

Fähre am Inn; Zeichnung von Heinrich Bürkel (1802–1869).

10

Des Postmeisters Rat war leider nur zu gerechtfertigt! Die Wege waren abscheulich! Bei jedem Schritt waren wir in Gefahr umzuwerfen, und, um das Unglück zu krönen, fing die Nacht an, ihren Mantel über uns auszubreiten. Wir hatten zwar Fackeln mit uns, allein in demselben Augenblick, wo wir in den Wald traten, verlöschten sie, und die Finsternis vermehrte unsere Angst. Je weiter wir kamen, hörten wir um uns her Pfiffe ertönen, die mich mit Furcht und Zittern erfüllten; der kalte Schweiß lief mir von der Stirn; meine Damen waren nicht besser daran, und wir gingen leise flüsternd zu Rate, was wir im Fall eines Angriffs tun sollten. In diesem Zustand blieben wir bis nachts zwei Uhr, wo wir endlich glücklich in Gera ankamen. Wir waren alle halbtot; mir insbesondere hatte meine heldenmütige Entschlossenheit das Blut so in Wallung gebracht, daß ich die ganze Nacht sterbenskrank war."

Trefflich auch der Brief W. A. Mozart's 1780 an seinen Vater: „Dieser Wagen stößt einem doch die Seele heraus! Und die Sitze! Hart wie Stein! Von Wasserburg aus glaubte ich in der Tat, meinem Hintern nicht nach München bringen zu können. Er war ganz schwielig und vermutlich feuerrot. 2 ganze Posten fuhr ich, die Hände auf die Polster gestützt und den Hintern in den Lüften haltend — doch genug davon, es ist schon vorbei."

Den schlechten Straßenzustand mußten die Reisenden hinnehmen, den Grundbesitzern brachte er in der Regel nur Vorteile, galt doch damals noch vielerorts die „Grundruhr". Fiel nämlich ein Gegenstand vom Wagen und berührte den Boden, so konnte der zuständige Eigentümer den herabgefallenen Gegenstand für sich beanspruchen. Besonders lukrativ waren somit Achsbrüche, hatte man dann doch die Chance, die gesamte Ladung sein Eigentum nennen zu können.

Ob eine Ladung ihr Ziel erreichte, hing also von vielen Unwägbarkeiten ab. Von schlechten Straßen, störrischen Pferden, Alter und Zustand des Karrens, vom Wetter sowie von Wegelagerern und Räubern. Kam die Ladung dann wohlbehalten doch am Ziel an, so beeinflußten neben dem Grundpreis die Zahl an Schlagbaumstellen, die Höhe von Pflaster- und Brückenzoll, die Staubbuße und Wegesteuer den Wiederverkaufswert.

Nürnberg als wichtiger Handelsplatz und Schnittpunkt bedeutender Handelsstraßen zog aus all den Unzulänglichkeiten bald Konsequenzen.

So ist bekannt, daß Güter nach Würzburg, Frankfurt/Main, Köln und Amsterdam lediglich bis Forchheim oder bis Bamberg auf der Straße transportiert wurden. Zeitgewinn und Schutz vor Raubüberfällen waren Vorteile der Wasserstraße; da spielte es keine Rolle, ob die Waren zweimal, in Forchheim und in Bamberg, umgeladen werden mußten.

Für heutige Verhältnisse unvorstellbar ist lediglich die herausragende Stellung des Forchheimer Hafens. Allerdings darf man Schiffsgröße und Wassertiefe nicht mit heutigen Maßstäben vergleichen, darüberhinaus fand der Schiffsverkehr auf dem Main — historisch betrachtet — schon immer seine natürliche Verlängerung auf der Regnitz. Äußerst flach gezimmerte Boote gewährten dabei relativ problemloses Befahren des Flusses. Bereits Karl der Große soll die Regnitz als Reiseweg benutzt haben.

Wegen der nahen Kaiserpfalz bekam die Forchheimer Lände schon frühzeitig auch politische Bedeutung; insbesondere wenn zu Reichs-, Fürsten- oder Kirchenversammlungen ein reger Verkehr auf dem Gewässer herrschte. Den Stellenwert der Regnitzschiffahrt richtig einordnend, untersagte im 12. Jahrhundert eine bischöfliche Verordnung die Errichtung von Mühlwehren und Wasserradanlagen unterhalb der Forchheimer Lände. Dagegen ließ die für den Oberlauf zuständige markgräflich-ansbachische Regierung Mühlwehre und Schöpfräder zu, verhinderte dabei aber gleichzeitig Schiffsverkehr über Forchheim hinaus Richtung Erlangen, Fürth, Nürnberg, Schwabach und Roth.

Erfolgte der Schiffsverkehr zwischen Bamberg und Forchheim vorzugsweise sporadisch und ausschließlich mit sehr kleinen Kähnen, bestand in Bamberg die Möglichkeit, ganze Wagenladungen auf Lastensegler zu verstauen. Deshalb hatte der Bamberger Hafen eine Art Magnetwirkung für Ober- und Mittelfranken, Thüringen und die nördliche Oberpfalz. Von einem regelmäßigen Verkehr auf dem Main kann aber trotzdem nicht gesprochen werden, dafür war die jahreszeitliche Abhängigkeit der Schiffahrt auf diesem Fluß zu stark ausgeprägt. Den genügend hohen Wasserstand regelte noch immer die Natur; Niedrigwasser und Eisgang verhinderten demnach fahrplanmäßigen Schiffsverkehr.

Hafen „Am Kranen" in Bamberg mit typischen Lastenseglern.
Foto:
Stadtarchiv Bamberg.

Marktbreit, Ochsenfurt und Kitzingen spürten diese Abhängigkeit nicht so deutlich und entwickelten sich zu gleichwertigen Güterumschlagplätzen für den fränkischen Wirtschaftsraum.

Um die Launen der Natur zu bändigen, sollten noch Jahrzehnte vergehen, dagegen bot auf politischer Seite ein Sofortprogramm Vorteile und Verbesserungen für die auf Schiffsverkehr angewiesenen Handelspartner. 1850 endete nämlich die territoriale Zersplitterung der Mainanlieger. Auf 320 Kilometer Länge war der Main nun ein bayerischer Fluß, woraus sich die verschiedenen Impulse ableiten lassen:

- Viele Zollschranken gab es zukünftig nicht mehr. (1818 waren es noch vier.)
- Die Transportkosten konnten deshalb gesenkt und die Waren preiswerter angeboten werden.
- Die Nachfrage und das Transportvolumen stiegen.
- Hessen und Bayern als nunmehr einzige Mainanliegerstaaten konnten jetzt koordiniert an Verbesserungen für die Mainschiffahrt gehen.

Mainausbau hieß deshalb das Stichwort, für dessen Umsetzung in die Praxis großes Interesse bestand. Am Anfang standen Flußlaufkorrekturen in bescheidenem Umfang, Uferbefestigungen und die Beseitigung von Untiefen. An verschiedenen Stellen wurde das Flußbett kontinuierlich verschmälert, um die nötige Wassertiefe für größere Frachtkähne zu

erhalten. Konsequenterweise entfernte man alle Mühlen im Fluß, welche in der Vergangenheit durch ihre primitiven Stauwehre manches Schiffsunglück provozierten.

Die erste größere Baumaßnahme dann um 1820. Bei Grafenrheinfeld ersetzte ein sog. Durchstich die dort vorhandene „gegenläufige Flußschlinge". Sechs weitere derartige Korrekturen folgten bis 1850. Das Ergebnis dieser Maßnahmen aber war dürftig. Zum einen, weil durch Eingriffe in den Flußlauf und Einwirkung auf die Fließgeschwindigkeit bislang unbekannte Probleme auftauchten. Andererseits benötigten Treidelschiffe von Würzburg bis Bamberg noch immer 5 Tage Reisezeit. Somit reichten die vorausgegangenen 50 Jahre nicht aus, die Mainschiffahrt dem neuen Verkehrsmittel Eisenbahn gegenüber konkurrenzfähig auszubauen. Als 1854 in Etappen die Ludwigs-Westbahn, von Bamberg über Schweinfurt, Würzburg, Aschaffenburg nach Frankfurt/Main eröffnet wurde, reduzierte sich beispielsweise die Transportzeit zwischen Würzburg und Bamberg auf $2^1/_2$ Stunden. Da konnte selbst die 1841 in Würzburg gegründete Main-Dampfschiffahrtsgesellschaft an der vorgegebenen Situation nichts ändern. Nach erfolgreicher Probefahrt 1841 wollte man 1842 den Fahrdienst einführen, scheiterte aber an Untiefen, wandernden Sandbänken und Niedrigwasser. Als weitere Schwierigkeiten hinzukamen, mußte die Gesellschaft 1858 liquidiert werden.

Die darniederliegende Mainschiffahrt erhielt erst 30 Jahre später wieder neue Impulse.

Der unrentable Treidel-, Segelschiff- und Raddampferbetrieb sollte ersetzt werden. Die Kettenschleppschiffahrt blieb dabei allerdings eine Episode, zumal es von 1884 bis 1912 dauerte, bis die Kette von Mainz nach Bamberg verlegt war. 1936 wurde die „Meekuh" (Kettenschleppbetrieb) wieder außer Betrieb genommen.

Der Hauptimpuls für den Mainausbau hingegen ging vom preußischen Staat aus, welcher zu Ende des 19. Jahrhunderts zwischen Mainz und Frankfurt fünf neue Staustufen errichten ließ. Der Erfolg dieser Maßnahme war die Erkenntnis, daß Staustufen die Lösung der Schiffahrtsprobleme des Mains schlechthin darstellten. Nun lag es an Bayern, die Schiffahrtsstraße in Etappen auszubauen:

1920 bis Aschaffenburg
1940 bis Würzburg
1957 bis Kitzingen
1962 bis Bamberg (incl. neuem Hafen in Bamberg)
(1972 erreicht der neue Rhein-Main-Donau-Kanal Nürnberg)

Entwickelte sich der Main im Lauf der Zeit zu einer bewährten Handelstraße, ist die Geschichte der Donau in puncto Schiffahrt ungemein vielschichtiger. Mit ihren 1858 Flußkilometern war sie nicht nur Verkehrsträger in guten und in schlechten Zeiten, sondern auch Mittler zwischen Orient und Okzident.

Bereits in der Steinzeit befuhren Ureinwohner mit Einbäumen die Donau und ihre Nebenflüsse. Belegt ist diese Tatsache durch einen Fund an der Salzachmündung. Vermutlich dienten solch einfache Boote nicht nur dem Fischfang oder einem lokal begrenzten Warenaustausch, sondern auch dem Salztransport über weite Strecken. In der Gegend der heutigen Orte Bad Reichenhall, Hallein, Ischl, Hallstadt und Ausee wurde das lebenswichtige Mineral abgebaut und u. a. über die Salzach verschifft. Mit den wendigen Booten kam das Salz dann donauauf- und donauabwärts zu den Siedlungen. Die Weiterentwicklung vom Einbaum zum Lastkahn vollzog sich anschließend über einen langen Zeitraum und fand ihren vorläufigen Abschluß im keltischen Flachboot. Aus Brettern gezimmert sollte es das charakteristische Donaulastschiff werden.

War es den Kelten und ihrer fortschrittlichen Zimmermannstechnik vorbehalten, das Flachboot zu entwickeln, nutzten es die Römer konsequent für ihre Angelegenheiten. Erwies sich dieser Bootstyp doch als universell einsetzbares Transportmittel. Anfangs bestand die Ladung vorwiegend aus Baumaterialien und Handwerkszeug für die neu gegründeten Siedlungen und Kastelle. Hatte man sich dann erst einmal wohnlich eingerichtet, wurden Getreide, Wein, Pferde, Vieh, Lebensmittel, Wachs und Töpferwaren geladen. Selbst für Truppentransporte war das Flachboot gut geeignet.

Nach dem Niedergang des römischen Imperiums (29 v. Chr. bis ca. 300 n. Chr.) besiedelten Bauern verschiedener Völkerstämme die nun freigewordenen Landstriche rechts und links der Donau, zeigten aber kein Interesse an Handel und Schiffahrt. Lebhafter wurde der Verkehr auf dem Fluß erst, als Pilgerscharen zum heiligen Land aufbrachen und dabei die Donau bis zur Mündung benutzten. Den friedlichen Passagieren folgte anschließend erneut die Phase der Truppentransporte, ausgelöst durch Kriege, Feldzüge und kriegerische Handlungen. Erinnert sei lediglich an die 250 Jahre dauernden Türkenkriege, an die Schlacht auf dem Amselfeld (1389) oder an die Eroberung Belgrads (1688).

Was immer den Anlaß gab, politische Veränderungen beeinflußten den Handelsverkehr − nicht nur − auf der Donau, waren aber zugleich Impulsgeber und Chance. Anders gelagerte Wirtschaftsräume veränderten Binnen- und Transithandel und führten zu neuen Schiffsverbindungen auf Teilabschnitten der Donau. Intensivere Handelskontakte wiederum zogen Forderungen nach dem schiffsgerechten Ausbau der Donau und ihrer Nebenflüsse nach sich.

Einer dieser Zuflüsse war die Vils. Folgerichtig hieß im Mittelalter der nächstgelegene „Donauhafen" für Nürnberg nicht Regensburg oder Kelheim, sondern Schmidmühlen. Ein kleiner Ort, der, als Kreuzungspunkt einer Wasserstraße (die Vils war bis Amberg schiffbar) mit Landstraßen (Amberg − Ingolstadt und Nürnberg − Cham) lange Zeit überregionales Ansehen hatte. Schmidmühlen war Umschlagplatz für Nürnberger Tand sowie für Salz und österreichisches Eisenerz. Letzteres ließ sich bei den Nürnberger Drahtziehern besser verarbeiten als Eisenerz aus der nahen Oberpfalz.

Möglich war Schiffsverkehr über Schmidmühlen hinaus bis Amberg nur deshalb, weil der an und für sich seichte Fluß an mehreren Stellen künstlich gestaut wurde. Eine Maßnahme, die sich bereits im 13. Jahrhundert ergab und die Grundvoraussetzung für Mühlen und Eisenhämmer bildete. In der Regel bestanden diese Wehre aus Holzbohlen, mit einer Durchfahrt für Lastkähne. Kurz vor Ankunft des Schiffes wurden die Bohlen der Schiffsdurchfahrt entfernt und der Kahn mußte auf einer Art Flutwelle die Schleuse nehmen. Wesentlich kritischer war die Bergfahrt. Treidelpferde hatten sich mächtig anzustrengen, um den relativ kleinen Kahn über den Wasserschwall zu ziehen. In einer Chronik von 1550 heißt es hierzu: „Auf der Vils gehen alle Wochen ... 5 oder 6 Schiff gegen Regensburg, führen Eysenerzt, Eysen und andere Kaufmanns Waar hinab, ain Schiff in 350 Centner schwer und entgegen herauf Salz, Getraid und andere Waar, ain Schiff in 150 Centner schwer." So war es möglich Eisenerz von Amberg nach Regensburg zu liefern und auf der Rückfahrt Getreide, Honig, Wein, Bier, Salz und Töpferwaren zu laden.

Die traditionsreiche Schiffahrt auf der Vils blieb bis 1826 erhalten, dann wurden die noch verbliebenen Salz- und Erztransporte eingestellt. Ungeachtet dessen aber beauftragte König Ludwig I. Oberbaurat Heinrich Freiherr von Pechmann mit Verbesserungen für die Schiffahrt auf Naab und Vils. Kernpunkt seines Programmes waren die drei heute noch vorhandenen „steinernen Kammerschleußen" bei Ebenwies (1835/36), Pielenhofen (1836/37) und Heitzenhofen (1837/38). Mit einem definitiven Kanalprojekt hatten die Bauwerke jedoch nichts mehr zu tun, denn zum Erstellungszeitpunkt lag die genaue Streckenführung des ersten Main-Donau-Kanales längst fest und der Vorschlag einer Kanalverbindung von Hersbruck (Pegnitz) nach Schmidmühlen (Vils) war ad acta gelegt. Andererseits hätte eine Verästelung des Schiffsverkehrs auf Nebenflüssen der Donau auch positive Auswirkungen auf den Ludwigskanal gehabt,

oder umgekehrt. Die industrielle Revolution setzte aber auch bei der Donauschiffahrt veränderte Akzente. Am 17. September 1830 fuhr nämlich das erste Dampfschiff auf der Donau − und zwar von Wien nach Budapest. In Folge beeinflußte die Dampfmaschine Schiffsverkehr und Schiffsform. Auf den Schiffswerften verdrängte der Schlosser den Zimmermann und die „Holzpletten" mit geringem Ladevermögen verwandelten sich in Lastkähne aus metallischen Werkstoffen mit bis dahin unbekanntem Ladevermögen. Plötzlich gab es Raddampfer, Zahnraddampfer und Passagierschiffe. Neben dem Linienverkehr bot man sog. Lustfahrten an und die Fahrzeiten zwischen den einzelnen Anlegestellen veränderten sich deutlich. Benötigte beispielsweise ein „Salzzug" auf der Donau von Passau bis Regensburg zwischen 9 und 15 Tage, so reduzierte sich die Reisezeit für ein Dampfschiff auf 10 Stunden.

Den Passagierverkehr auf der Donau innerhalb Bayerns übernahm 1836 die in Regensburg gegründete „Bayerisch-Württembergische-Donau-Dampf-Schiffahrtsgesellschaft" und setzte 1837 ihr erstes Dampfschiff „Ludwig I" zwischen Linz und Regensburg ein. Von dieser Gesellschaft wurde dann ab 1837/38 zusätzlich der fahrplanmäßige Personenschiffverkehr donauaufwärts zwischen Regensburg und Ulm aufgenommen.

Bestand über Jahrhunderte hinweg eine enge Verflechtung zwischen Gütertransporten und dem Schiffsverkehr auf der Donau, war nun der bislang vernachlässigte Passagier zwischen Konstantinopel und Ulm umworben. Jedoch − diese Episode war von kurzer Dauer. Nur wenige Tage nach Eröffnung von Eisenbahnstrecken parallel zur Donau stellte man auf den betreffenden Teilstrecken den Personenschiffverkehr ein. Die Eisenbahn wurde zum Konkurrenten der Personenschiffahrt auf der Donau und verdrängte diese in spezielle Marktnischen, z. B. Tagesausflüge.

Der Kanal als Bindeglied zwischen Main und Donau

Ältestes Zeugnis einer Kanalidee in Bayern ist der Karlsgraben (Fossa Carolina) bei Treuchtlingen. Karl der Große ließ ihn 793 anlegen, um die Flüßchen Rezat und Altmühl verbinden zu können. Über Rhein, Main und Donau wäre somit Schiffsverkehr von der Nordsee bis zum Schwarzen Meer möglich gewesen. Unsicher ist man, ob der Kanal aus wirtschaftlichen oder militärischen Überlegungen entstand. Sicher hingegen erscheint, daß das Bauwerk in dem damaligen Sumpfgelände mit den vorhandenen technischen Möglichkeiten nicht realisiert werden konnte.

Der Gedanke jedoch blieb lebendig, von ihm ging sogar Faszination aus. Sollte es wirklich möglich sein, mit einem ca. 3 km langen Kanalstück eine mehr als 3000 km umfassende Schiffsverbindung herzustellen? Konnte damit wirklich die Wirtschaftskraft Bayerns verbessert werden? Nun, es zeigte sich, daß die kürzeste Verbindung zwischen zwei Flüssen nicht die optimale sein konnte. Ein solcher Nachweis ergab sich allerdings erst im 19. Jahrhundert. Zuvor blieb es um neue Kanalprojekte lange still, erfolgten doch die ersten Kanalgrabungen in Europa im 13. Jahrhundert. So sollte die Saale unterhalb der Unstrutmündung bis zur Elbmündung kanalisiert werden, 1477 entstand der Willebroeks-Kanal zwischen Brüssel und dem Fluß Schelde, sowie der Finow-, der Recknitz- und der Kraffohl-Kanal. Im Prinzip handelte es sich dabei um Stichkanäle, deren Ziel es war, Wirtschaftszentren an wichtige Handelsstraßen (z. B. größere Flüsse) anzuschließen.

1622, als in beträchtlichem Umfang der Kanalbau in Frankreich begann, erhielt auch in Bayern die Kanalidee neue Impulse. Wassenberg's Ziel war die − schon bekannte − Verbesserung der Handelsbeziehungen zwischen Europa und den Balkanstaaten. Zu diesem Zweck schlug er eine Kanalverbindung zwischen Wörnitz und Tauber, über die Frankenhöhe, vor. Ein Blick in die Landkarte zeigt, die Quellen beider Flüsse liegen sehr nahe beieinander, man hätte aber die Gewässer bis in Quellnähe schiffbar machen

müssen, um die Main-Donau-Verbindung zu ermöglichen. Der Vorschlag orientierte sich zwar am Grundgedanken des Fossa Carolina, fand aber kein allgemeines Interesse. Im Gegensatz dazu empfahl der Regensburger Georg Zacharias Haas 1762 in seiner Schrift: „De Danubii et Rheni coniunctione" die Wiederaufnahme des karolinischen Planes und erläuterte ein Schiffshebewerk. Letzteres hatte zwar die Funktion einer späteren Kanalschleuse, diente aber lediglich der Wasserregulierung. Schiffe mußten seitlich davon, auf einer Art „Schiefen Ebene" und mit Hilfe von Seilwinden den Höhenunterschied an Land nehmen. Zum besseren Gleiten der Kähne sollten Holzstäbe untergeschoben werden.

Was G. Z. Haas zum Zeitpunkt seiner Veröffentlichung nicht wissen konnte, war die Tatsache, daß sein Schiffshebewerk zur Realisierung des Kanalbauprojektes „Karlsgraben" zwangsläufig erforderlich gewesen wäre. Wie genaue Höhenmessungen 43 Jahre später ergaben, liegt die Altmühl rund 10 Fuß (2,9 m) tiefer als die schwäbische Rezat. Eine technische Lösung zur Wasserstandregulierung in Form einer Kammerschleuse wäre also unbedingt notwendig gewesen. Nachdem zur Zeit Karls des Großen keine Möglichkeiten einer Wasserregulierung bei gleichzeitigem Schiffsverkehr bestanden, war somit indirekt erwiesen: das um 790 begonnene Projekt war grundsätzlich zum Scheitern verurteilt.

Während diese Projekte sporadisch entstanden, setzte die erste große Kanalbauperiode zu Anfang des 18. Jahrhunderts fast gleichzeitig in Frankreich, Holland und Deutschland ein. Der Grund lag in einer veränderten Wirtschafts- und Handelsstruktur. Während des Mittelalters kamen vorwiegend hochwertige Erzeugnisse zum Versand, jetzt aber mußten Massengüter und Rohstoffe, wie Kohle und Getreide etc. transportiert werden. Diesbezüglich sah man deutliche Vorteile bei der Wasserstraße gegenüber der Landstraße, was man ja auch durch den Bau neuer Kanäle zum Ausdruck brachte.

Ende des 18. Jahrhunderts erhielt die Kanalidee noch eine politische und militärische Dimension. Besonders in Brandenburg wurden große Anstrengungen unternommen, um nach dem „Siebenjährigen Krieg" dem darniederliegendem Land neue Impulse geben zu können. Allerdings fand das Engagement der brandenburgischen Fürsten im übrigen Deutschland vorerst keine Nachahmung, was unter anderem mit den technischen Möglichkeiten, den geographischen Verhältnissen, den wenigen großen Flüssen und der Kleinstaaterei zusammenhängen mag. Das soll aber nicht bedeuten, daß man den Kanälen abweisend gegenüberstand; es fehlte lediglich an der Umsetzung der Vorschläge. Um 1800 dann, wie durch einen Startschuß ausgelöst, entstanden innerhalb kürzester Zeit verschiedene Wasserstraßenentwürfe für den südbayerischen Raum. Sinn und Zweck der unterschiedlichen Vorschläge spiegelt sich in dem Begriff der „Salzschiffahrtsstraße" wieder. Salz sollte also aus dem Tiroler Raum in Südbayern bedarfsgerecht „verteilt" werden. Verständlicherweise ging es nicht nur um den Transport dieses für die damalige Zeit so ungemein wichtigen Lebensmittels, sondern generell um bessere Transportmöglichkeiten im Handel mit Österreich und Italien.

Immerhin dauerte die Episode für den Voralpenraum rund 2 Jahre, bis man sich wieder fränkischen Wasserstraßenprojekten zuwandte. Was folgte war eine intensive Suche nach der optimalen Linienführung eines Kanals zwischen Main und Donau, wobei private Gedanken, wie staatliche Initiative reges Interesse signalisierten. Impulsgeber für den fränkischen Raum war 1801 Michael Georg Regnet, der in Nürnberg eine zukunftsweisende Schrift veröffentlichte. Sie trug den Titel: „Einige Fingerzeige zur Beförderung des großen Projektes, die Donau mit dem Rheine zu vereinigen".

Darin beschreibt Regnet erstmals eine Schiffahrtsstraße, welche tatsächlich einige Jahrzehnte später Realität war. Zum Zeitpunkt der Veröffentlichung brachte man der Initiative zwar allgemeines Interesse entgegen, Chancen auf Verwirklichung hatte sie nicht. Zu sehr fesselte noch der Gedanke, Lastkähne bis fast zur Quelle eines Flusses durchfahren zu lassen. Anschließend wollte man mittels eines kleinen Kanalstückes die Wasserscheide überbrücken, um einen benachbarten Fluß

kürzestmöglich zu erreichen. Dem Vorteil, mit wenig Aufwand eine durchgehende Schiffsverbindung schaffen zu können, stand ein erheblicher Nachteil gegenüber. Wäre es doch nur möglich gewesen, eine ebenso kurze wie schmale Fahrrinne als Wasserstraße herzustellen. Dies stand zwar im Einklang mit den flachen und schmalen Kähnen, welche fast bis zur Quelle eines Flusses vordringen konnten, stand aber im krassen Gegensatz zum Ladevermögen der Kähne. Eine so kurze Kanalverbindung hätte immer ein mehrmaliges Umladen von Lastenseglern auf viele Kähne und umgekehrt bedeutet. Daraus resultierend wäre die Transportzeit erheblich verlängert worden.

Den offensichtlichen Nachteilen wurde wenig Aufmerksamkeit zuteil, was zu einer Vielzahl an ähnlichen Eingaben führte. Leidenschaftlich versuchte man an verschiedenen Stellen in Franken den Grundgedanken des Karlsgrabens zu reaktivieren. Auch der neue Chef des Wasser-, Brücken- und Straßenbauwesens in Bayern, der österreichische Geh. Rath und Geh. Finanzreferendär von Wiebeking, eine Autorität auf dem Gebiet der „Hydrotechnik", konnte sich dem

---

Südbayerische Kanalprojekte

1800 Schiffbarmachung der Isar ab Lenggries und des Lech ab Füssen, jeweils bis zur Donau

1802 Verbindung von Isar, Starnberger- und Kochelsee

1802 Schiffbarmachung der Isar ab Tölz
Schiffbarmachung der Loisach ab Murnau
Schiffbarmachung des Lech ab Schongau
Schiffbarmachung der Ammer ab „Ramsee"
ferner die Verbindung dieser Flüsse durch Kanäle

1802 Kanalprojekt: Traunstein-Chiemsee-Siemsee-Inn-Rosenheim-Grub-Mangfall-Peiss-Hofoldinger Forst-Grünwald-Isar (Salzschiffahrtsstraße)

1802 Kanalprojekt: Murnau-Staffelsee-Peissenberg-Schongau (Lech)

1802 Kanalprojekt „vom Gebirge" (vermutlich ab Garmisch-Partenkirchen über den Ammersee nach München

Mythos einer Verbindung zwischen Rezat und Altmühl nicht entziehen. Eine seiner ersten Dienstreisen führte ihn zwangsläufig in das Gebiet des „Fossa Carolina". Fachkundig stellte er dort fest, daß die vorhandenen Bäche nicht in der Lage waren, genügend Wasser zur Verfügung zu stellen, um die erforderliche Wasserstandshöhe im Kanal zu halten. Kammerschleusen waren somit unvermeidlich. Eine Erkenntnis, die sich jetzt zu wiederholen begann. Für eine Neuauflage des Karlsgrabens oder ähnlicher Projekte bedeutete Wiebeking's Ergebnis das Aus.

Wasserzufuhr an der Scheitelhaltung eines projektierten Kanals war nun ein Faktor geworden, dem spätestens jetzt erhöhte Aufmerksamkeit zukam. Auch das zuständige Ministerium reagierte prompt und entsandte von Wiebeking in die Gegend um Allersberg und Neumarkt/Opf. Zu prüfen war eine Verbindung von Sulz und Rednitz, wobei ein Kanal von Berching über Neumarkt/Opf., Seligenporten und Allersberg nach Roth hätte gebaut werden sollen. Seine Vorstellungen hierüber bringt von Wiebeking 1806 wie folgt zu Papier:

Bei dem zwischen Neumarkt und Allersberg liegenden Dorfe Seligenporten liegen grosse Weiher, deren Gewässer sowohl oberhalb als unterhalb dieses Dorfes Mühlen treiben und welche hinreichend sind, um den grössten Schiffahrtskanal bei der frequentesten Schiffahrt mit Wasser zu versorgen. Gleich unterhalb dieses Dorfes müsste der Theilungspunkt der beiden Kanäle, d. h. dessen, der in den Main abwärts geht und dessen, der in die Donau fällt, sein. 1. Von diesem Theilungspunkt aus kann der Kanal den sogenannten Schwarzachbach längs Freystadt bis in die Altmühle auf 5 Meilen verfolgen. Seine Anlegung kann nicht viel mehr kosten, als die Aufführung einer bequemen Landstrasse. Ebensowenig wird die Regulirung des Altmühlflusses bis Kelheim, wo er in die Donau fällt, bedeutende Kosten verursachen. Vom Theilungspunkte bis in die Donau würde diese Wasserstrasse eine Länge von 12 Meilen erhalten. 2. Die nach entgegengesetzter Richtung, d. h. nach dem Main zu führende Wasserstrasse nähme ihren Anfang bei dem Theilungspunkte unterhalb Seligenporten, folgte einem gleichsam zu einem Kanal geschaffenen Thal oberhalb nahe und bei Allersberg vorbei, 1¹/₂ Meile bis dahin, wo der Rothfluss schon so viel Wasser hat, dass dessen Bett zu dem Schiffahrtskanal selbst dienen könnte. Von hier, d. h. von Eckersmühlen bis Erlangen, auf einem Wege von 6 Mailen, würde der Rednitz- und Regnitzfluss selbst den Kanal abgeben und von Erlangen bis zum Main unterhalb Bamberg hätte man noch 6 Meilen den Regnitzfluss vollkommen schiffbar zu machen. Die letzte Wasserstrasse würde also 13¹/₂ Meilen, die erste 12 Meilen, folglich die gesammte Verbindung der Donau mit dem Main 25¹/₂ Meilen betragen, wovon etwa ein Drittel als Kanal angelegt werden müsste. Wenn man die wirklich nachahmenswerthen Bewässerungsanstalten an der Regnitz nicht im mindesten stören will, so wird mittelst einer besseren Leitung dieses Flusses, wobei die Uferlande zugleich gewinnen, auf beiden Wasserstrassen nur eine geringe Anzahl von Schiffahrtsschleusen nothwendig sein. Nach der ersten Ansicht würde diese ganze Vereinigung nicht mehr als zwei Millionen Gulden kosten. Ohne eine genau aufgenommene Karte und ohne Nivellement wird man freilich das Detail der Unternehmung nicht verlangen."

Von Wiebeking's Ausführungen erreichten die bayerische Regierung in einem günstigen Augenblick, waren doch politische Veränderungen eingetreten, welche sich möglicherweise auf den Kanalgedanken positiv auswirken konnten. Wie in der Tabelle dargestellt, fielen Städte und Fürstentümer in der aufgezeigten Reihenfolge endgültig an Bayern:

1803 das Fürstentum Bamberg
1806 die freie Reichsstadt Nürnberg
1806 das Fürstentum Ansbach und das Fürstentum Eichstätt
1810 das Fürstentum Bayreuth
1814 das Fürstbistum Würzburg.

Wie aber konnte man diese neugewonnenen Landesteile besser an Bayern binden als durch den Bau einer Wasserstraße? – Eine Frage nicht nur von rhetorischem Charakter. Über ein Sofortprogramm hätte die Schiffahrt auf fränkischen Flüssen wie Pegnitz, Regnitz, Rezat oder Rednitz reaktiviert werden sollen. Leider fehlte es jetzt jedoch an den Voraussetzungen. Flußläufe, Flußtiefen und Uferbefestigungen hatten sich verändert, Mühlen, Schöpfräder und Stauwerke ließen eine schnelle Verwirklichung nicht zu. Das Problem einer Schiffahrtsstraße zwischen Main

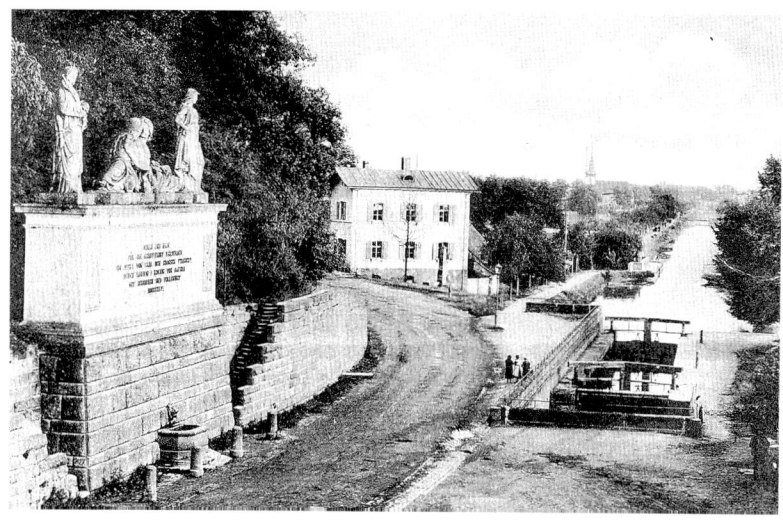

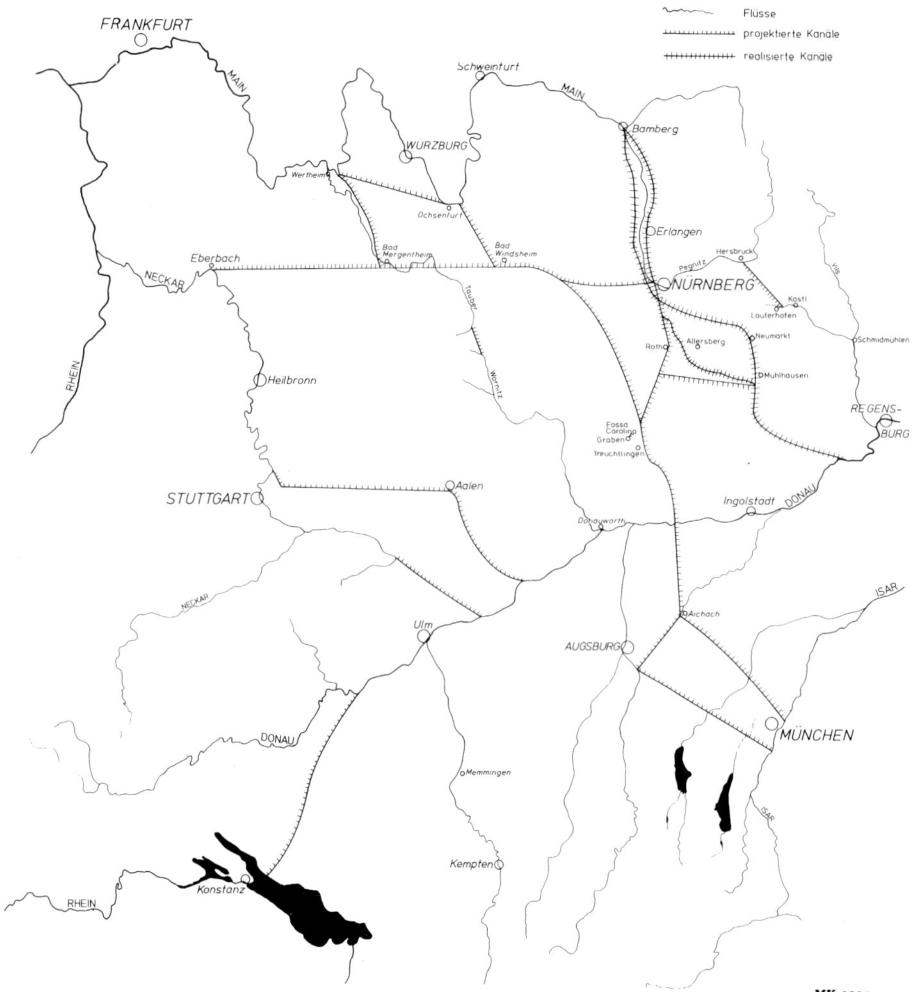
Flüsse
projektierte Kanäle
realisierte Kanäle
FRANKFURT
MAIN
Schweinfurt
MAIN
Bamberg
WÜRZBURG
Wertheim
Ochsenfurt
Bad Mergentheim
Bad Windsheim
Erlangen
Hersbruck
Pegnitz
NÜRNBERG
Kastl
Lauterhofen
Vils
Eberbach
NECKAR
Tauber
Wörnitz
Heilbronn
Roth
Allersberg
Neumarkt
Schmidmühlen
Mühlhausen
REGENS-
BURG
Fossa
Carolina
Graben
Treuchtlingen
RHEIN
Aalen
STUTTGART
Ingolstadt
DONAU
Donauwörth
NECKAR
ISAR
Aichach
Ulm
AUGSBURG
MÜNCHEN
DONAU
Memmingen
ISAR
Kempten
Konstanz
RHEIN
MK 1991

Projektierte und realisierte Kanalprojekte.

Zeichnung: Markus Kirchhoff.

Kanaldenkmal und Ludwigskanal in Erlangen um 1900. Sammlung: M. Bräunlein.

und Donau mußte sorgfältig angegangen werden und so befahl die Regierung am 13. Mai 1817 dem Rezatkreis die Wassergerichtsbarkeit von 1690 innerhalb von 3 Monaten durchzusetzen. Ein schwieriges Unterfangen, kamen doch frühestens nach 2 Jahren die ersten Meldungen über Teilerfolge. Zu viele „Werksbesitzer", Mühlenbetreiber und Eigentümer von Wasserrädern hatten unbefugt Seitenkanäle gegraben oder in anderer Art den Flußlauf manipuliert. Unter solchen Rahmenbedingungen war an Schiffsverkehr oder Flößerei zwischen Forchheim und Nürnberg in nächster Zeit nicht zu denken. Hinzu kam noch, daß wichtigen Dataluntersuchungen, wie sie von Wiebeking permanent forderte, die finanzielle Unterstützung untersagt blieb.

Von derlei regional begrenzten Mißerfolgen unbehelligt plädierte er jedoch weiterhin für einen Ausbau der Regnitz von Bamberg bis Nürnberg; unabhängig davon, ob nun ein Kanal zwischen Nürnberg und der Donau gebaut werde. Sollte letzteres doch geschehen, so bevorzugte von Wiebeking eine Linienführung von Nürnberg über Neumarkt/Opf. zur Altmühl. Sicherlich waren die Anregungen Wiebekings zukunftsweisend und verbunden mit fundierten Detailkenntnissen, daneben gab es aber noch eine Fülle von Vorschlägen der Privatinitiative. Erinnert sei lediglich an die 1819 veröffentlichten 17 Versionen eines unbekannten Autors.

Nach dem Ausscheiden des Finanzreferendärs von Wiebeking aus dem „Centralbureau für Wasser- und Straßenbau" schaltete sich der bayerische Landtag koordinierend ein, ließ verschiedene Projekte technisch untersuchen und verlangte Wirtschaftlichkeitsberechnungen, welche einen Vergleich zwischen Kanalprojekt und Eisenbahn zuließen. So griff man beispielsweise selbst auf Vorschläge des Freiherrn von Pechmann zurück, welcher zwischen 1828 den Ausbau von Regnitz und Pegnitz bis Hersbruck anregte. Von Hersbruck (Pegnitz) aus sollte zusätzlich ein Kanal zur Lauterach geführt werden, wobei es unbedingt notwendig gewesen wäre, dieses Flüßchen zwischen Kastl und Schmidmühlen schiffbar auszubauen. Von Schmidmühlen aus wäre über Vils und Naab sowohl Amberg als auch Regensburg erreicht worden. Ergänzen wollte er sein Wasserstraßennetz durch einen Stichkanal von Kastl über Lauterhofen nach Allersberg. Untersuchungen aber zeigten, der Höhenunterschied zwischen Hersbruck und Kastl war enorm und außerdem galt die Gegend am Scheitelpunkt als „wasserarm", weshalb diese Variante zukünftig nicht mehr ernsthaft zur Debatte stand.

Die Diskussion und Ideenvielfalt zur Streckenführung der vakanten Wasserstraße endete abrupt 1825. Als nämlich König Ludwig I. den Thron bestieg, galt einer seiner „ersten Befehle" der Ausarbeitung eines konkreten Vorschlages für den Donau-Main-Kanal. Er beauftragte Heinrich Freiherrn von Pechmann mit der Planung, welche 1830 abgeschlossen war. Von Pechmann entschied sich für die Strecke Bamberg − Forchheim − Erlangen − Fürth − Nürnberg − Ochenbruck − Neumarkt/Opf. − Beilngries − Dietfurt − Kelheim. Die Linienführung sollte auch größeren Schiffen genügen und hatte den Vorteil, daß am Scheitelpunkt bei Oberölsbach genügend Bäche den Wasserstand regulierten. Ein Umstand, den er mit Weitblick und Erfolg in seine Überlegungen einbezog, hatte er doch diese Möglichkeit der Wasserzufuhr bei einer Trassierung über Kastl oder Allersberg nicht. 1836 begannen die Bauarbeiten an sieben Stellen gleichzeitig, wobei insgesamt 9000 Arbeiter zum Einsatz kamen. 1839 waren die Erdbauarbeiten zum großen Teil beendet, während erst 1841 die Schleusenanlagen fertiggestellt wurden.

Über diesen Kanal heißt es im 1897 erschienenen „Meyers Konversationslexikon": „Kanal zur Verbindung des Rheins und der Donau, führt von Bamberg aus der Regnitz zwischen dieser und der Eisenbahn über Forchheim, Erlangen, Fürth nach Nürnberg, von da durch den fränkischen Jura und über Neumarkt in die schiffbar gemachte Altmühl und bei Kelheim zur Donau. Der höchste Punkt ist 205 m über dem Einmündungspunkt bei Bamberg und 88 m über dem Donauspiegel bei Neumarkt gelegen. Die ganze Länge des Ludwigskanals beträgt 172,4 km.

Er hat von Bamberg bis Kelheim 88 Kammerschleußen und ist oben 17,5 m in der Sohle 11 m breit und 1,6 m tief. Gegen Anschwellungen der Wassermasse ist er durch 99 Durchlässe geschützt; 12 Brücken leiten ihn über Flüsse und Bäche. Der Kanal wurde von König Ludwig I. 1836−45 nach dem Plan des Oberbaurats Pechmann ausgeführt und ist eine der großartigsten Unternehmungen der

Partie am Ludwig-
Donau-Main-Kanal in
Erlangen.
Aufnahme um 1950;
Stadtarchiv Erlangen.

Neuzeit, entspricht aber den gehegten Erwartungen nicht, so daß der Staat jährlich zur Unterhaltung etwa 60 000 Mk zuschießen muß. Anlageveränderungen und Verbesserungen sind insbes. durch den Bayrischen Kanalverein in Anregung gebracht worden."

Der Kanal wurde Wirklichkeit und ab 15. Juli 1846 in seiner ganzen Länge befahrbar. Zur Erinnerung an diesen wichtigen Tag enthüllte man am Erlangener Burgberg ein Denkmal mit der Inschrift: „Donau und Main für die Schiffahrt verbunden. Ein Werk von Carl dem Großen versucht, durch Ludwig I. König von Bayern neu begonnen und vollendet 1846."

Dem Standort des Denkmals wird jedoch Symbolcharakter für die Perspektive des Projekts nachgesagt. Wenige Meter hinter dem Denkmal fuhren bereits seit 1844 Züge durch das erste bayerische Eisenbahntunnel und das wirtschaftliche Ergebnis des Kanals war gänzlich anders, als sich dies die Canalisten wünschten. Schon 1863 sprach man von einem defizitären Unternehmen und fügte sarkastisch hinzu, daß die Einnahmen hauptsächlich von den 40 000 an den Kanalböschungen gepflanzten Apfelbäumen stammten.

Gründe für das wirtschaftliche Dessaster gab es im Nachhinein betrachtet vielschichtige; so z. B. den Zeitpunkt der Betriebsübergabe. Jahrhunderte blieb der Wunsch einer Wasserstraße zwischen Main und Donau lebendig. Die Kontroverse zu diesem Projekt erfuhr sogar nach 1800 eine bislang unbekannte Intensität. 1846 aber war schon längst

erwiesen, daß die Eisenbahn Güter „schnell" und preiswert flächendeckend verteilen kann, wenn das Schienennetz engmaschig genug ist. Die Eisenbahn übernahm damit die traditionsgebundene Aufgabe der Schiffahrt von Main und Donau, nähmlich die wirtschaftliche Entwicklung Bayerns zu fördern. Hingegen erschien die technische Ausführung des Ludwigs-Kanals bereits zum Eröffnungszeitpunkt antiquiert und unvollkommen; grundsätzlich für eine Handelsverbindung europäischen Zuschnitts nicht geeignet. Sein begrenzter Nutzen kam lediglich einer Regionalförderung zugute. So ist bekannt, daß der Forst zwischen Neumarkt/Opf. und Kelheim fiskalischen Gewinn nach Kanaleröffnung erzielen konnte. Auf dem neuen Wasserweg ließen sich geschlagene Holzstämme, zu Floßverbänden gebunden, über Kanal und Main neuen Absatzstellen zuführen. Als dann Nebenbahnen den Kanal berührten, ging der Floßtransport sofort zurück, hatte doch eine Nebenbahn den Vorteil, daß sich mehrere Verladestellen einrichten ließen — gegebenenfalls mitten im Forst — und so der zeitintensive Transport zum nächstgelegenen Kanalhafen entfiel. Der Regionalcharakter des Ludwigskanals indes läßt sich an drei weiteren Faktoren veranschaulichen:

— an der durchschnittlichen Beförderungsstrecke (sie betrug im Mittel 70 bis 80 km, bezogen auf 100 kg Fracht);
— an der Statistik der Schiffbewegungen und
— an den transportierten Gütern selbst.

In der nachfolgenden Tabelle sind die hauptsächlich transportierten Waren aufgeführt und in der vorwiegend benutzte Teil des Kanals:

Getreide
  zwischen Bamberg und Nürnberg
  sowie Kelheim und Nürnberg
Brennholz
  zwischen Beilngries – Nürnberg
Bruchsteine
  zwischen Wendelstein – Nürnberg
Pflastersteine
  zwischen Wendelstein – Nürnberg
Backsteine
  zwischen Rasch – Nürnberg
Steinkohle und Braunkohle
  zwischen Nürnberg, Dietfurt, Riedenburg, Beilngries, Rasch
Meerrettich
  zwischen Baiersdorf – Nürnberg.

In der Betrachtungsweise obiger Tabelle spielt der Meerrettich eine besondere Rolle, fand er doch auch Liebhaber in Wien. Ermöglicht hat den Verkauf größerer Mengen erst die neue Wasserstraße, wobei die Regionalförderung durch den Kanal hier eine spezielle Note erhielt. 400 bis 500 Tonnen jährlich kamen mittels Lastschiff über Ludwigskanal und Donau, von Baiersdorf kommend, in Wien

an. Selbst als ab 1860 Wien und Nürnberg per Schiene über Salzburg und München verbunden waren, blieb die Tonnage weitere Jahrzehnte konstant.

Als zusätzlicher Hinweis für den Regionalbezug des Kanals soll eine Liste der Schiffsbewegungen für die Jahre 1851 bis 1871 dienen. Aus ihr kann unschwer entnommen werden, welchen Anteil der Regional- gegenüber dem Transitverkehr hatte. (Siehe unten)

Nun ist allerdings der lokale Schiffsverkehr nur ein Indiz für mangelnde Inanspruchnahme des Kanals. Eine andere Eigentümlichkeit war das Gesamtladungsvermögen aller Schiffe, die bezüglich ihrer technischen Maße den Kanal befahren konnten. 1887 gab es beispielsweise 32 Kanalschiffe, welche den Transport zwischen Kelheim und Bamberg sicherstellten. Das Gesamtladungsvermögen dieser 32 Schiffe war identisch mit dem dreier Rheinschiffe. Deutlicher kann wohl die Unzulänglichkeit dieses Kanalsystems nicht dargestellt werden. Theoretisch wäre es durchaus möglich gewesen, über eine größere Schiffsflotte mehr Ladevolumen anzubieten, es darf aber nicht übersehen werden, daß die beschriebene Kanalflotte auch Spiegelbild bedarfsgerechter Benutzungshäufigkeit war. Ebenso nachteilig wirkte sich die fehlende

Zahl der in den Jahren 1851/2 – 1871 sowohl in nördlicher als in südlicher Richtung angekommenen Schiffe.

Ankunftsort	1851/2	1852/3	1853/4	1854/5	1855/6	1856/7	1857/8	1858/9	1860/1	1861/2	1862/3	1863/4	1864/5	1865/6	1866/7	1868	1869	1870	1871
Donau	44	99	155	440	140	111	142	86	21	37	11	52	22	10	10	16	46	14	13
Kelheim	662	391	625	557	726	860	1008	786	672	789	635	489	549	434	442	372	271	274	372
Kelheim-Riedenburg	145	43	79	100	102	70	81	116	101	117	97	101	81	99	97	92	77	85	87
Riedenburg	82	61	72	43	45	35	69	84	92	52	72	58	65	61	54	38	22	56	48
Zw. Riedenburg u. Töging	52	33	41	28	32	29	43	54	73	49	50	63	60	60	43	23	13	24	12
Töging	48	21	28	23	9	43	56	28	58	102	101	103	100	120	49	53	41	41	56
Zwisch. Töging u. Beilngries	4	3	1	2	—	1	4	3	—	6	—	2	—	—	—	—	1	—	1
Beilngries	⎰225	113	173	166	167	164	265	190	196	219	204	242	255	323	291	230	162	200	146
Zw. Beilngries u. Berching	⎱	7	2	1	3	—	1	7	—	3	4	2	—	1	—	—	—	—	1
Berching	1	4	9	5	3	—	2	1	2	6	6	1	1	2	3	2	—	—	1
Wegscheid	34	35	47	32	24	18	30	13	11	10	6	—	6	3	3	2	1	5	2
Zw. Wegscheid u. Neumarkt	101	18	58	30	20	45	28	34	25	24	25	26	28	41	26	12	7	10	51
Neumarkt	8	62	82	52	68	71	114	80	75	55	65	33	51	41	38	32	19	43	128
Zwisch. Neumarkt u. Rasch	2	4	17	18	16	21	30	17	14	15	27	52	56	20	16	8	5	10	35
Rasch u. zwischen Rasch u. Röthenbach	—	3	20	21	18	53	44	52	41	58	55	82	75	53	55	42	98	66	150
Röthenbach	—	—	1	—	1	2	—	10	3	3	1	—	2	12	10	—	—	10	21
Wendelstein	58	25	45	39	29	35	56	67	42	78	86	114	125	124	186	116	153	141	120
Worzeldorf	89	42	47	52	56	20	29	19	21	42	157	165	55	10	7	3	37	24	18
Nürnberg	914	478	805	534	527	608	766	694	675	858	1086	1083	996	870	749	528	567	513	517
Brückkanal bei Doos	—	2	2	5	2	1	5	4	6	4	17	17	14	6	7	5	2	1	1
Fürth	168	103	162	147	138	129	191	131	160	134	170	210	178	136	131	119	94	93	78
Zw. Fürth und Erlangen	—	—	9	2	4	5	6	5	11	14	28	45	25	15	12	11	13	14	16
Erlangen	66	46	70	71	69	44	82	53	70	168	185	236	130	74	73	62	39	45	33
Windmühle	—	—	2	2	1	1	2	—	—	3	5	24	25	25	—	—	1	—	—
Baiersdorf	13	6	23	21	15	20	47	47	24	81	73	112	22	21	30	17	23	19	6
Forchheim	39	8	13	11	9	20	9	10	7	19	19	24	21	17	14	15	16	18	13
Zw. Forchheim u. Bamberg	140	45	197	196	196	309	309	614	770	959	855	727	691	521	440	440	379	288	387
Bamberg	661	331	674	550	613	813	845	1059	989	1009	982	809	702	575	572	485	425	375	484
Main	16	—	75	13	15	8	35	62	35	46	37	61	54	84	82	66	44	31	31
	3583	1983	3534	2871	3048	3536	4299	4326	4194	4960	5059	4933	4399	3756	3430	2790	2565	2392	2828

Programm

über

Bildung der Aktien-Gesellschaft

zur Ausführung eines Kanales

zwischen der

Donau und dem Main.

Seine Majestät der König von Bayern haben beschlossen, die Erbauung eines Kanales, welcher seine Richtung von der Donau bei Kehlheim über Nürnberg nach Bamberg nehmen, sohin die Donau mit dem Main verbinden wird, zu veranlassen, und es wurde wegen dieses Kanalbaues unter dem 1. Juli 1834 unter Zustimmung der Stände des Reiches ein besonderes Gesetz verfassungsmäßig erlassen.

Dieses Gesetz bestimmt, daß zur Ausführung dieses Unternehmens einer zu bildenden Privat-Aktien-Gesellschaft das Privilegium ertheilt werden solle, und ermächtigt zugleich das Staatsministerium der Finanzen, dieser Aktien-Gesellschaft mit dem vierten Theile der für die Ausführung ermittelten Aktien-Summe als Aktionär beizutreten.

Den Inhabern der Aktien verbleiben die Kanalanlagen als immerwährendes Eigenthum.

Die Aktien-Gesellschaft erhält ferner auf 99 Jahre ein Privilegium für die Erhebung von Kanalgebühren nach einem von der Gesellschaft festzusetzenden Tarif, dessen Ansätze sich bis zu einem Dritttheile des Betrages der bisherigen Landfrachten für die gleiche Wegstrecke belaufen dürfen.

Auf den Grund dieses Gesetzes wurde unter allerhöchster Genehmigung Seiner Majestät des Königs den Unterzeichneten die Bildung der erwähnten Aktien-Gesellschaft aufgetragen.

Zu Folge einer mit der Königl. Bayerischen Staatsregierung getroffenen Uebereinkunft wird dieselbe, sobald die Aktien-Summe vollständig abgesetzt ist, die Leitung und Ausführung des Kanalbaues übernehmen, und verpflichtet sich, mit der Maximal-Summe von 8,530,000 binnen 6 Jahren von Bildung der Aktien-Gesellschaft an, nicht nur den Bau vollständig dergestalt zu vollenden, daß der neue Kanal nach seiner ganzen Länge von Kehlheim bis Bamberg im siebenten Jahre zur Schiff- und Floßfahrt ungehindert benutzt werden kann, sondern auch die nöthigen Fluß-Korrektionen zur Beseitigung der Schifffahrts-Hindernisse auf dem bayerischen Main auszuführen.

Ueber die Verwendung der Baugelder wird der Aktien-Gesellschaft durch die Beamten der Staatsregierung von 6 zu 6 Monaten Rechenschaft gegeben, und die nach vollständig beendetem Bau als wirkliche Ersparnisse etwa erscheinenden Beträge gehen den Aktionären zu gut.

Nach hergestelltem Bau übernimmt die Staatsregierung für Rechnung der Gesellschaft auch die Erhaltung, so wie die Beaufsichtigung des neuen Kanals, gegen eine jährliche Maximal-Summe von 105,000 fl. — Beschädigungen durch Kriegsereignisse, Ueberschwemmungen, oder Erdbeben sind unter dem erwähnten Maximum für die Erhaltung nicht begriffen. Es wird hierüber der Aktien-Gesellschaft von den Beamten der Staatsregierung jährlich Rechnung abgelegt, und die allenfallsigen Ersparungen bleiben gleichfalls den Aktionären zu gut.

Die Staatsregierung hat sich zugleich bereit erklärt, die Erhebung der Kanalgebühren, wenn es von der Gesellschaft gewünscht werden sollte, seiner Zeit gegen eine näher zu bestimmende Vergütung, durch ihre Beamten unter Controle der Gesellschaft, und gegen Rechnungsablage besorgen zu lassen.

Die Aktionäre erhalten aus dem Fonds der Gesellschaft, von der Einzahlung an bis zum Ablaufe der oben erwähnten 6 Jahre, 4 Procente jährlicher Zinsen von ihrer Einlage, und von der Eröffnung des Kanales an die jährliche Dividende aus dessen Erträgnissen. Sollte der übrigens kaum denkbare Fall eintreten, daß der Kanal mit Abfluß der sechs Jahre nach vollständigem Absatze der Aktien nicht vollständig vollendet wäre, so ist den Aktionären ferner die vierprocentige Verzinsung ihrer Aktien bis zu gänzlicher Vollendung des Kanalbaues von der Staatsregierung förmlich zugesichert worden.

Zur Deckung der erwähnten Zinsen, so wie der auf Bildung der Gesellschaft zu verwendenden Kosten aller Art, wird der erwähnten Baufumme von 8,530,000 fl. noch der erforderliche Betrag beigeschlagen, dagegen werden die Zinserträgnisse der eingehenden, für den Bau aber nicht sogleich verwendbaren und alsdann nutzbar anzulegenden Gelder zu Gunsten der Aktien-Gesellschaft in Einnahme gebracht.

Die Gesammt-Summe der Aktien beträgt zehn Millionen Gulden, einschließlich des Viertheils, mit dem der Staat beitritt.

Jede Aktie wird über den Betrag von 500 fl. ausgestellt und mit Zins- und Dividend-Coupons versehen. Die Einzahlung des Betrages erfolgt in den unten bemerkten Raten *) gegen vorläufige Certifikate, welche bei der letzten Einzahlung gegen die Aktie selbst unter Berechnung und Vergütung der bis dahin aus den einzelnen Einzahlungen sich ergebenden Zinsen ausgewechselt werden. Die Einzahlungen können nach der Wahl der Aktionäre in Frankfurt am Main, München, oder Paris erfolgen, wo auch seiner Zeit die Zins- und Dividend-Coupons gleichmäßig zahlbar gemacht werden.

Die Aktien-Gesellschaft leitet ihre Angelegenheiten durch einen Ausschuß unter steter Oberaufsicht der Staatsregierung, und die Statuten werden die Verfassungs- und Verwaltungsweise näher bestimmen.

Die Unterzeichneten beehren sich, in Folge des im Eingang erwähnten höchsten Auftrages das Publikum zur Betheiligung an diesem gemeinnützigen Unternehmen einzuladen, dessen Ausführung von der Königl. Bayerischen Staatsregierung durch umfassende Untersuchungen vorbereitet ist. Namentlich ist aus der unter Benutzung amtlicher Quellen erschienenen Schrift: „Entwurf für den Kanal zur Verbindung der Donau mit dem Main, von dem Königl. Oberbaurath Freiherrn von Pechmann" zu ersehen, welche große Vortheile die Industrie im Allgemeinen, und welchen ergiebigen Nutzen gleichzeitig die Aktionäre von diesem Kanalbau sich versprechen dürfen.

Die eigene Theilnahme der Regierung mit einem vollen Viertheile der Aktien leistet schon von selbst eine Gewähr des Nutzens dieser Kapitalanlage.

Die Unterzeichneten glauben hiernach auf baldige und zahlreiche Anmeldungen rechnen zu dürfen, und erklären sich bereit, dieselben zu empfangen und demnächst den Herren Subscribenten weitere Mittheilung zu machen.

Frankfurt am M. im August 1835.

M. A. von Rothschild und Söhne.

Schleuse und Hafenkran erinnern in Worzeldorf an längst vergangene Zeiten.   Foto: M. Bräunlein.

Infrastruktur an den Endpunkten des Kanals aus. In Bamberg erachtete man das Fehlen einer Hafenbahn als gravierend, besonders deshalb, weil die Schiffahrt auf dem Main bis weit über das Eröffnungsdatum des Ludwigskanals hinaus problematisch blieb. So säumten viele Mühlen das Ufer und bildeten vorwiegend für Treidelschiffe gefährliche Hindernisse. Andererseits war der Main damals ein breites, träge dahinfließendes Gewässer mit geringer Wassertiefe, zum Teil unter einem Meter. Mitten im Fluß liefen Flöße auf Grund und bildeten oft für lange Zeit ein Hindernis. Unter diesen Umständen wäre eine Schienenverbindung am Kanalendpunkt Bamberg zwischen Bahnhof und Hafen dringend notwendig gewesen.

Noch komplizierter stellten sich die Verhältnisse am anderen Endpunkt des Ludwigskanals dar. Grundsätzlich mußte in Kelheim Frachtgut zwischen Kanal- und Donauschiff ausgetauscht werden, was bei der vorhandenen Freiladefläche, den wenigen Lagerschuppen und Kranen sowie engen Verhältnissen im Hafenbecken ungünstig blieb. Erschwerend kam noch das unterschiedliche Ladevolumen der Schiffstypen hinzu, wurde doch in der Regel die mit Donauschiff angelieferte Warenmenge auf mehrere Kanalschiffe verteilt. So täuschte das rege Treiben im Kelheimer Hafengelände über einen optimalen und sinnvollen Warenumschlag hinweg. Zu berücksichtigen ist darüberhinaus der Donauschiffsverkehr, insbesondere zwischen Regensburg und Kelheim. Als Hindernis Nr. 1 entpuppte sich weiterhin die „Steinerne Brücke" nahe dem Regensburger Donauhafen. Die zwischen den Brückenpfeilern vorhandenen Strömungsverhältnisse stellten für Schiffe der damaligen Zeit ein beträchtliches Problem dar, so daß es zu keiner Intensivierung der Schiffahrt zwischen dem Handelszentrum Regensburg und dem Umladestützpunkt Kelheim kam. Selbst als Kelheim, mit der Nebenbahn von Saal kommend, 1850 eine Ländebahn erhielt, brachte das weder Vorteile noch Impulse für die Kanalschiffahrt, befand sich doch die Ländebahn am Donauufer gegenüber und hatte mit dem Kanalhafen keine Verbindung.

Die Leistungsfähigkeit des Ludwigskanals hing somit von vielen Faktoren ab, so auch von den beiden Endpunkten und dem Schiffsverkehr auf Main und Donau. In der Wertigkeitsskala weiter oben aber rangierten die technischen Gegebenheiten, welche das Gesamtergebnis des Ludwigskanals nachteilig beeinflußten. Eine Gegenüberstellung mit Kanalbauvorhaben aus dem gleichen Zeitraum ermöglicht hier wertvolle Einblicke. So läßt sich der Ludwigskanal hinsichtlich seiner Funktion durchaus mit dem Eider-Kanal in Schleswig-Holstein vergleichen. Beide Kanalsysteme hatten zwei Endpunkte, an denen in der Regel die Ware zum Weitertransport umgeladen wurde. Zwar brachte es die 1784 fertiggestellte Wasserstraße zwischen Kieler Förde (Ostsee) und Eider (Nordsee) nicht auf den Bekanntheitsgrad des Ludwigskanals, aber dafür auf 4000 Schiffsbewegungen pro Jahr, während man im Vergleichszeitraum auf dem Ludwigskanal nur 1000 Schiffsbewegungen jährlich registrierte.

Mit den genannten Daten ist zwar der äußere Rahmen vorgegeben, allerdings noch keine Aussage getroffen, ob technische Belange den Schiffsverkehr beeinflußten. Im Vergleich hatte der Eider-Kanal eine Wasserbreite von 31 Metern, die Sohlbreite betrug 17 Meter und die nutzbare Tiefe 3,2 Meter. Geradezu bescheiden sind bei direkter Gegenüberstellung die technischen Daten des Ludwigskanals. Er kommt auf eine Wasserbreite von 17 m, eine Sohlbreite von 11 m und eine Wassertiefe von 1,46 m. Diese Maße waren ausreichend für hier eingesetzte Regelschiffe. Deren festgelegte Maße waren:

Länge	104	Fuß (30,2 m)
Breite	14,5	Fuß (4,2 m)
Tiefe	4	Fuß (1,16 m)
Tragkraft	120	Tonnen.

Dementsprechend ergaben sich die Maße für die Schleusen des Ludwigskanals:

Länge	117	Fuß (34,2 m)
Breite	15	Fuß (4,4 m)
Hub	8–10	Fuß (2,3–2,9 m).

Zwar entsprach die Hubhöhe den damals üblichen Gepflogenheiten, die Schleusenlänge jedoch war unglücklich gewählt und vereitelte von vornehrein das Befahren mit längeren Schiffen.

Vergleicht man die Abmessungen von Schleusenanlagen aus dieser Zeit, so trifft man auf Kammerlängen von bis zu 70 Metern. Wären solche Schleusen nicht auch am Ludwigskanal möglich gewesen? Prinzipiell ja,

Der Ludwig-Donau-Main-Kanal in Bamberg.   Foto: Stadtarchiv Bamberg.

denn die ingenieurmäßigen Voraussetzungen waren gegeben. Noch dazu, da es am Ludwigskanal Schleusen mit drei hölzernen Toren gab und somit die Möglichkeit bestand, unterschiedlich lange Schiffe zu schleusen. Allerdings erlaubte dieser Torabstand nicht das Heben und Senken langer Schiffe. Genau das Gegenteil wurde angestrebt, denn beim Hubvorgang kleiner Kähne sollte der „Wasserverbrauch" minimiert werden. Immerhin trat beim Bergabschleusen ein Wasserverbrauch von rund 400 cbm pro Schleuse auf, was bei der Wasserregulierung durch Bäche vorwiegend ein jahreszeitliches Problem darstellte.

Die Wasserzufuhr sollte somit zum wesentlichen Faktor für die technische Abstimmung der Schleusenanlagen werden, was letztendlich bedeutete, daß keine größeren Schiffe den Kanal befahren konnten. Während der Betriebszeit stellte sich obendrein noch heraus, daß Sickerverluste großen Ausmaßes vorhanden waren. Eine geplante Wassertiefe von 1,46 m konnte so zu keinem Zeitpunkt gewährleistet werden. Im Gegenteil, man war gezwungen, durch technische Maßnahmen das Flüßchen Sulz bei Mühlhausen in den Kanal umzuleiten, damit die großen Wasser-

verluste im Beilngrieser Raum ausgeglichen werden konnten. Jahreszeitlich abhängig betrug der Wasserstand dort 1,15 bis 1,3 m.

Losgelöst von technischen Abmessungen und der Wasserregulierung wirkten die Schleusen für damalige Verhältnisse sehr fortschrittlich. Hatte man bis weit ins Mittelalter hinein ausschließlich Stauanlagen mit einem Tor verwendet, nach dessen Öffnung die Schiffe auf einer Art Flutwelle den Höhenunterschied überbrückten, gibt es definitive Hinweise auf Kammerschleusen frühestens seit dem 15. Jahrhundert. Die erste nachweisbare Kammerschleuse wurde 1438/39 in der Nähe von Mailand gebaut, selbst die erste Beschreibung einer solchen Anlage stammt aus Italien (1452) und Leonardo da Vinci fertigte die erste bekannte Zeichnung eines solchen Systems. Durch ihre Holzkonstruktion war die Lebensdauer allerdings sehr begrenzt; trotzdem galten solche Schleusenanlagen noch bis zum Ende des 19. Jahrhunderts als üblich. Seinem europäischen Auftrag entsprechend erhielt aber der Ludwigskanal als einer der ersten Schleusenanlagen aus Stein.

Ebenso aus Stein gebaut waren die Brücken über den Kanal und die Brückkanäle.

Fischerhäuser in Bamberg 1936.

Letztere dienten der Schiffahrtsstraße zur Überquerung von Tälern und Flüssen wie z. B. Schwarzach oder Pegnitz.

Von insgesamt 12 Brückkanälen brachten es lediglich drei auf nennenswerte technische Daten. Es handelt sich dabei um die Brückkanäle bei Doos, bei Schloß Guglhammer und bei Nerreth. Der Brückkanal bei Nerreth bringt es nicht nur auf beachtliche Ausmaße (Länge 308,2 Fuß $\triangleq$ 80 m; Breite 21,2 Fuß $\triangleq$ 6,2 m; Höhe 58,2 Fuß $\triangleq$ 17 m), er nimmt auch für sich in Anspruch, gleich zweimal gebaut worden zu sein. 1841 fertiggestellt, zeigten sich beim Füllen mit Wasser Baumängel.

Der Augenzeuge Marx beschrieb die Situation wie folgt: „In der Nacht beugten sich die vom linken Widerlager der Brücke auslaufenden Stützmauern, der Druck der feucht gewordenen Füllungserde hatte die langen Flügelmauern auf der linken Uferseite aus ihrem lothrechten Stand gebracht, die Bogenstirnen trennten sich, beim Abtragen des schönen Bauwerks zeigte sich der Schaden größer als man geahnet hatte. Denn es waren in dem oberen Theile des Gebäudes nicht nur viele Steine im Gewölbe und im Vorsetzmauerwerk geborsten und zerdrückt, sondern man fand auch, daß die Fundamente der Flü-

Schon damals ein Schmankerl für Fotografen: Fischerhäuser in Bamberg . . . aber noch steigen Fischer vor der Haustüre in ihre Boote und Netze hängen zum Trocknen aus.   Sammlung: M. Bräunlein.

gelmauern gelitten, daher ihre Erneuerung mit Verstärkung als nothwendig erschien."

Die Instandsetzung begann 1844 und schlug mit 150 000 Gulden zu Buche.

Interessant am Wiederaufbau war die Wahl der Konstruktion unter Brücksichtigung örtlicher Gegebenheiten. So wird beispielsweise der Kanal in Form einer langgestreckten Beton-Wanne über den Fluß geführt, welche sich über das Mauerwerk und den Mauerbogen abstützt. Andererseits ließ man zwischen Hangneigung und Blendmauerwerk Hohlräume, die sich bei Bedarf mit Wasser füllen können. Über Öffnungen im Sockelbereich strömt Flußwasser in das Innere, wobei sich nach dem Prinzip kommunizierender Röhren innen wie außen dieselbe Wasserstandshöhe einstellt. Füllt sich nun bei Hochwasser führender Schwarzach der Innenraum, so können durch diese Maßnahme statische, statt dynamische Kräfte, auf Untergrund und Hangneigung übertragen werden, was zur Stabilität ebenso beiträgt, wie die Tatsache, daß vorhandenes Sickerwasser (ohne Schaden am Bauwerk anzurichten) abfließen kann.

Man sieht es dem „Feuchter Brückkanal" kaum an, welch hervorragende Ideen sich hinter ein paar Steinen verbergen, dagegen traten bei einigen Wegüberführungen die Fehler offensichtlich zu Tage. So konnte der Fürther Baumeister Jordan ohne Rücksprache mit der Bauleitung Brücken nach französischem Vorbild realisieren. Die von ihm gebauten Überführungen hatten einen so schmalen Bogen, daß auf die beidseits des Kanals vorhandenen Ziehwege unterhalb der Brücke verzichtet werden mußte. Vor jeder dieser Brücken wurden die Treidelpferde ausgespannt und um das Bauwerk herumgeführt, während das Schiff mit „vorhandenem Schwung" weiterfuhr. Hatte der Lastkahn die Brücke passiert, konnten auch die Pferde wieder anspannen. Die so konstruierten Brücken waren lokal begrenzt und nur in den Bereichen Erlangen und Wendelstein vorzufinden.

Im Nachhinein betrachtet führten all jene Kleinigkeiten und Unzulänglichkeiten zur Misere. Jedoch lassen sich Fakten im Nachhinein besser ausloten als damals. Auch der Vergleich mit französischen, belgischen, norddeutschen, brandenburgischen oder preußischen Kanälen ist nicht frei von Akzenten,

mußte der Ludwigskanal immerhin 205 Höhenmeter (vom Scheitelpunkt Richtung Bamberg) beziehungsweise 117 Höhenmeter (Richtung Kelheim) überwinden. Hieraus resultiert eine Überzahl an Schleusen, hatte doch der Ludwigskanal auf 172 km Länge insgesamt 100 Hebewerke. Im Schnitt gab es alle 1,7 km eine Schleuse, was dazu führte, daß die Reisezeit getreidelter Kähne zwischen Bamberg und Kelheim sich um mindestens 20 Stunden verlängerte. Insgesamt benötigte ein von Pferden gezogener Kahn für die Gesamt-Distanz 6^{1}/$_{2}$ Tage, bei Motorschiffen verkürzte sich die Transportzeit auf 4 Tage. Im Vergleich dazu benötigten Güterwagen (nach Eröffnung der Amberger Bahn) für die Strecke von Bamberg nach Regensburg über Nürnberg, Amberg und Schwandorf lediglich einen Tag, incl. aller Rangierbewegungen, und verschafften hierdurch dem Verkehrsmittel Eisenbahn Wettbewerbsvorteile.

Gleichwohl darf folgendes nicht übersehen werden: der Kanal war im Wasserhaushaltssystem auf Bäche angewiesen und hatte nicht – wie heute der Rhein-Main-Donaukanal – einen Altmühlsee, Brombachsee oder eine Igelsbach-Vorsperre für den Wasserausgleich zur Verfügung. Auch wurde er in der Regel mit Schubkarren, Pickel und Schaufel erbaut und nicht mit Kranen, Bulldozern und Radladern etc. Demgegenüber waren die technischen Daten des Kanalsystems damals eingebunden in die Natur und als geschlossenes Regelsystem von ihr abhängig. In der Praxis bedeutete dies jedoch eine lange Reisezeit (Transportzeit), ein geringes Ladevermögen der Lastkähne und in der Regel ein Umladen der Waren an den Kanalendpunkten. So konnte die Eisenbahn bei Eröffnung des Ludwigskanals ihren Siegeszug endgültig antreten, während der Ludwigskanal nur wenige Jahrzehnte später zum Technikdenkmal, Freizeitangebot und Biotop wurde. Kanufahrer, Angler, Wanderer, Spaziergänger und Schlagrahmdampfer entdeckten den Kanal. 1913 beispielsweise fand im Erlangener Hafen ein Schauschwimmen von zwei Nürnberger Schwimmvereinen statt, das viele Zuschauer anlockte. 1938 dann konkrete Hinweise auf einen neuen Rhein-Main-Donau-Kanal und die Umwandlung des noch bestehenden Kanalbettes für eine Schnellstraße zwischen Nürnberg und Erlangen. Das Schicksal des alten Kanals schien damit endgültig besiegelt.

Der Brückkanal über die Schwarzach bei Feucht.   Foto: M. Bräunlein, 1990.

Treideln eines Lastkahnes auf dem alten Kanal bei Fürth.   Foto: Stadtarchiv Fürth.

Des Löid vom Schifflas-Reitersmoh

Ich sing Eich etz a altes Lied aus längst vergangner **Zeit**
und hoff ich mach Eich doudamit a bissla a Freid.
Mei Löidla handelt von an Gaul an Schiffer und sein **Kahn**
Am Ludwigs-Donau-Main-Kanal senn ganga döi ihr Bahn.

> Drum sing ich leis döi Melodie
> vertramt etz an mei Gäula hi:
> Gouter alter Schimmel, Du warst mei bester Freind,
> doch Du bist etz im Himmel mit die anderen Gäul vereint.
> Des war doch schöi nu dazumoal
> am Ludwigs-Donau-Main-Kanal.

Vo Bamberg bis nach Kelheim noh hom mir 6 Tog ball **braucht**
vuraus mei Gaul, der Kahn hintdroh, hob i mei Pfeifla **gschmaucht.**
Der Kahn hat hundert Tonna trogn vullglodn bis zum **Rand**
vo a n PS war alles zogn, des war fei allerhand.

> Heit brauchns für 15 Tonna scho, 150 PS ball **vornadroh:**
> Gouter alter Schimmel . . .

Vo dreia fröih bis in die Nacht warn af der Streck **mir drauß**
obs gregnt hat ob die Sunna lacht, des macht uns **gar nix aus.**
'A halbs Pfund Pressack und drei Mouß, an Habern für **mein Gaul,**
der Appetit war riesengrouß, denn mir zwa warn net faul . . .

Und hom mir richt gveschpert ghabt, senn unsern **Weg mir** . . .

Des war fei nu a schöina Zeit trotz aller Möih und **Ploog**
a wenn nu gärbert hom die Leit, 12, 14 Stund am **Tog.**
11 Pfenni hout a Seidla kost't, a Fünfala der Kees,
und fuchzeh Pfenni a Trumm Worscht, die Alt'n wiss'n des . . .

> Und wenn i zu mein Schimmel schau, sagt der Ich waß des . . .

Dreißg Jahr bin ich mit Gaul und Kahn für die Demerag marschiert
doch dann hat af der Autobahn die Technik triumphiert,
es Auto unser Herrschaft bricht und a die Eisaboh,
su gäiht zu End döi Lebensgschicht vom Kanalschiffsreitersmoh . . .

> Und von der Donau bis zum Main, stimma alli in mei **Löidla** ei . . .

An an Projekt werd gärbert droh: Döi groußa **Schiffahrts-Straß**
vo Bamberg bis zur Donau noh, wöi jeder vo Eich waß,
In Maiach drauß soll der Kanal an Närnberg nou vurbei,
doch bis des alles stäiht amoal wer i' ä im Himmel sei.

> Dann stimm ich mit mein Schimmel oh
> des Löid vom Schifflas-Reitersmoh:
>
>   Gouter alter **Schimmel** . . .

Viele reale Hinweise auf die Treidelschiffahrt finden sich in dem Lied vom Schifflas-Reitersmoh. Getextet
von Hans Mehl zum 50jährigen Jubiläum der DEMERAG.   Archiv: H. Falk.

Schleusen am Ludwigskanal. Schleusenanlage 80 in Doos. Im Hintergrund ein Bahnübergang für die Hauptbahnstrecke zwischen Nürnberg und Fürth. Welche Kraftanstrengung war doch notwendig, das Schleusen-
tor per Hand zu schließen? Foto: Stadtarchiv Fürth.

Feierabend am Schleusenwärterhaus. Ehepaar Hirsch vor seinem Domizil (Schleuse 34). Foto: G. Hirsch.

Erlangen   Partie vom Donau-Main-Kanal

Kanalhafen in
Erlangen, fotografiert
etwa um 1890.
Foto:
Stadtarchiv Erlangen.

Erinnerungen an die
Schlagrahmdampfer-
zeit.
Sammlung:
Antiquitäten Schrepf,
Fürth (2 ×).

Auswandererschiff im Seehafen Kronach bei Fürth — Abfahrt

Schleuse 75 – in Nürnberg-Gibitzenhof – mit dicken Eispanzern.   Foto: H. Falk, Winter 1927.

Anlagen der staugeregelten Altmühl bei Riedenburg, kurz vor der Demontage 1989. 3 Fotos: M. Bräunlein.

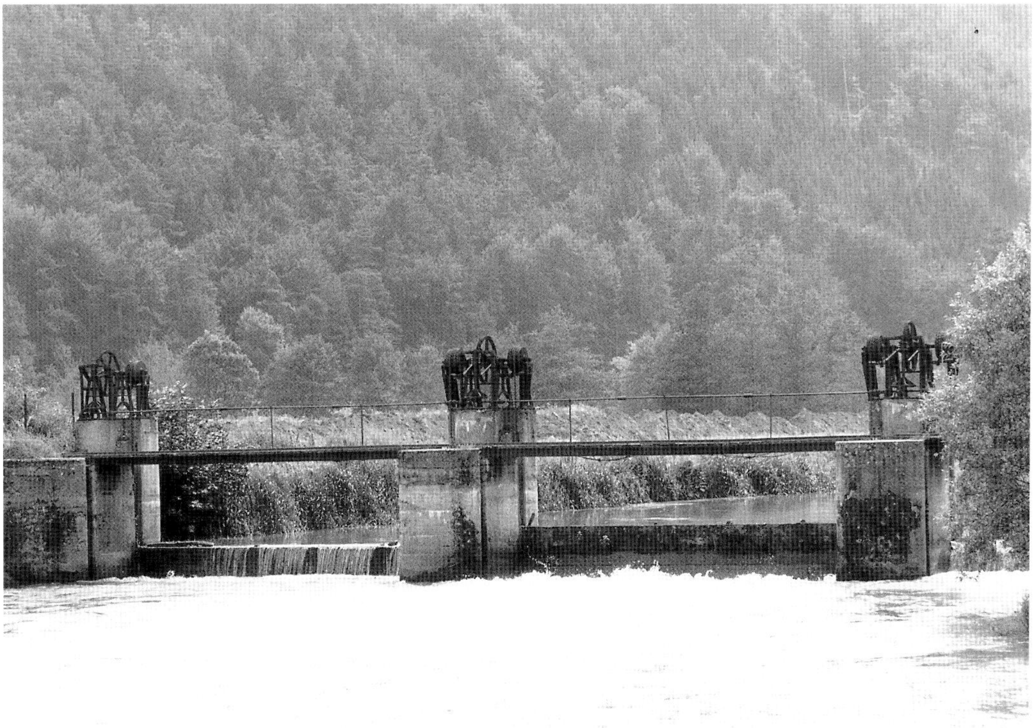

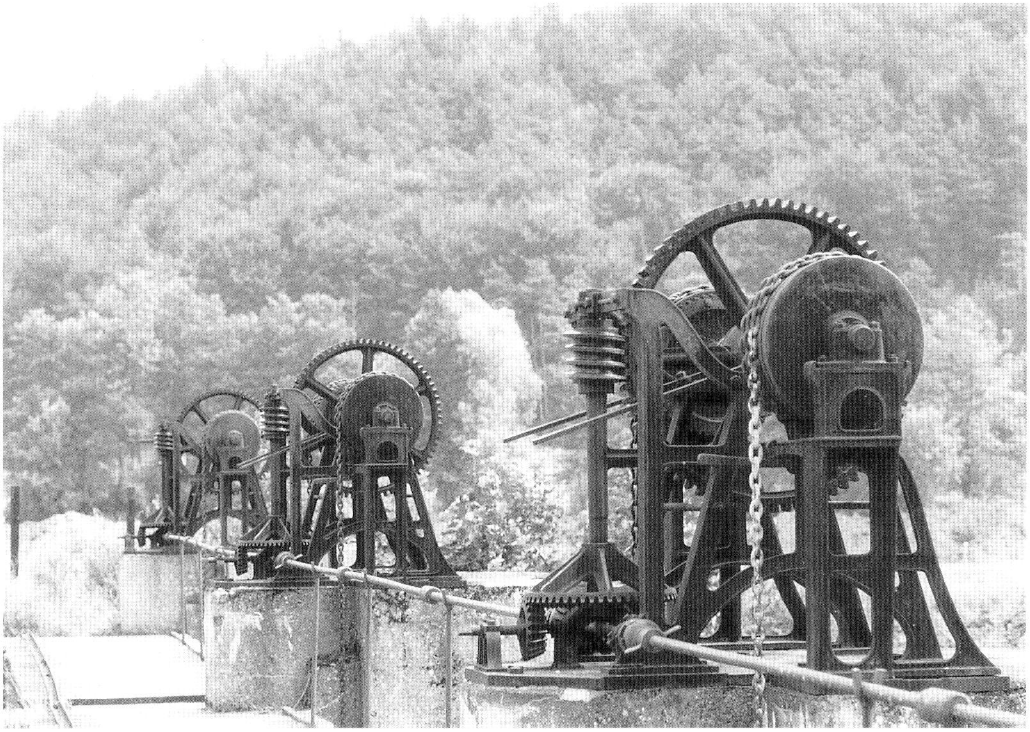

Schienen als Bindeglied zwischen Main und Donau

Bereits 1819 untersuchte ein bislang unbekannter Autor 17 Trassierungs- und Verbindungsmöglichkeiten zwischen Main und Donau. In seiner Veröffentlichung finden sich ebenso Vorschläge für Kanäle wie für Pferdeeisenbahnen. Nach Abwägung aller Vor- und Nachteile der einzelnen Varianten plädierte er für eine „Eisenbahnstraße" zwischen Nürnberg und Schmidmühlen. Voraussetzung wäre allerdings gewesen, die Flüsse Regnitz und Pegnitz (bis Nürnberg) sowie Vils (ab Schmidmühlen) und Donau (ab Regensburg-Prüfening) für die Schiffahrt auszubauen. Ihm schwebte also ein kombinierter Schiffs- und Eisenbahnverkehr für den Transithandel vor.

Eine weitere Anregung ging vom Abgeordneten Heydekam aus, der ebenfalls eine „Straßenbahn" als Verbindung vom Rhein zur Donau befürwortete. Zwar ist nicht bekannt, welche Trasse er favorisierte, es steht aber zu vermuten, daß er einen Vorschlag des Oberst Bergrath Joseph Ritter von Baader unterstützte, welcher bereits 1808 für eine Schienenverbindung zwischen Main und Donau warb. 1815 erhielt von Baader sogar ein Patent auf Güterwagen, welche gewöhnliche Straßen und Schienen befahren konnten. Selbst einen Mechanismus zum Ausweichen bei Gegenverkehr hatte er erfunden. Von Baader schaffte somit die technischen Voraussetzungen für Ideen zur Landverbindung zwischen Donau und Main.

So bedeutsam die eingereichten „Straßenbahnprojekte" für die Zukunft auch gewesen sein mögen, über eine verwaltungsmäßige Bearbeitung kamen sie vorerst nicht hinweg. Den Wendepunkt markierte das Jahr 1822. Zu diesem Zeitpunkt veröffentlichte Julius Graf von Soden die bis dahin bekannt gewordenen Projekte in einer Karte, ohne Angaben zu machen, ob es sich um Kanal- oder Schienenverbindungen handelte. Letzteres führte bei von Baader zu einer Gegendarstellung, in der er die „Kanalomaten" scharf attackierte und mit einer Wirtschaftlichkeitsrechnung Vorzüge der Schienenverbindung herausstellte. Da die Berechnung allerdings schon im Ansatz

teilweise unkorrekte Angaben enthielt, soll hier auf einen Vergleich zwischen Landfracht und Wasserfracht nicht eingegangen werden.

Die bis dato erschienenen Abhandlungen und Gegendarstellungen veranlaßten ihn darüber hinaus 1825 bei der Regierung um 8000 fl (13 760 Mark) nachzusuchen, um die Frequenz des Verkehrs zwischen Main und Donau zu ermitteln und das Gelände zu nivellieren. Wie nicht anders zu erwarten, veröffentlichte von Baader eine ausgereifte Idee, welche eine Fülle von Details enthält:

„Die kürzeste und vortheilhafteste Linie, auf welcher auch die wenigsten Schwierigkeiten für eine solche Bahn sich fänden, wäre, meines Erachtens, von Donauwörth nach Marktbreit über Öttingen, Feuchtwang und Rothenburg, wo auch gute Steine zu einer soliden und dauerhaften Unterlage für die eisernen Schienen in Überfluß und ziemlich wohlfeil zu haben und die besten Eisenhütten nicht sehr weit entfernt sind. Die ganze Länge dieser Bahn betrüge nur höchstens 21 Stunden, welchen Weg jeder Güterzug auf der Eisenbahn in einem Tage leicht zurücklegen könnte.

Nach sicheren Nachrichten, die ich mir vorläufig verschaffen konnte, beträgt auf der in dieser Richtung vorhandenen Landstraße zwischen beyden schiffbaren Strömen der Transport, mit Einschluß des baierischen Salzes und der fränkischen und rheinischen Weine schon jetzt über 120 000 Zentner jährlich; und er kann wohl keinem Zweifel unterliegen, daß wenn mittels der Eisenbahn die zu entrichtenden Kosten der Fracht auf den vierten oder fünften Theil der gegenwärtigen, bey einer dreymal schnelleren Bewegung, herabgesetzt würden, der Zug auf dieser Linie sich mehr als verdoppelt würde, indem alsdann auch der größte Theil derjenigen Güter, welche jetzt über Regensburg und Augsburg gehen, denselben Weg einschlagen würde, besonders wenn auch von Seite der österreichischen und holländischen Regierungen, wie zu hoffen ist, die Schiffahrt auf der Donau und auf dem Rhein durch Herabsetzung der

Durchgangs-, Ein- und Ausfuhrzölle, und durch Einführung der Dampfschiffe mehr erleichtert und begünstigt würde; da dann der ganze Welthandel von England, Holland und den Niederlanden nach Österreich und nach Italien über diese neue Kunststraße und durch Baiern sich ziehen würde. Aber außer dem eigentlichen Güter und Waaren Transporte oder dem sogenannten schweren Fuhrwerke könnte diese Bahn auch für das leichte und schnelle Fuhrwerk mit dem größten Vortheile benützt, und auf demselben nachdem von mir schon längst und zu erst gemachten, nunmehr in England angenommenen Vorschläge, alle Diligencen, Briefposten und gelegentlich auch Reisende weit schneller, bequemer, sicherer und wohlfeiler als bisher von einem Punkte zum anderen befördert werden, wodurch offenbar die Anlage sich noch um vieles höher verzinsen würde."

Die geschilderte Linienführung ergab sich für von Baader automatisch. Marktbreit hatte einen guten Ruf als bedeutender Umschlagplatz für Kaffee und Kolonialwaren. Von hier aus nahmen Waren ihren Weg nach Nürnberg, Augsburg, München, Venedig, Triest, Regensburg und in die Donauländer. Im Gegensatz zu Schweinfurt verfügte Marktbreit über die technischen Voraussetzungen für einen optimalen Warenumschlag: nämlich gemauerte Uferbefestigung, einen Kran, genügend Freiflächen für die Zwischenlagerung von Transportgut sowie eine günstige Ausgangsposition für den Weitertransport.

So genial der Vorschlag auch war, von Baader hatte Pech. Am 12. Oktober 1825 verstarb König Max Joseph und Ludwig I. bestieg den Thron. Dieser machte aus seiner Vorliebe für den Kanal kein Hehl und gab schon sehr bald „Befehle" zur Ausarbeitung für den Donau-Main-Kanal sowie für den Ausbau von Donau, Main, Naab, Vils und Regen.

Bedeutete dies schon das Ende der „eisernen Ludwigstraße"? Für ein Eisenbahnprojekt zwischen Marktbreit und Donauwörth in jedem Fall, nicht aber für das neue System Eisenbahn. König Ludwig I. empfahl dem Handelsvorstand von Nürnberg und Fürth das neuartige Transportmittel, ebenso dem Kriegsministerium (für den Festungsbau in Ingolstadt).

Im Gegensatz dazu beharrte von Baader auf seiner Eisenbahnverbindung zwischen Donau und Main, listete unermüdlich Vor-

und Nachteile zwischen Wasserstraße und Eisenbahn auf, verfeinerte aber auch seine wirtschaftlichen Berechnungen. Was blieb, war ein Hoffnungsschimmer! Überraschenderweise gab sich Franz List ab 1827 als Weggefährte und Mitstreiter zu erkennen. List verurteilte die Kanalsysteme zwar nicht generell, sah allerdings nur Vorteile, „wenn das Terrain sehr flach, der Boden sehr günstig und dabei ein großer Transport an Bauholz, Marmorplatten, Mühlsteinen und dergleichen Artikel zu erwarten ist." List vertrat auch die Auffassung, eine Eisenbahnlinie zwischen Marktbreit und Donauwörth sei nicht endgültig mit der Kanalfrage zu verquicken. Er verfolgte nämlich ein Fantasiegebilde in Form eines Kommunikationssystems, bestehend aus sogenannten Haupt- und Nebenlinien, in die nachfolgend aufgeführte Orte eingebunden werden sollten:

1. Hauptlinien
1.1. Bamberg, Nürnberg, Donauwörth, Augsburg, Memmingen, Lindau
1.2. Kitzingen, Nürnberg, Regensburg, München
1.3. Günzburg, Augsburg, München, südöstliche Grenze
2. Nebenlinien
2.1. von Bayreuth zur Hauptlinie 1.1.
2.2. von einem Punkt an der Tauber zur Hauptlinie 1.1.

F. List ließ zwar anfangs offen, ob obiges Grundnetz zum Teil auch mit Kanälen realisierbar wäre, entdeckte aber mehr und mehr seine Liebe zur Eisenbahn.

Wer auch immer die besseren Ideen hatte, die Bemühungen der Herren von Baader und List waren vergeblich, die Entscheidung des Königs gefallen. Allerdings verfehlten die genialen Darstellungen beider Persönlichkeiten bei König Ludwig I. nicht ihre Wirkung, ließ er doch die Erprobung einer Dampfeisenbahn außerhalb des Wirkungsbereiches des Donau-Main-Kanals zu. 1826 äußerte sich König Ludwig I. überraschend positiv seinem Freund von Baeumen in Fürth gegenüber: „Ich erachte den Bau einer Eisenbahn zwischen Nürnberg und Fürth nicht nur als wünschenswert, sondern auch als leicht ausführbar, meiner wärmsten Förderung und Unterstützung wolle man sich versichert halten."

Beschaulichkeit, dort wo heute täglich Tausende von Autos fahren: Die Bahnüberführung für die Strecke Nürnberg-Treuchtlingen und Nürnberg-Crailsheim im Stadtgebiet von Nürnberg (An den Rampen).
Foto: Verkehrsmuseum Nürnberg, (1910).

Dem neuen Verkehrsmittel Eisenbahn gehörte also vorerst nicht die Zukunft. Weder in allgemeiner Hinsicht noch als Bindeglied zwischen Main und Donau; zu konkret waren die Vorstellungen über diese Mittlerrolle:

- Warenströme sollten gelenkt,
- der Transithandel und Export angekurbelt und
- die Versorgung der Bevölkerung mit Konsumgütern verbessert werden.

Noch war man davon überzeugt, die dargestellten Aufgaben mit Hilfe eines bewährten Systems, bestehend aus Fluß- und Kanalschiffahrt, lösen zu können. Deshalb ist der Ludwigskanal auch nur ein Teilaspekt der Aufgabenstellung, ein anderer war der schiffsgerechte Ausbau von Donau und Main. Reale Hinweise aber, wie von den genannten Versorgungslinien aus die Ware flächenmäßig verteilt werden könne, gab es in der Regel keine. Fuhrwerke sollten dies besorgen. Daß aber ein Frachtanstieg gleichzeitig eine Steigerung der Fuhrwerkstransporte zur Folge hatte und analog dazu eine verstärkte Aufzucht vieler Rösser nötig gewesen wäre, bedachte man ebensowenig, wie die Bereitstellung der auf Zuwachs ausgelegten Verkehrsflächen in den Häfen. Hier zeigte die Kombination aus Fluß- und Kanalschiffahrt ihre Nachteile und die flächenhafte Verteilung von Gütern sollte einige Zeit später zur Domäne der Eisenbahn werden. Die Eisenbahn als Versuchsobjekt wiederum fand staatliche Fürsorge – obwohl der Kanalbau schon beschlossene Sache war – und nahm im Dezember 1835 zwischen Nürnberg und Fürth den Betrieb auf.

Es mag konsequent sein, daß beide Projekte ihre Chance auf Realisierung erhielten, merkwürdig allerdings erscheint die lokale Nähe zwischen Ludwigskanal und Ludwigsbahn. So liefen beide Trassen zwischen der Fürther Stadtgrenze und dem Nürnberger Kanalhafen parallel und in unmittelbarer Nähe zueinander. Ludwigsbahnhof und Kanalhafen lagen im selben Nürnberger Stadtteil und bei Doos entstand eine markante Kreuzung mehrerer Verkehrsträger.

Seltsam war die Tuchfühlung zweier in der Öffentlichkeit als Rivalen dargestellter Verkehrsträger deshalb, weil sich Vergleiche nun von selbst ergaben, und dies nicht erst nach Fertigstellung. Allein schon die unterschiedlichen Baukosten waren interessant. Darüberhinaus zwang die lokale Nähe von Ludwigsbahn und Ludwigskanal auch zu einer unterschiedlichen Wertung des Begriffs „Konkurrenz". Vom Kanal als Bindeglied für eine europäische Handelsstraße war man ohne große Diskussion überzeugt, zumal die Flußschiffahrt ihre Bewährungsprobe längst hinter sich hatte. Dagegen war die Ludwigsbahn ein Versuch von begrenzt lokaler Wirkung. Bemühungen Scharrers, die Ludwigsbahn beispielsweise zur Keimzelle einer Schienenverbindung zwischen Regensburg und Würzburg zu machen, waren immer zum Scheitern verurteilt – hätte doch dies letztendlich eine Parallelführung von Kanal und Ludwigsbahn in größerem Ausmaß bedeutet. Selbst die ehe-

Historische Technik bei
Fürth-Stadeln. Obwohl
der Fahrdraht schon
gespannt ist, dampft
eine Lok der Gattung
P 8 mit einer Garnitur
Donnerbüchsen Rich-
tung Bamberg. Im Vor-
dergrund ein Wasser-
schöpfrad in der
Regnitz.
Foto:
Stadtarchiv Fürth.

malige Ludwigs-Süd-Nordbahn, die erste bayerische Fernbahn, hatte auf ihrem Laufweg von Lindau nach Hof gleich mehrmals Berührung mit der Wasserstraße. So kreuzte der „Augsburger Ast" den Ludwigskanal nahe dem Nürnberger Kanalhafen, während die Linienführung zwischen Bamberg und Nürnberg vorwiegend neben dem Kanal verlief. Im Teilstück Nürnberg (Schwabacher Straße) bis Doos lagen die Gleise der Fernbahn noch näher am Kanalbett als die der Ludwigsbahn.

Erklärbar ist selbst diese Inkonsequenz lediglich über die „höheren Ziele" der beiden Verkehrsmittel und ihrer Linienführungen. Jedenfalls diente die Wasserstraße vorwiegend dem Güteraustausch in Ost-Westrichtung, dagegen war die Fernbahn ein politischer Faktor. In Nord-Süd-Richtung geplant, sollte sie Kommunikationsmittel und Bindeglied zwischen Königshäusern und Herzogtümern sein. Alte Handelsbeziehungen zwischen München, Augsburg, Nürnberg und den sächsischen sowie altenburgischen Regierungen wollte man auffrischen.

In der Tat enthielten die historisch gewachsenen Handelsverbindungen bedeutender bayerischer Städte mit nördlichen Anrainerstaaten einen Joker, dessen Auswirkung erst nach vollständiger Inbetriebnahme der Fernbahn-Gesamtstrecke bis Leipzig möglich war: Kohlelieferungen aus Sachsen. Sie waren Grundvoraussetzung für manche Industrieansiedlung – auch in Bayern. Die Eisenbahn mit ihrem immer dichter werdenden Streckennetz schuf hier eine quasi-flächendeckende und schnelle Versorgung der Industriegebiete mit Kohle sowie anderen Rohstoffen, nahm sich aber auch deren Absatzprodukte an. Am Kanal hingegen sind keine nennenswerten Industrieansiedlungen nachweisbar und wenn, dann ausschließlich mit lokalem Wirkungsbereich, z. B. Zementwerk in Berching oder die Ziegelei in Worzeldorf.

An weitergehende Verflechtungen und wirtschaftliche Entwicklungen dachte man bei Planung beider Verkehrswege nicht. Der Konkurrenzgedanke manifestierte sich vorwiegend auf die unterschiedlichen Richtungen beider Verkehrsträger, nicht aber auf ihre Auswirkungen.

Die Ludwigs-Süd-Nordbahn

Als König Ludwig I. sein Vorhaben bekannt gab, Leipzig im Norden mit Triest im Süden per Schiene zu verbinden, zeigte er ebensoviel politischen wie wirtschaftlichen Spürsinn. Leipzig, der damals wichtigste Messeplatz Europas, und Triest, ein genauso hervorragender Handels-, wie Hafenplatz mit entsprechenden wirtschaftlichen Verzweigungen im mediterranen Raum, konnten für die Entwicklung Bayerns vom Agrar- zum Industriestaat wichtig werden. Seine Entscheidung setzte damit einen verkehrspolitischen Kontrapunkt zum Kanal. Bedauerlich an dieser Entwicklung ist lediglich die Tatsache, daß von Baader eine ähnlich gelagerte Schienenverbindung zwischen Handelszentren innerhalb Bayerns verwehrt wurde. Allerdings handelte es sich bei ihm seinerzeit um theoretische Ansätze und die erste deutsche Eisenbahn mußte zumindest im kleinen Maßstab ihre Bewährungsprobe bestehen. Mit den Erfolgen der Ludwigsbahn ließen sich dann aber auch größere Projekte, wie die erste bayerische Fernbahn, angehen.

Vermutet man bei einem Konzept, das lediglich die beiden Endpunkte vorgab, noch viel Spielraum zur optimalen Linienführung, so zeigte sich andererseits, daß bereits im Detail Vorleistungen existierten. 1836 beispielsweise erbat Scharrer die „höchste Entscheidung" zum Bau einer Eisenbahn von Nürnberg zur nördlichen Staatsgrenze (über Bamberg nach Hof). Andere Projektanten wollten Augsburg mit Lindau und München mit Salzburg verbunden wissen, während zum selben Zeitpunkt der 1835 eingereichte Vorschlag einer privaten Eisenbahn zwischen München und Augsburg schon sehr weit gediehen war. An all diesen Mosaiksteinchen konnte sich die Fernbahn-Linienführung orientieren, . . . aber dann war da noch der geheime Auftrag von König Ludwig I., 1825 nämlich wurde Ingolstadt militärischer Mittelpunkt Bayerns und zentraler Waffenplatz. Äußeres Merkmal ist das auch heute noch vorhandene Bollwerk, welches sukzessive an der Donau entstand. Nun war es Aufgabe des Militärs im konkreten Fall, von Ingolstadt aus Truppen rasch an die Grenzen zu bringen. Wie dies am besten geschehen könne, interessierte selbst den König, welcher am 5. Februar 1836 dem Generalstab folgenden geheimen Auftrag erteilte: „. . . wie nämlich die Eisenwege in Teutschland ineinander zu greifen hätten, damit, wenn von Westen ihr Angriff drohe, die Heere am schnellsten zusammengezogen werden könnten." Man erkannte also bereits bei den Versuchen mit der ersten deutschen Eisenbahn im Rad/Schiene-System ein Verkehrsmittel von strategischer Bedeutung, was dazu führte, daß ab April 1836 das Kriegsministerium zu allen wichtigen Bahnprojekten gehört bzw. seine gutachterliche Stellungnahme eingefordert wurde.

Den Einstieg in diese neue Thematik blockierte sich das Ministerium allerdings erst einmal gründlich und was die Streckenführung von Nürnberg über Ingolstadt nach München angeht, so wirkt sich dies bis zum heutigen Tag aus. Als es galt, die Trasse für die Ludwigs-Süd-Nordbahn von Lindau zur sächsischen Grenze festzulegen, war man sich uneins, ob diese Strecke der Landesfestung Schaden oder Nutzen bringen würde.

Stritten sich die einen über das Für und Wider eines Gleisanschlusses in Ingolstadt, berechneten andere gewissenhaft, wie hoch ein möglicher Bahnhof über der Donau angelegt werden müsse, damit er nicht vom Hochwasser beschädigt werde. Eine andere Frage war die Position der Gleisanlagen im Bezug zur Festung, damit die Ballistik damaliger Geschosse optimal eingesetzt werden könne. Außerdem prüfte man, ob die vielfältigen Hochbauten eines Bahnhofes evtl. als sog. „Flugbauten" ausgeführt werden könnten. Dies wäre bei einem Angriff insofern von Bedeutung gewesen, hätte man doch alle Bauten sofort beseitigen können und es wären lediglich die Gleisanlagen übrig geblieben.

All die Diskussion um Detailprobleme führte bereits im Anfangsstadium dazu, daß „. . . die Haupt-Süd-Nordbahn von München nach Nürnberg über Nördlingen statt über Ingolstadt und Neumarkt geführt (wurde), weil die Herren Strategen noch nicht im reinen waren, ob eine Eisenbahn für eine Festung vortheilhaft oder nachtheilig sey.

Statt die Linie Nürnberg – Ingolstadt – Augsburg – Memmingen – Lindau, in welche Prag – Regensburg – Ingolstadt, Salzburg – München – Landsberg und Würzburg – Nördlingen – Ulm eingemündet hätten, zu bauen, zwang man den Verkehr von Nürnberg, Norddeutschland und Böhmen nach der Schweiz und Italien in einer wahren Schlangenlinie über Nördlingen und durch das gebirgige Allgäu wo es viel kostet und wenig einträgt, und dieß geschah im Grunde doch nur weil man sich mit Württemberg über einen Anschluß nicht einigen konnte."

Beeinflußte die Schienenverbindung nach Württemberg zusätzlich die südlich von Nürnberg gelegene Linienführung, so gilt ähnliches für das nördliche Teilstück. Die Baupläne waren im März 1838 genehmigt und für das Frühjahr 1841 die Streckenvollendung festgelegt. Vorgesehen war die Übernahme der Bauarbeiten durch eine private Gesellschaft. Das nötige Kapital sollte über den Verkauf von Aktien aufgebracht werden, welche nach Regierungsauflage ausschließlich in München, Augsburg und Nürnberg gekauft werden durften. Es stellte sich jedoch schon bald heraus, daß die Aktiengesellschaft den Bau nicht vollenden konnte – evtl. auch nicht wollte. Immer wieder kam es zu Differenzen mit der bayerischen Regierung wegen der Weiterführung nach Sachsen. Das Königshaus wollte die Anbindung über Hof, die Bahngesellschaft sah Vorteile bei der Linienführung über Coburg. Zweifellos spielte Geld bei der dargestellten Problematik eine Rolle, denn der Fichtelgebirgsaufstieg war eines der technisch ungelösten Probleme. Sollte der Höhenunterschied mittels dreier schiefer Ebenen, stationären Dampfmaschinen und Seilwerk genommen werden? Oder kamen Dampfloks nach amerikanischem Vorbild in Frage? Auf die Schnelle war die Frage nicht zu beantworten – und genau das wollten die Aktionäre, denn Dividende gab es erst, wenn die Strecke in Betrieb war und der Zugverkehr wirtschaftlichen Erfolg brachte.

Die Regierung jedenfalls zog im November 1840 Konsequenzen und nahm die Konzession zurück. Gleichzeitig beschloß König Ludwig I. den Bahnbau von der Reichsgrenze bei Hof nach Augsburg auf Staatskosten und stellte die Fortsetzung nach Lindau in Aussicht. Als Streckenführung wurde festgelegt: Lindau – Kaufbeuren – Augsburg (Anschluß an die private München-Augsburger-Eisenbahn; eröffnet 1839) – Donauwörth – Nördlingen – Pleinfeld – Roth – Nürnberg – Bamberg – Kulmbach – Neuenmarkt – Münchberg – Hof.

Um der Strecke die gewünschte Linienführung geben zu können, waren Staatsverträge mit der Königlich Sächsischen und Herzoglich-Anhaltischen Regierung notwendig. Die Unterzeichnung verzögerte sich immerhin bis zum 14. 1. 1841, nachdem die Streckenweiterführung auch dort ein aktuelles Thema war.

Bayern indessen stand der Angelegenheit vorausschauend vis à vis, hatte man doch den Wunsch, mit der ersten Fernbahn internationalen Transitverkehr zu binden. Diesem Grundsatz hatte sich sogar die Detailplanung unterzuordnen, was bei Erlangen zur Umsetzung einer zukunftsträchtigen Idee führte. „Damit die durch Kurven bedingte ständige Langsamfahrstelle auf d e r deutschen Centralbahn vermieden werden konnte", erhielt der Erlanger Burgberg das erste bayerische Eisenbahntunnel. Die Realisierung einer, für damalige Verhältnisse interessanten Entscheidung brachte zumindest Abwechslung in die Alltagsarbeit der Kgl. Eisenbahn-Baukommission in Nürnberg, welche am 1. Juni 1841 ihre Arbeit aufnahm. Nach Übernahme der Projektierungsunterlagen von der Privatbahngesellschaft beschäftigte man sich zuerst mit dem Grunderwerb. Baubeginn war dann im August 1848, wobei vorwiegend ein gerader Streckenverlauf zwischen Erlangen und Bamberg zustande kam. Somit ergaben sich zwischen Nürnberg und Bamberg wenig Probleme mit dem Terrain, abgesehen vom 962 Fuß langen Tunnel.

Welche technischen Daten beim Bau grundsätzlich zu berücksichtigen waren, schildert vorzüglich Kosmas Lutz:

Das Normalquerprofil für die Erdarbeiten hatte auf Planie eine Kronenbreite von 15,5 Fuß bayer. (4,52 m) mit einer Banquetneigung von 0,2 Fuß (0,06 m). Die Bahngrabentiefe war zu 3,2 Fuß (0,93 m) unter Planie bei 1 Fuß (0,29 m) Sohlenbreite angenommen und sämtliche Böschungen wurden in der Regel zweimalig und ohne Bermen angelegt. Die Breite des Unterbaukastens betrug 10 Fuß (2,92 m) und dessen Höhe 1½ bis 2 Fuß (0,44–0,58 m), je nachdem unter den Schienenstühlen Holzschwellen oder Steinunterlagen angeordnet und der natürliche Boden bei Einschnitten, sowie das zu den Dämmen verwendete Material mehr oder weniger wasserdurchlassend war. Zu beiden Seiten des Unterbaues wurden Sickerdohlen durch die 2,75 Fuß (0,80 m) breiten Erdbanquete verschränkt, nämlich einmal links und das folgende mal rechts der Bahn angebracht und dieselben bei Einschnitten in Entfernungen von je 20 Fuß (5,84 m) und bei Aufdämmung in Entfernungen von je 30 Fuß (8,76 m) angelegt.

Bezüglich der Holzschwellen war bestimmt, daß dieselben auf allen Bahnhöfen und Stationsplätzen, auf allen Brücken und auf allen Dämmen über 5 Fuß (1,46 m) Höhe zur Anwendung zu bringen seien, im übrigen aber Steinwürfel, wenn die Beschaffung derselben nicht bedeutend teurer als Holzschwellen komme.

Zu den Würfeln selbst wurden vor 1846 Sandsteine, nachher vorwiegend Granite verwendet. Auf ihnen wurden die Schienenstühle mittels Holzdübeln und Nägeln befestigt und zwischen Würfel und Schienenstuhl eine getheerte Filzunterlage eingeschoben.

Die Schienenlage auf der Strecke Nürnberg – Bamberg wurde im Mai 1844 begonnen.

Die ersten ausgelappten Schienen mit 16 Linien (0,047 m) langen Lappen an den Enden wurden von dem Etablissement J. Cockerill in Seraing geliefert. Dieselben waren doppeltsymmetrische Stuhlschienen von 34 Linien (0,099 m) Höhe, 6 Linien (0,018 m) Stegdicke und 17,34 Fuß (5,061 m) Länge. Ihr Gewicht war zu 14 Zollpfund für den lfd. Fuß bayer. (23,98 kg per lfd. Meter) bestimmt. Bei der damals bestehenden Meinung, daß die Räder der Fahrzeuge den Schienenkopf nicht in der Mitte sondern seitwärts angreifen sollen, hoffte man diese Schienen in vier verschiedenen Lagen verwenden zu könne. Das Bedürfnis eines kräftigeren Profiles machte sich jedoch bald geltend und wurde demselben sowohl durch Erhöhung wie durch Verstärkung des Kopfes (Michiels und sächsische Schienen) Rechnung getragen.

Im Jahre 1845 wurden die ersten Versuche mit stumpf abgeschnittenen Schienen gemacht und im Jahre 1852 die ersten breitbasigen Schienen auf der Strecke Augsburg – Lindau verlegt.

Die Kunstbauten wurden sofort solid in Stein konstruiert, und nur größere Spannweiten und schiefe Anlagen mit hölzernen Bogenhängwerken übersetzt.

Bei den Hochbauten war man bestrebt die thunlichste Sparsamkeit walten zu lassen.

Der vor dem Frauenthore im Süden der Stadt angelegte Bahnhof Nürnberg ist für die Ludwigs-Süd-Nordbahn eine Kopfstation; derselbe wurde später, hauptsächlich in neuerer Zeit, bedeutend vergrößert.

Die Linie tritt in nordwestlicher Richtung bei der Vorstadt Gostenhof aus dem Nürnberger Bahnhofe und zieht sich längs des Ludwigs-Donau-Main-Kanals an den Zentralwerkstätten vorüber zur früher Fürther Kreuzung und jetzt Doos benannten Station. Von letzterer in nördlicher Richtung abgehend kreuzte sie die Nürnberg–Fürther Bahnlinie im Niveau, übersetzte beim Dorfe Doos die Pegnitz, passierte die Haltstelle Poppenreuth und wurde beinahe parallel mit dem Kanale bis zur Station Eltersdorf hinabgeführt.

Seit 1. August 1876 wird die Strecke Fürther Kreuzung – Poppenreuth – Eltersdorf nicht mehr befahren. Die Betriebsstörungen und die geringe Fahrsicherheit, welche das Kreuzen der beiden Bahnlinien im Niveau notwendig zur Folge haben mußte, gab Veranlassung, die Süd-Nordbahn zwischen Fürther Kreuzung und Eltersdorf zu verlegen. Nunmehr begleitet sie von Doos ab die Nürnberg-Würzburger Bahnlinie durch die Station Fürth und über die in deren Nähe befindliche Rednitzbrücke, zweigt dann in nördlicher Richtung ab, hebt sich an dem Gelände zwischen der Rednitz und dem Fahrnbache empor und senkt sich hierauf zur Regnitz hinab, um diese bei Stadelhof mittels einer 11,5 m hohen, 3 Öffnungen haltenden, durch eiserne Fachwerksträger von je 28 m Stützweite überdeckten Brücke zu überschreiten. Weiter abfallend geht sie durch die Station Vach, überkreuzt den Ludwigs-Donau-Main-Kanal und mündet 1 km vor der Station Eltersdorf wieder in die alte Strecke ein. Im Gegenhalt zur früheren Linie ist die nunmehr betriebene um 2,80 km länger.

Von Eltersdorf weg bis Bamberg bot die Bahnführung keine großen Schwierigkeiten, da sie auf die ganze Länge mit dem Kanale dem Laufe des Regnitzflusses folgen konnte. Die Trace durchzieht den Bahnhof Erlangen, durchbohrt 1,5 km davon den Burgberg in einer Tiefe von 45 m mit einem Stollen von 269,5 m Länge, berührt die Städte Bayersdorf und Forchheim und gelangt, an Eggolsheim und Hirschaid vorbei, endlich in den Bahnhof Bamberg, der bei St. Gangolf nordöstlich der Stadt, 1 km vom Hauptplatze entfernt, erbaut wurde.

Beschäftigten sich nun Ingenieure mit Aufgaben technischer Natur, wie sie Kosmas Lutz darstellte, bewog die Eisenbahn-Bausektion Erlangen eine zusätzliche Frage von überregionaler Bedeutung. 1841 nämlich fragte man in München an, ob als Gestaltungsvorbild für die Kunstbauten „Muster von den zunächst gelegenen Kanalbauten . . . zu nehmen seyen, damit hiernach die Vorschläge und Construktionspläne eingereicht werden können." König Ludwig, diesbezüglich angesprochen, äußerte sich dahingehend, daß alle Bahnbauten im „antik-römischen-Style" zu planen seien. Er betrachtete nämlich den Eisenbahnbau als Fortsetzung der Tradition römischer Ingenieurkunst . . . und was für den Bahnbau der Ludwigs-Süd-Nordbahn zu gelten hatte, galt erst recht für den Ludwigs-Donau-Main-Kanal, dessen Bau 6 Jahre zuvor begonnen hatte.

Bei Bahn- und Schleusenwärterhäuschen gab es wenig Probleme, diese Idee umzusetzen, läßt sich doch beiden der Charakter eines römischen Wohnhauses zuordnen. Anders dagegen verhält es, sich mit der Mehrfunktionsanlage Bahnhof. Nur bei wenigen Bahnhofsbauten gelang es den antik-römischen-Stil anzuwenden, so beispielsweise in Erlangen und Bamberg. Als Vorbild für das erste Bahnhofsgebäude in Bamberg wählte man die Villa Barbaro des Renaissancearchitekten Palatio.

Bei anderen Bahnhöfen beschränkte sich der genannte Baustil auf einzelne Elemente, wie quadratischer Grundriss (Bahnhof Eltersdorf), Arkadengang oder Halbbögen für Fenster und Türen (Bahnhof Staffelstein). Ab 1850 kam der antik-römische Baustil auf Grund von Sparmaßnahmen nicht mehr zur Anwendung und wurde durch den landschaftsbezogenen Baustil mehr und mehr abgelöst.

Zeugnisse des antik-römischen Baustils sind wenige erhalten geblieben: einige Kunstbauten, wie Schleusenwärterhäuschen, Durchlässe und Brücken am alten Kanal sowie Kunstbauten an der sog. Schiefen Ebene — (zwischen Neuenmarkt — Wirsberg und Marktschorgast gelegen).

Skizze vom Bahnhof Erlangen (1844). Sammlung: M. Bräunlein.

Am 25. August 1844, dem Namenstag des Königs, fand die Eröffnung der Teilstrecke Nürnberg — Bamberg statt. Für viele ein willkommener Anlaß sich zu vergnügen, aber nicht der einzige Grund zum Feiern. Es war nämlich auch die Geburtsstunde der Bayerischen Staatsbahn, nachdem am selben Tag die bislang private München-Augsburger-Eisenbahn in Staatsbesitz überging. Das erste Dotationsgesetz war genau ein Jahr alt und selbst der Maschinenbau präsentierte seine Erfolge. Den 14 Wagen langen Eröffnungszug war die erste Bayerische Staatsbahn-Lok „Bavaria" vorgespannt, geliefert von Maffei, der ersten bayerischen Lokomotivfabrik.

Dem ersten Zug folgte eine halbe Stunde später ein weiterer Sonderzug, gezogen von der „Saxonia", besetzt mit Vertretern der am Bahnbau beteiligten Firmen.

Als ein besonderes Ereignis schilderte Finanzminister Freiherr von Sinzheim, wie „auf der Rückfahrt in der Gegend von Forchheim ein nach Bamberg hinabsegelndes beflaggtes Kanalschiff mit dem in gleicher Richtung auf der Landstraße fahrenden Eilwagen und dem auf den Schienenweg vorübereilenden Eisenbahnzug zusammentrafen und so der vereinte Gebrauch der für die allerhöchste Weisheit und Fürsorge seiner königlichen Majestät geschaffenen drei großen Kommunikationsmittel — Kanal, Landstraße und Eisenbahn — hier gleichzeitig dem Auge nahegelegt wurde."

Was Herr von Sinzheim nicht ahnen konnte, war die Tatsache, daß sich kurze Zeit später der Eisenbahngedanke mit bisher ungeahnter Intensität durchzusetzen begann

– in allgemeiner Hinsicht ebenso wie bei der Ludwigs-Süd-Nordbahn. Verzögert durch noch anstehende Streckenarbeiten trat der Fahrplan mit den üblichen 3 Zugpaaren am 1. Oktober 1844 in Kraft. Als aber im Dezember 1844 eine starke Frostperiode den Kanal zufrieren ließ (Kanalteilstück Nürnberg – Bamberg 1843 in Betrieb genommen), führte man kurzerhand den regelmäßigen Güterverkehr ein. So eröffnete eine Laune der Natur viele Perspektiven, denn die Vorteile waren nicht zu übersehen. Ein Lastkahn benötigte für die Strecke Nürnberg – Bamberg gewöhnlich einen Tag, der Zug schaffte diese Distanz in zwei Stunden.

Nirgends in der Frühzeit deutscher Eisenbahnen war der Vergleich dreier verschiedener Verkehrssysteme (Straße, Schiene, Wasserstraße) so deutlich, wie zwischen Nürnberg und Bamberg; nirgends war es auch möglich, so schnell und unproblematisch von einem System auf das andere „umzusteigen".

Andererseits mag es den Schiffseignern schwergefallen sein, daß der betriebliche Alltag auf einem winzigen Teilstück der Ludwigs-Süd-Nordbahn-Gesamtstrecke bereits gravierende Auswirkungen auf den Gütertransport der Wasserstraße haben soll. Zum einen verlor man von Anfang an Kunden an die Bahn, konnte aber andererseits keine neuen in gewünschtem Maße hinzugewinnen.

Mit bangen Gefühlen sahen auch die Canalisten jetzt der Fertigstellung der gesamten Bahnlinie (1853) entgegen. Verstärkte sich damit der Negativtrend für den Ludwigskanal und die Flußschiffahrt?

Länge und Streckenführung dieser bayerischen Fernbahn gaben Anlaß zu mannigfachen Verästelungen, wodurch zusätzlicher Verkehr an die Strecke gebunden werden könnte. So bestand beispielsweise sofort nach Inbetriebnahme der bayerischen Fernbahn in Leipzig Anschluß an die 1839 fertiggestellte erste deutsche Fernbahn von Leipzig nach Dresden, während sich im südlichen Teil vorerst Augsburg als Knotenpunkt herauskristallisierte. Fertiggestellt war dort die Augsburg-Münchener-Eisenbahn schon am 4. Oktober 1840, während 1846 die Verlängerung von Augsburg nach Donauwörth eingeweiht werden konnte. Augsburg avancierte so, noch vor Nürnberg, zum ersten Kreuzungspunkt der Ludwigs-Süd-Nordbahn.

Weitere Ergänzungen und Verästelungen ergaben sich dann in zeitlicher Reihenfolge:

1853 Neuenmarkt – Bayreuth – als Pachtbahn

1854 Ludwigs-Westbahn;
Bamberg – Schweinfurt – Würzburg – Aschaffenburg – Frankfurt/Main.
Von nun an waren die beiden Messestädte Frankfurt/Main und Leipzig per Schiene miteinander verbunden.

1859 Lichtenfels – Coburg

1860 Maximiliansbahn;
Ulm – München – Salzburg

1863 Hochstadt – Stockheim
(– Probstzella 1885; – Berlin 1886)

Parallelführung dreier Verkehrswege: Schiene, Straße, Wasserstraße – nahe dem Erlangener Burgberg. Sammlung: M. Bräunlein.

1863 (Hof −) Oberkotzau − Eger
1867 Pleinfeld − Treuchtlingen
1867 München − Ingolstadt
1870 Ingolstadt − Eichstätt − Treuchtlingen
1876 änderte sich die Linienführung zwischen Nürnberg und Bamberg. Bisher kreuzte man bei Doos die Ludwigsbahn und Fürth war bis 1865 nur mittelbar über den Pendelverkehr der Ludwigsbahn angeschlossen.

Der heute bestehende Streckenverlauf von Nürnberg über Fürth − Unterfarrnbach konnte am 1. August 1876 dem Betrieb übergeben werden. Dabei mag die Tatsache eine Rolle gespielt haben, daß elf Jahre vorher die Strecke Nürnberg − Würzburg fertiggestellt worden war.

1886 Mit Beginn des Sommerfahrplanes am 1. Juni 1886 konnte die Abkürzung nach Berlin über Lichtenfels, Kronach, Ludwigstadt und Saalfeld in Betrieb genommen werden. Die Strecke Nürnberg − Berlin verkürzte sich damit um 48 km.

Nach Eröffnung der Gesamtstrecke und ihrer abzweigenden Verbindungslinien ergaben sich durchaus eine größere Fahrplandichte sowie längere Züge. Beides blieb aber ohne direkten Einfluß auf die Kanalschiffahrt. Im Gegenteil! Auf der Wasserstraße wiesen die Frachtzahlen eine steigende Tendenz auf, was wohl doch mit den unterschiedlichen Richtungen zusammenhängen mag. Möglicherweise spielte selbst das noch unvollständige Bahnstreckennetz eine Rolle und außerdem wurde prinzipiell manch wertvolle Fracht − aus welchen Gründen auch immer − auf das Schiff verladen. Kritisch für den Ludwigskanal wurde es erst, als man in der Eisenbahn einen wirtschaftlichen Impulsgeber mit Schlüsselfunktion entdeckte. Rohstoffquellen konnten nun endlich „ausgebeutet" werden, Fabriken ließen sich grundsätzlich dort errichten, wo es relativ einfach war, einen Gleisanschluß zu verlegen.

Die Schiene eröffnete somit viele Möglichkeiten, welche den Ludwigskanal mit seiner starren Ausrichtung als Transitstrecke verwehrt blieben. Selbst geplante Stichkanäle nach Eichstätt und München hätten seine Situation nicht verbessert. Es war der Bahn vorbehalten, die entscheidende Klammer zwischen Kohle und Stahl zu werden. Die Kanalschiffahrt bekam dies jedoch zeitverzögert erst Anfang der 60er Jahre des 19. Jahrhunderts deutlich zu spüren.

Mit dichter werdendem Streckennetz verwischen vergleichende Elemente zwischen Ludwigs-Süd-Nordbahn und Ludwigskanal mehr und mehr. Im sechsten Jahrzehnt des vorigen Jahrhunderts verstärkte sich der Abwärtstrend für den Ludwigskanal, hingegen entwickelte sich die parallel geführte Bahn zum Innovationssystem. Viele technische Neuerungen sind untrennbar mit dieser Strecke verbunden:

2.10.1844 Mit diesem Datum verbunden ist die Geburtsstunde der Bahnpost. Das System der unentgeltlichen Postguttransporte in Begleitung nach den Fundamentalbestimmungen von 1836 kam hier zur Anwendung. In der Anfangsphase wurden die Postsendungen (Geld- und Postgut, Brief- und Zeitungspakete) einmal täglich zwischen den Endpunkten ausgetauscht; ab 15. Oktober dreimal täglich.

Ab 1. März 1845 kamen beladene Postwagen zum Einsatz und ab Ende Juni 1845 die ersten beiden Gepäckwagen. Versuchsweise begann ab 1. Juni 1849 in einem Zug von Nürnberg nach Hof das Briefumverteilungsverfahren im fahrenden Zug und 1851 richtete man die ersten Bahnpostkurse in Bayern ein.

1.10.1849 Ab jetzt befuhren erstmals Eilzüge die Strecke zwischen Hof und München.

1850 Die zweite bayerische Telegraphenlinie errichtete man unmittelbar neben dem Schienenstrang zwischen Nürnberg und Hof.

Die erste bayerische Telegraphenlinie gab es seit 1849 zwischen München und Salzburg.

1852 Einführung von reinen Güterzügen und dem Nachtverkehr.

1864 Zum ersten Mal befuhren Schnellzüge Teilstrecken der Ludwigs-Süd-Nordbahn.

1877 In Nachtschnellzügen werden Schlafwagen eingestellt.

| 1888 | Besondere Gesetze regeln die elektrische Beleuchtung wichtiger Bahnhöfe. Der Bahnhof in Bamberg und der Centralbahnhof in Nürnberg werden beleuchtungstechnisch umgerüstet. |

1889   Per Gesetz werden Geldmittel für den doppelgleisigen Ausbau der Strecke von Nürnberg bis Lichtenfels genehmigt. Gleichzeitig erfolgte der Ausbau zwischenliegender Stationen bezüglich Gleisplan und Erweiterung der Gebäude. Schranken werden ebenso errichtet wie Unterführungen. Es erfolgt die Einweihung der zweiten Nebenbahn. Sie führt von Strullendorf nach Frensdorf. Weiterführung bis Schlüsselfeld: 1900.

1890   Das Kursbuch verzeichnet neu einen Wagenlauf von Berlin über die Frankenwaldrampe, Bamberg, Nürnberg und München nach Rom.

Okt. 1892   Beschleunigte Güterzüge werden eingeführt.

1894   Im Kursbuch sind 37 „Tarifzüge" für den Streckenteil Bamberg – Nürnberg verzeichnet; darunter sechs Schnell- und 16 Personenzüge.

16.04.1894   Eröffnung der Nebenbahn Erlangen – Bruck – Herzogenaurach.

1914   Während des Sommerfahrplanes gab es Schnellzugverbindungen zwischen Berlin und Triest. Für einen Wimpernschlag der Geschichte war der Traum König Ludwig I. Realität.

Zwei Aufnahmen aus der Frühzeit der Eisenbahn.

Eine C III, vermutlich sogar als Vorspannlok, kommt vom Erlangener Bahnhof und wird gleich mit dem Güterzug im Burgbergtunnel verschwinden.

Erlangen, Nordbahnhof.

Eine C VI (G 3/4 N, spätere BR 54[13–14]) in der Nähe von Erlangen-Bruck, etwa 1920 aufgenommen.
2 Aufnahmen: Stadtarchiv Erlangen.

Das Südportal des Erlanger Burgbergtunnels im Vergleich von damals zu heute.
Zur Staatsbahnzeit mit Bahnübergang.   Foto: Stadtarchiv Erlangen.

Eine Elektro-Lok der BR 141 (141 035) verläßt mit einem Schnellzug am 3. 1. 1986 den Tunnelmund.
                                                            Foto: G. Nowak.

Verkehrsknotenpunkt Doos

Bevor ab 1835 das neue Verkehrsmittel Eisenbahn sich mehr und mehr durchsetzte, war es das Monopol der Post, Transportaufgaben im Sinne des „Postregals" durchzuführen. Verkehrsknotenpunkte waren demnach Verknüpfungspunkte mehrerer Postkutschenlinien mit Übernachtungsmöglichkeit, Pferdewechsel, Austausch von Postgut und eine auf die Bedürfnisse von Kutschen oder Fuhrwerken abgestimmte Infrastruktur. Mit dem Ausbau von Straßen, Eisenbahnen und Wasserstraßen erhielten Verkehrsknotenpunkte nun ein vielfältiges Erscheinungsbild, hatten sich jedoch deutlich der Technik unterzuordnen. Ein gutes Beispiel für derlei Änderungen ist an der Nürnberg-Fürther Stadtgrenze zu finden, zumal sich an keiner anderen Stelle des 172 km langen Ludwigskanals der Wandel in der Wertigkeit unterschiedlicher Verkehrsmittel so deutlich abzeichnet, wie hier.

Keimzelle verkehrstechnischer Entwicklung war eine Straßengabelung. Von der Distriktstraße Nürnberg-Fürth bog nahe Schniegling ein Weg zur Ortschaft Doos ab. Zuvor noch wurde an der „Dooser Enge" die Pegnitz mittels einer Holzbrücke überquert, was den Schluß zuläßt, daß dieser Weg damals mehr war als nur eine Verbindung von lokalem Charakter. Im Gegenteil – es war eine der wenigen Alternativen zwischen Bamberg (Bischofssitz), Forchheim (Kaiserpfalz) und den Märkten in Nürnberg und Fürth. Selbst Fuhrwerke nach Frankfurt/Main benutzten zum Teil diesen Weg.

Schlagartig änderte sich die idyllisch anmutende Situation an den Pegnitzauen zu Anfang des 19. Jahrhunderts. Eine „neue" Chaussee zwischen Nürnberg und Fürth wurde 1804 ihrer Bestimmung übergeben. Aber nicht nur das – innerhalb kürzester Zeit verzeichnete sie einen derartigen Vekehrszuwachs, daß man von der meistfrequentierten Straße Bayerns sprach. Das hohe Verkehrsaufkommen wiederum war einer der Gründe, parallel der schnurgeraden Allee die erste deutsche Eisenbahn zu trassieren, welche bekanntlich 1835 den Betrieb aufnahm.

Innerhalb von nur 30 Jahren hatte sich das ländliche Erscheinungsbild durch Chaussee und Eisenbahn verändert; der eigentliche Umbruch jedoch stand noch bevor. 1840 begannen dort nämlich die Bauarbeiten für den Ludwigskanal. Unmittelbar neben der bekannten Holzbrücke wurde die neue Verkehrsader über die Pegnitz geführt; allerdings auf einer Trogbrücke aus Stein. War dies schon ein Meisterwerk, so wurde es bei der Kreuzung von Ludwigskanal mit Eisenbahn und Chaussee regelrecht kompliziert. Nicht nur weil Straße und Eisenbahn auf zwei getrennten Brücken über den Kanal geführt wurden, sondern weil dort noch eine Schleusenanlage hinzukam.

Auf Kosten der Kanalbaukommission errichtete man zwei Steinbrücken und sorgte durch vorläufige Verlegung von Straße und Gleis für weiterhin reibungslosen Betrieb. Die Bauzeit wird mit drei Monaten angegeben und ab 22. August 1840 waren die beiden Brücken für den Verkehr freigegeben. Allerdings scheint sich ein Rechenfehler in die Planungsunterlagen eingeschlichen zu haben, denn Friedrich Schultheis schrieb 1846 in seinen „Pitoresken Ansichten über den Kanal": „Die Fürther-Nürnberger-Eisenbahn ist dicht an deren Kreuzung mit der Süd-Nord-Eisenbahn mittels einer für die leergehenden Schiffe etwas zu niedrigen über ihn geführt, der Helmstock derselben schleift leicht am oberen Berührungsgewölbe an, doch kommt der Fall sehr selten vor, daß Schiffe unbeladen den Kanal passieren."

Ab 1844 schlußendlich gab es nicht nur eine weitere Brücke, sondern auch die entscheidende Wandlung vom Kreuzungspunkt zum echten Verkehrsknotenpunkt. Ab jetzt (25. August 1844) kreuzte nämlich das Bamberger Teilstück der Ludwigs-Süd-Nordbahn das Gleis der Ludwigsbahn und die Landstraße nach Fürth, um lediglich 200 m nördlich die Pegnitz auf einer Steinbogenbrücke zu überqueren. An der Dooser Enge lagen nun drei Brücken unmittelbar nebeneinander: die Kanalbrücke, die alte Holzbrücke (Straßenbrücke) und die Eisenbahnbrücke. Gut erkennbar ist diese neue Konstellation auf dem Bild Seite 51 unten.

Die Kreuzung der beiden Eisenbahnlinien nahe der Kanalschleuse 80 war jedoch mehr als nur ein technischer Faktor. Sie war Umsteigestation und diente gleichzeitig dem Güteraustausch (siehe Plan von 1844, Seite 52 unten).

Anfangs noch wurden hier die Güterwagen entladen und die angelieferten Tonnagen auf Fuhrwerken nach Fürth weitertransportiert. Erst 1845 entfiel dieses umständliche Umladen und Güterwagen konnten von der Staatsbahn über ein Verbindungsgleis der Ludwigsbahn direkt überstellt werden bzw. umgekehrt. Während der Güteraustausch auf dem westlichen Teilstück nach Fürth sehr rege gewesen sein soll, erfüllte das östliche Teilstück Richtung Nürnberger Plärrer die Erwartungen anfangs nicht. Hier trat erst eine Änderung ein, als 1852 das Gaswerk in Plärrernähe einen Gleisanschluß erhielt und der Austausch von mindestens 400 Güterwagen pro Jahr vereinbart war.

Wie beim Güterverkehr nahm auch beim Personenverkehr die Umsteigestation „Fürther Kreuzung" eine ungewöhnliche Entwicklung. Anfangs befand sich nämlich die Haltestelle der Staatsbahn in Poppenreuth, nahe dem Fürther Kanalhafen. Durch eine unglückliche Entscheidung konnte somit nicht in Doos auf die Ludwigsbahn umgestiegen werden, sondern der Fahrgast der Staatsbahn hatte zwei Möglichkeiten in den Stadtkern von Fürth zu gelangen. Entweder von der Station Poppenreuth aus per Fuß bzw. Fuhrwerk oder man stieg im Nürnberger Centralbahnhof aus, begab sich zum Ludwigsbahnhof am Plärrer und fuhr von hier aus mit der Ludwigsbahn zur Fürther Freiheit. Nur allmählich sickerte die Erkenntnis durch, daß Fürth für Reisende der Staatsbahnzüge nur über einen Umweg erreichbar blieb und man machte (vermutlich ab 1845) die Fürther Kreuzung zur Umsteigestation zwischen Personenzügen der Staatsbahn und der Ludwigsbahn.

So blieb es bis 1865. Als am 19. Juni 1865 der Verkehr auf der Eisenbahnstrecke Nürnberg – Würzburg über Fürth aufgenommen wurde, bedeutete dies für den Dooser Verkehrsknotenpunkt zweierlei. Die Umsteigemöglichkeit zwischen staatlicher Ludwigs-Süd-Nordbahn und privater Ludwigsbahn entfiel. Beide Strecken konkurrierten nun im „Personennahverkehr", zumal der Fürther Bahnhof nahe beim Ludwigsbahnhof lag. Außerdem kam durch die Würzburger Strecke

eine weitere Brücke hinzu. Unweit von Ludwigsbahn und Chaussee überbrückte die neue Eisenbahnverbindung den Kanal bei der schon erwähnten Schleusenanlage, so daß auch hier jetzt drei Brücken nebeneinander lagen.

Mit Eröffnung der Würzburger Bahn kam der Neubau von Brücken zum Abschluß, wobei ein interessantes Technikensemble entstand. Was nun im weiteren Werdegang dieser Kreuzung dreier Verkehrsträger folgte, waren die unausbleiblichen Änderungen. Die erste kam bereits 1876, als die Ludwigs-Süd-Nordbahn nicht mehr über Poppenreuth nach Erlangen fuhr, sondern den Fürther Centralbahnhof berührte, um dann über Unterfarrnbach nach Norden umzuschwenken. Bei Großgründlach ging es dann in der alten Trasse weiter Richtung Erlangen und Bamberg. Die nicht mehr benötigten Gleise zwischen Fürther Kreuzung und Großgründlach wurden entfernt, die Steinbogenbrücke über die Pegnitz konnte jetzt als Straßenbrücke benutzt werden. Somit führte die „Dooser Straße" statt über die Holzbrücke ab jetzt über die frühere Eisenbahnbrücke.

Durch den Abbruch der Gleise bedingt, veränderten sich selbst die Gepflogenheiten im Güterverkehr, denn das bisherige Gleisdreieck mit der Übergabeverbindung fiel weg. Gleichzeitig kamen am Dooser Bahnhof Freiladegleise hinzu und der Rangierverkehr zwischen LEB und Staatsbahn wurde von Pferden auf Dampfloks umgestellt. Zum Einsatz kamen Staatsbahnloks (D II, D IV, R 3/3 alt, R 3/3 neu), für die eigens ein zweiständiger Lokschuppen nahe der Stadtgrenze errichtet wurde, welcher noch heute vorhanden ist (zwischen DB- und U-Bahn Gleisen). Aus der vormals ersten deutschen Umsteigestation zweier Eisenbahnen – noch dazu in unmittelbarer Nähe einer Schiffahrtsstraße – war noch vor der Jahrhundertwende eine Haltestelle unter vielen geworden. Als dann 1876 die Station „Fürther Kreuzung" der Ludwigsbahn in „Doos" umbenannt wurde, konnte dies nur so gewertet werden, daß die einstige Bedeutung als Verkehrsknotenpunkt nicht mehr gegeben war. Zurück blieb ein ebenso markantes wie anonymes Kreuzungsensemble. Zwar wurden hier weiterhin Güterwagen zwischen Staatsbahn und Ludwigsbahn ausgetauscht. Auch die Funktion als Güterbahnhof sollte nicht unterschätzt werden, die zukünftige Verkehrsgeschichte der Fürther Straße diktierte aber Doos lediglich das Dasein eines Planungsfaktors zu. Bedeutsame Änderung der Verkehrsträger wirkten sich an dieser Stelle insbesondere auf das Aussehen des Kreuzungsbauwerkes aus, was nun stichwortartig dargestellt werden soll.

25.09.1881   fand die Eröffnung der Pferdebahnstrecke zwischen Nürnberg und Fürth statt. Die Strecke war eingleisig; die Schienen lagen innerhalb der Chaussee. An verschiedenen Stellen gab es Ausweichmöglichkeiten, sog. Weichen, an denen sich Haltestellen befanden. Auch in „Fürther Kreuzung" befand sich eine solche Weiche.
Die Pferdebahn benutzte die Straßenbrücke über den Kanal mit.

29.09.1888   An diesem Tag begann der zweigleisige Ausbau der Pferdebahn zwischen Nürnberg und Fürth. Von der Maßnahme ausgeschlossen blieb der Brückenbereich. Deutlich sind auf dem Foto (S. 55) die beiden Weichen vor und hinter der Brücke zu erkennen.

07.05.1896   Die Strecke Nürnberg – Fürth der Straßenbahn wurde auf elektrischen Betrieb umgestellt. Zum ersten Mal überspannt ein Fahrdraht eine der Kanalbrücken in der Fürther Straße.

1902   Um das zweite Gleis der Ludwigseisenbahn optimal verlegen zu können, erfolgte eine Verbreiterung der Ludwigsbahnbrücke über den Kanal.
1891 begann der zweigleisige Ausbau und war mit der beschriebenen Brückenerweiterung beendet.

31.10.1922   Letzter Betriebstag der Ludwigseisenbahn.
01.11.1922   Ein neuer Service der Straßenbahn wurde eingeführt: die Durchgangslinie „D" mit Gepäckbeförderung. Sie hielt nur dort, wo sich früher Ludwigsbahnstationen befanden (Maximilianstraße, Muggenhof, Jakobinenstraße).

22.12.1926   Ein „Erläuterungsbericht" gestattet Einblicke in die Verkehrsverhältnisse der Fürther Straße:
„Der Fuhrwerksverkehr zwischen Nürnberg und Fürth hat durch die starke Zunahme der Kraftwagen eine derartige Verstärkung erfahren, daß die nördliche Fürther Straße nur schwer in der Lage ist, die Fahrzeuge aufzunehmen, so daß Störungen und Verkehrsschwierigkeiten täglich zu wiederholten Malen auftreten. Eine durchgreifende Besserung kann nur dadurch erreicht werden, daß auch die südliche Fürther Straße ausgebaut wird, so daß ein Teil der Fahrzeuge diese Straße benutzt. Zur Zeit befindet sie sich auf dem großen Teil in einem derartigen Zustand, daß sie von den Fahrzeugen gemieden wird, zudem ist sie nur auf eine verhältnismäßig kurze Länge für schwerere Fuhrwerke befahrbar. Sie soll daher . . . an der Stadtgrenze in einer Unterführung unter der neu zu verlegenden Straßenbahn durchgeführt und dann bis zur Kanalstraße in mindestens 7 m Breite weitergeführt werden."

1939   Einen Gleisanschluß besonderer Art stellten die Culemeyer dar. Diese Straßenroller wurden 1933 entwickelt, um auch Firmen Wagenladungen zukommen zu lassen, die über keinen eigenen Gleisanschluß verfügten. Mit dieser Einrichtung sparte man das zeitraubende und teuere Umladen vom Güterwagen auf Lkw.
Im Nürnberger Raum gab es drei Anschlußgleise für Straßenroller:
     – Bahnhof Nürnberg-Doos,
     – Bahnhof Nürnberg-Nord,
     – Fürth-Hauptbahnhof.
Seine Blütezeit erlebte der Culemeyer-Dienst erst nach dem 2. Weltkrieg. Im Großraum Nürnberg waren beispielsweise 1962 die Straßenroller 13 428 mal unterwegs, was im Schnitt ca. 40 Güterwagen pro Werktag bedeutete.

1963   Abbruch der Dooser Straßenbrücke, welche durch die Kurgartenbrücke ersetzt wird, sowie Verlegung der Dooser Straße.

1964	Fertigstellung der neuen Eisenbahnbrücke für die Verbindungsgleise zum Ladehof Nürnberg-Doos. Die Brücke wird vorerst von der Straßenbahn mitbenutzt.
1965	Abbruch der ehemaligen Schleusenkammer.
09.02.1967	Fertigstellung der neuen Eisenbahnbrücke für die DB-Hauptstrecke Nürnberg-Fürth.
14.07.1967	Einweihung des Frankenschnellweges, welcher die ehemalige Linienführung des Ludwigs-Donau-Main-Kanales benutzt.
06.09.1967	Baubeginn für eine Hochbrücke, bestimmt für die zukünftige U-Bahn.
17.01.1968	Umlegung der Straßenbahngleise zwischen Ringbahn und Doos auf eine sog. Behelfsstraße.
04.11.1970	Die Straßenbahn befährt in Ost-West-Richtung die Hochbrücke.
13.11.1970	Benutzung der Hochbrücke durch die Straßenbahn auch in West-Ost-Richtung.
22.06.1981	Umrüstung der 1,2 km langen Hochbrücke auf U-Bahn-Betrieb und Abbau der Straßenbahngleise.
20.03.1982	Die U-Bahn fährt bis Fürth-Jakobinenstraße.
1982	Zum Jahresende wird der Culemeyer-Dienst in Doos eingestellt.
07.12.1985	Die U-Bahn fährt bis Fürth-Hauptbahnhof.
02.06.1991	Nach dem Fahrplanwechsel wird die Station „Nürnberg-Doos" im Personennahverkehr nicht mehr bedient.

3 Brücken führten nahe dem Ort Doos über die Pegnitz. Im Hintergrund die Steinbrücke für die Ludwigs-Süd-Nord-Bahn (ab 1877 als Straßenbrücke benutzt); im Vordergrund der Brückkanal, dazwischen die Holzbrücke für die ehemalige Handelsstraße nach Forchheim.   Zeichnung: A. Marx.

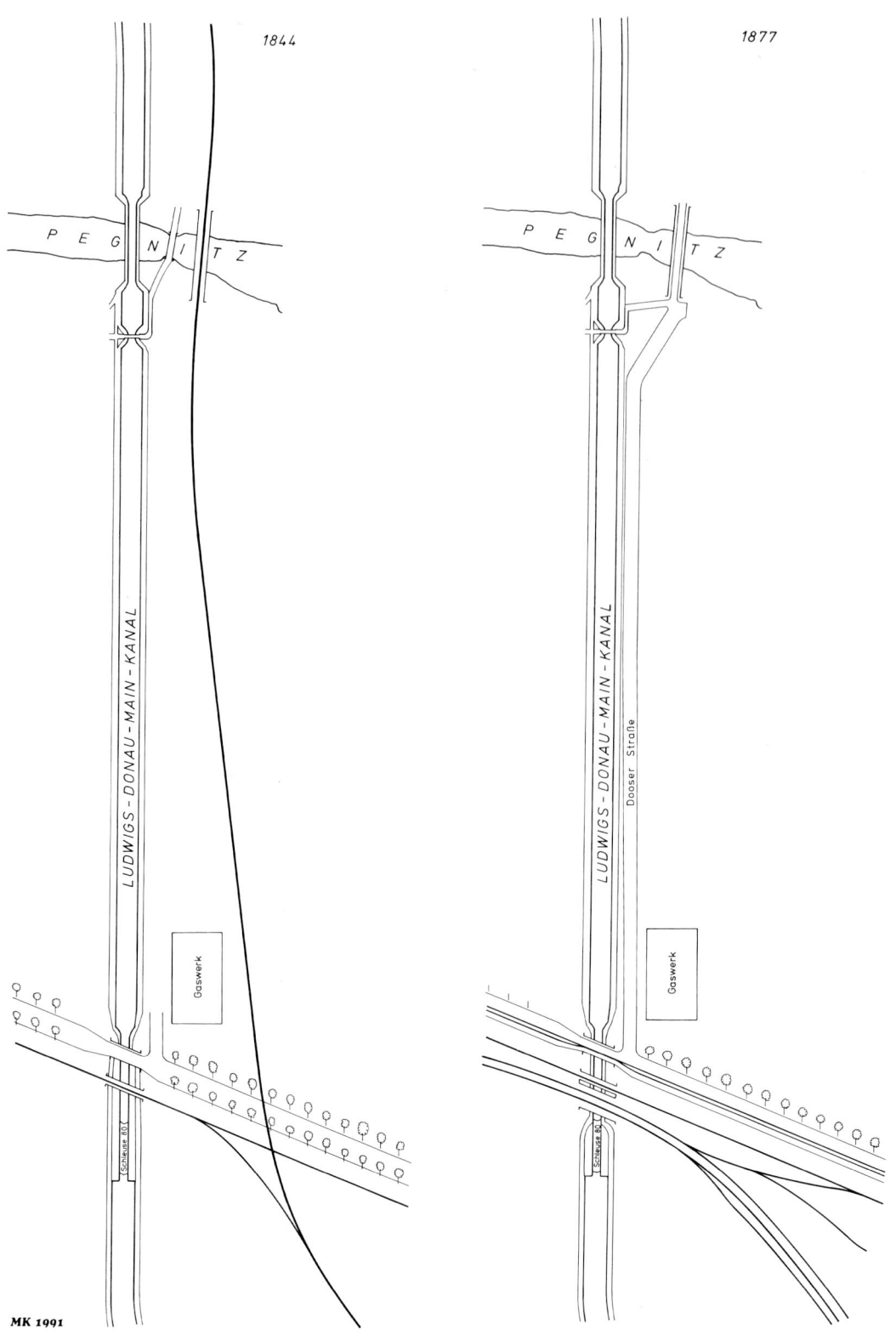

MK 1991

Der Brückkanal über die Regnitz bei Fürth.　　　　　　　　　　　　Foto: Stadtarchiv Fürth.

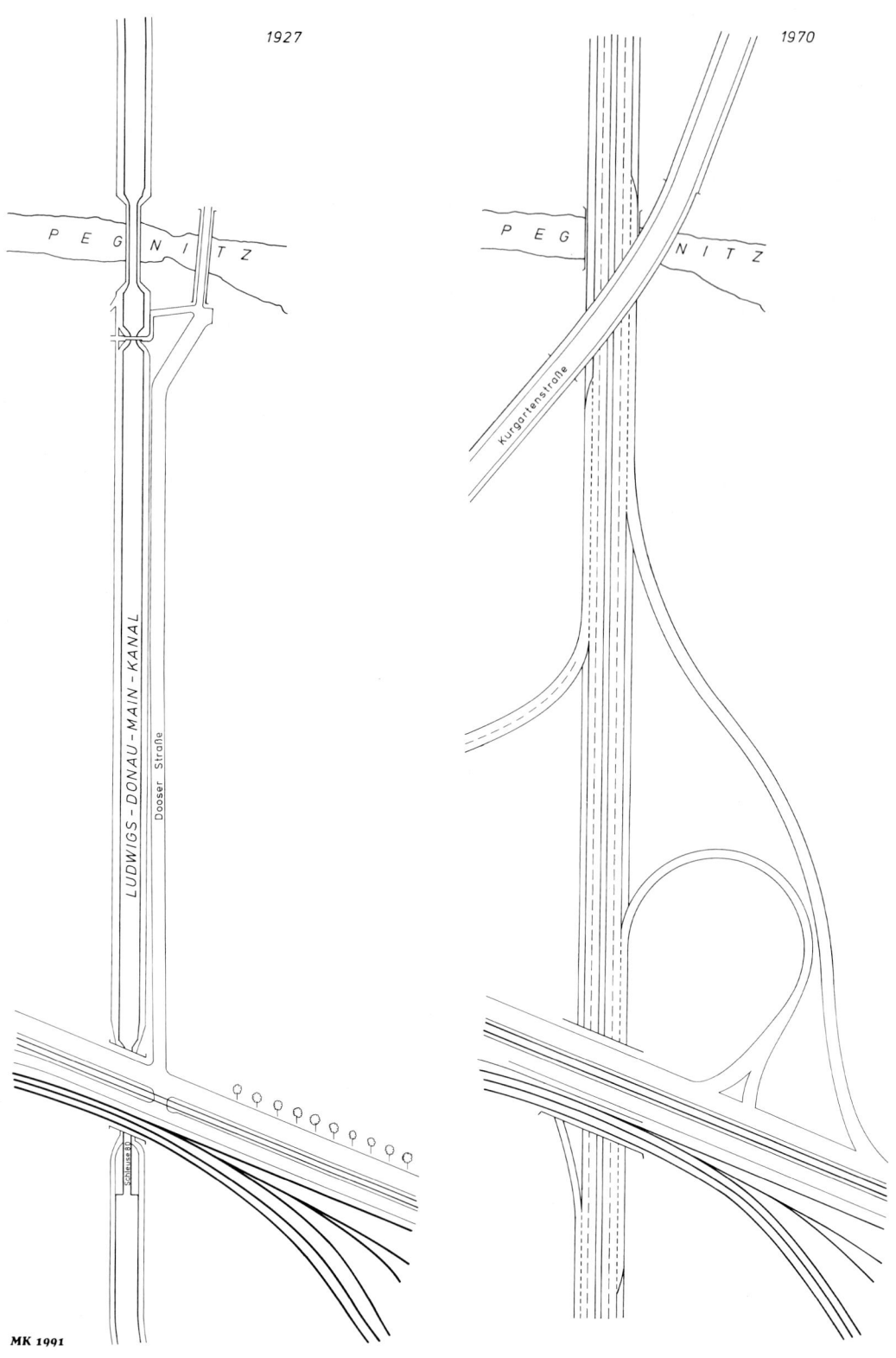

1927

1970

P E G N I T Z

P E G N I T Z

Kurgartenstraße

LUDWIGS - DONAU - MAIN - KANAL

Dooser Straße

Schleuse 81

MK 1991

Baumaßnahmen an der Fürther Straße im Bereich der Kanalbrücke, 1927, Blick Richtung Fürth.

Foto: VAG-Archiv.

An keiner anderen Stelle des 172 km langen Ludwigskanals wird der Wandel der Wertigkeit unterschiedlicher Verkehrsmittel so deutlich wie in Nürnberg-Doos.

Heutiges Kreuzungsbauwerk an der Stadtgrenze von Nürnberg und Fürth . . . dort wo sich einst die Schleuse 80 befand.

Foto: VAG-Archiv 1964.

Alt und neu begegnen sich in Doos. Dort, wo sich das erste (private) Gaswerk Nürnbergs befand, steht heute das Denkmal für die erste deutsche Eisenbahn. Im Kontrast dazu ein U-Bahnzug der VAG mit moderner Thyristor-Steuerung.   Foto: M. Bräunlein, 1990.

Einfluß des Ludwigskanals auf das Schienennetz in Nordbayern

Egal, welchen Zeitraum man betrachten mag, das Netz an Landstraßen in Bayern war wesentlich größer als das der Wasserstraßen (incl. kleiner Nebenflüsse). Nimmt man jedoch Sicherheit und Zuverlässigkeit der Transporte als Meßlatte, so spielen hier Wasserstraßen über Jahrhunderte hinweg eine wesentliche Rolle. Verbunden mit diesen Begriffen sind Lebensmittel- oder Salztransporte, welche für die damalige Bevölkerung wichtig, manchmal lebenswichtig waren. Für ein Gesamtbild der Flußschiffahrt sind sie allerdings nicht ausreichend.

Kennzeichen der Flußschiffahrt vor der technischen Revolution war der Kontakt von Binnenländern mit Seehäfen ... zu fernen Handelspartnern und fernen Kulturen, der relativ sichere Transport von Gütern über sehr weite Strecken, für Lebensmitteltransporte ebenso geeignet wie für Truppenbewegungen. Flüsse waren Lebensadern, an ihnen und mit ihnen wurde zum Teil Geschichte geschrieben. Konsequent blieb deshalb eine Schiffsverbindung zwischen Donau und Main immer lebendig. Als dann Anfang des 19. Jahrhunderts die technischen Voraussetzungen hierfür endlich vorhanden waren, trat just in dieser Phase das schienengebundene Verkehrsmittel auf den Plan. Darüberhinaus entpuppte sich die Eisenbahn sofort als Konkurrent, denn die ersten Empfehlungen zur Umsetzung einer Schienenverbindung galten der Verknüpfung von Main und Donau. Auf die Canalisten, welche sich schon am Ziel ihrer Wünsche glaubten, kam nun ein hartes Stück Arbeit zu. Grundsätzlich konnten sie die Entwicklung der Eisenbahn nicht stoppen, sie vom Nahbereich des Ludwigskanals fernzuhalten war nun ihr erklärtes Hauptanliegen.

Nachdem sich aber scheinbar der Wettbewerbsgedanke auf unterschiedliche Richtungen bezog, ergaben sich in dieser heiklen Phase gravierende Fehler, denn die im unmittelbaren Einzugsbereich des Ludwigskanals erbaute Ludwigsbahn und Ludwigs-Süd-Nordbahn erzwangen geradezu den Vergleich. Mit Eröffnung des Bamberger Teil-stückes der Ludwigs-Süd-Nordbahn hingegen waren offensichtlich die Würfel zugunsten der Eisenbahn gefallen. Ungewollt hatte man dort einen Vergleichsmaßstab zwischen Wasserstraße, Landstraße und Eisenbahnstrecke geschaffen. „Sieger nach Punkten" blieb vorerst die Bahn, war sie doch das schnellere Verkehrsmittel, preiswert, wetterunabhängig, für Person und Güter gleichermaßen geeignet.

Eine derartige Vielfalt konnte der Ludwigskanal natürlich nicht bieten, aber Personenverkehr mit Schiffen nach Fahrplan wäre durchaus denkbar gewesen. Praktiziert wurde der Reiseverkehr mit sog. „Flyboats" vorher in England. Wesentlicher Grund für die rege Inanspruchnahme waren dort die niedrigen Fahrpreise im Vergleich zu parallel geführten Postkutschenlinien. Wer es sich leisten konnte, benutzte die Kutsche, der einfache Bürger kam mit dem Kanalboot. Selbstverständlich wäre weder in England noch in Deutschland ein ausgedehntes Kanalnetz, ähnlich den späteren Eisenbahnnetzen, denkbar gewesen, aber in England bedeuteten die Reiseboote in bestimmten Landstrichen ein echtes Alternativangebot.

Reiseverkehr auf dem Ludwigskanal nach englischem Vorbild war jedoch nicht von vorneherein auszuschließen. Lediglich die Tatsache, daß das Bamberger Teilstück der bayerischen Nord-Süd-Schienenverbindung zwei Jahre vor Inbetriebnahme des Ludwigskanals fertiggestellt war, begründet den philosophischen Charakter der Frage. Von ausschlaggebender Bewandtnis dürfte auch weniger der Blick nach England gewesen sein, in Bayern stand eindeutig der Kanal als Handelsverbindung im Vordergrund. Konnten erst einmal Schiffe, von Main und Donau kommend, bayerische Landesteile durchfahren, so müßte auch der Lebensstandard verbessert werden können. Diese Idee erwies sich später als spekulativ, dann nämlich, als die Eisenbahn ihren Siegeszug antrat. Vorerst aber gaben sich die Canalisten noch selbstbewußt und fragten, ob denn ein neues, in Kinderschuhen steckendes,

Verkehrsmittel ein ernsthafter Konkurrent zur historisch bewährten Flußschiffahrt sein könnte? Solche Fragen beeinflußten zwar nicht generell die Entwicklung der Eisenbahn, aber zumindest die Verkehrsgeschichte des nordostbayerischen Raumes. Dieser zeigte sich noch Mitte des 19. Jahrhunderts als weißer Fleck, von diversen Eisenbahnlinien regelrecht umrahmt, z. B. von der Ludwigs-Süd-Nordbahn, von den Linien Dresden — Prag — Brünn — Wien oder von der Linz-Budweiser-Bahn.

Erst als die Ludwigs-Westbahn von Frankfurt/Main bis Bamberg in Bau war, kam Bewegung in die Eisenbahnplanungen des ostbayerischen Raumes. Nun war die Frage „Bahn oder Kanal" zweitrangig gegenüber dem Rätsel, wie die Ludwigs-Westbahn weitergebaut werden solle. Bamberg bot sich förmlich als Knotenpunkt an, hätte doch die Ludwigs-Westbahn hier ihre natürliche Fortsetzung Richtung Prag oder Wien erhalten. Außerdem lag Bamberg an einem der beiden Endpunkte des Ludwigskanals, die weitere Streckenführung hätte also keineswegs das Hoheitsgebiet der Rhein-Main-Donau-Wasserstraße durchschnitten.

Nürnberg, als traditionelle Eisenbahnerstadt, jedoch pochte darauf, Knotenpunkt zu werden. Außerdem benötigte das industriell aufstrebende Nürnberg Eisenerz aus der nahen Oberpfalz. Wenige Jahre später schon fuhr der erste Zug von Nürnberg über Amberg nach Regensburg. Das war aber noch nicht alles, denn das neue Verkehrsmittel setzte auch in der Oberpfalz und in Niederbayern deutliche Zeichen. Gleich vier Strecken konnte die private Ostbahngesellschaft 1859 eröffnen und markierte so das Hauptstreckennetz zwischen Passau, München, Regensburg und Nürnberg.

Der Einfluß des Kanals war zu diesem Zeitpunkt noch deutlich und die Amberger Bahn hielt respektvollen Abstand zum Ludwigs-

kanal. So wird der Umweg von Nürnberg über Amberg und Schwandorf nach Regensburg zumindest verständlich. 24 Jahre später, beim Bau der Abkürzungslinie Regensburg — Neumarkt/Opf. — Nürnberg, war der Ludwigskanal dann nur noch ein technisches Hindernis von vielen, das es zweimal zu überbrücken galt — bei Neumarkt/Opf. und bei Burgthann.

Der „europäische Gedanke" hatte sich gewandelt. Nicht mehr die Wasserstraße als Handelsverbindung stand im Vordergrund, die Eisenbahn war zum Symbol der Zukunft geworden. Den Beweis dafür lieferten unter anderem Städte und Gemeinden in der vom Kanal berührten Region. Zum Teil einen kleinen Kanalhafen „vor der Türe", wünschten sie nachdrücklich und bald einen Gleisanschluß. Für die Landschaft links und rechts des Kanals bedeutete dies einen fulminanten Wandel. Wurde anfangs noch jegliche Idee einer Bahnverbindung in Kanalnähe als Konkurrenz entlarvt und sofort gestrichen, so überrascht die spätere Vielfalt und Vielzahl an projektierten Durchgangslinien in den Tälern von Sulz, Altmühl, Schwarzach, Laaber, Lauterach und Vils. Regelrecht zerschnitten von geplanten Bahnen wurde das Areal innerhalb eines Vieleckes mit Nürnberg, Amberg, Regensburg, Kelheim, Ingolstadt, Eichstätt, Treuchtlingen und Pleinfeld als Eckmarkierungen.

Gemeinwesen, die bislang wenig voneinander wußten, hatten plötzlich dasselbe Ziel. Berching und Altdorf bemühten sich ebenso um eine Durchgangslinie wie Kelheim, Beilngries, Georgensgmünd, Spalt und Windsheim oder Amberg, Neumarkt/Opf., Hilpoltstein und Roth.

In Verbindung mit dem Plan auf Seite 59 zeigt die Tabelle die Vielzahl an projektierten Eisenbahnlinien sowie das tatsächlich entstandene Schienennetz zwischen Nürnberg, Amberg, Regensburg, Ingolstadt und Nördlingen.

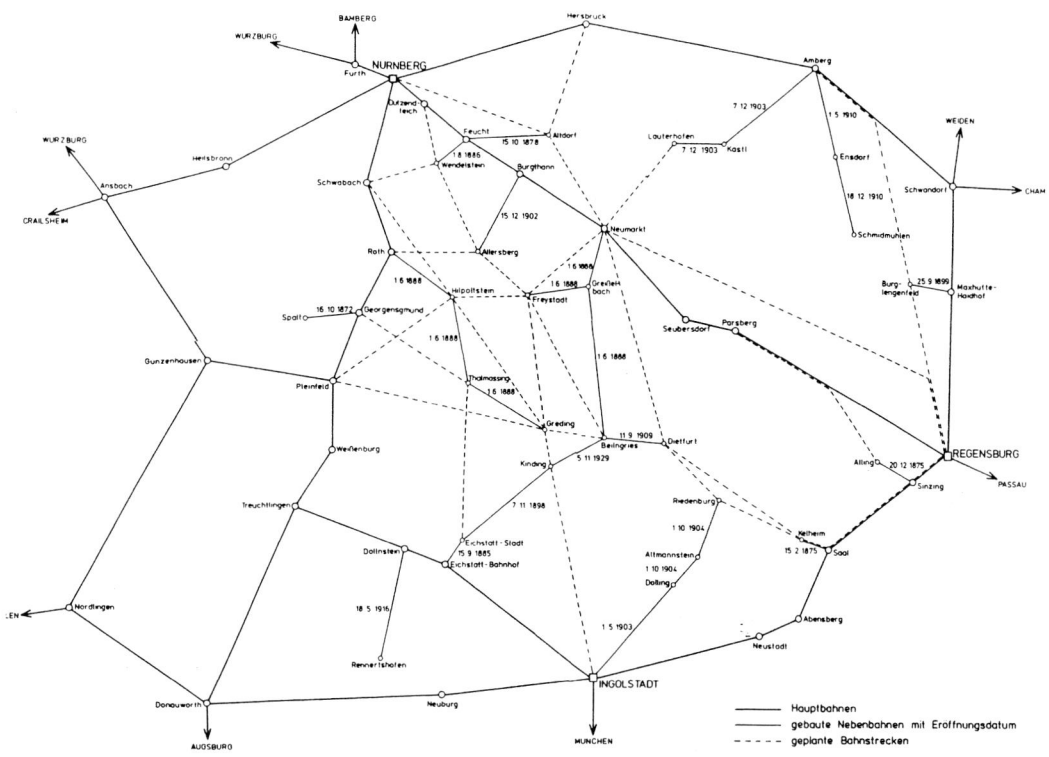

1807 Würzburg – Nürnberg – Regensburg
1819 Nürnberg – Lauterachtal – Schmidmühlen – Regensburg
1819 Nürnberg – Sulzbach – Amberg – Regensburg
1830 Regensburg – Nürnberg – Kitzingen
1836 Würzburg – Nürnberg – Neumarkt/Opf. – Regensburg
1838 1. Regensburg – Nürnberg; parallel zum Ludwigskanal
     2. Regensburg – Nürnberg; über Naab, Vils- und Lauterachtal
     3. Regensburg – Nürnberg; über Amberg und Sulzbach
1841 Nürnberg – Amberg – Regensburg
1844 Bayreuth – Kirchenlaibach – Grafenwöhr – Vilseck – Amberg – Regensburg
1844 Amberg – Waldmünchen
1844 Nürnberg – Amberg – Regensburg
1845 Nürnberg – Amberg – Regensburg
1846 Nürnberg – Amberg – Regensburg
1847 Nürnberg – Amberg – Vils- und Naabtal – Regensburg
     Amberg – Pilsen
1849 Nürnberg – Amberg – Vils- und Naabtal – Regensburg
     Amberg – Pilsen
1851 Nürnberg – Amberg – Schwandorf – Regensburg
     Amberg – Pilsen
     Nürnberg – Amberg – Vils- und Naabtal – Regensburg
1851 Hersbruck – Hohenstadt – Amberg – Regensburg
1852 Regensburg – Ingolstadt – Donauwörth
1853 München – Isartal – Plattling
1853 München – Landshut – Straubing
1853 München – Landshut – Regensburg
1854 Nürnberg – Amberg – Schwandorf – Regensburg
1856 Nürnberg – Amberg – Regensburg
     München – Landshut – Donau
     Amberg – Pilsen
     Regensburg – Passau

1860 Ingolstadt – Beilngries – Freystadt – Allersberg – Birkenlach – Nürnberg
1860 München – Ingolstadt – Eichstätt – Beilngries – Neumarkt/Opf. – Altdorf – Nürnberg
1860 München – Ingolstadt – Eichstätt – Kipfenberg – Beilngries – Berching – Neumarkt/Opf. – Altdorf – Lauf
1861 Günzburg – Donauwörth – Neuburg – Ingolstadt – Regensburg
1862 Günzburg – Donauwörth – Neuburg – Ingolstadt – Regensburg
1862 Ingolstadt – Greding – Hilpoltstein – Nürnberg
1863 Ingolstadt – Greding – Hilpoltstein – Nürnberg
    Regensburg – Kelheim – Weltenburg – Neuburg – Ingolstadt
1863 Ingolstadt – Beilngries – Berching – Neumarkt/Opf. – Altdorf – Nürnberg
1863 Ingolstadt – Beilngries – Freystadt – Allersberg – Nürnberg
1868 Sünching – Langquaid – Kelheim – Beilngries – Berching – Freystadt – Allersberg – Nürnberg
1868 Wien – Frankfurt/Main; Paris – Wien; (Vorschlag der Stadt Nürnberg)
1868 Neustadt/D. – Weltenburg – Kelheim – Regensburg;
    Neustadt/D. – Richtung Brennerbahn und nach Nürnberg
1868 Regensburg – Kelheim – Beilngries – Freystadt – Allersberg – Nürnberg
1869 Nürnberg – Altdorf – Neumarkt/Opf. – Regensburg
    Nürnberg – Feucht – Neumarkt/Opf. – Regensburg
    Ansbach – Schwabach – Feucht
1869 1. Regensburg – Etterzhausen – Sengenthal – Neumarkt/Opf. – Postbauer – Feucht – Nürnberg
    2. Regensburg – Neumarkt – Altdorf – Nürnberg
    3. Regensburg – Alling – Sinzing – Laabertal – Neumarkt/Opf. – Postbauer – Feucht – Nürnberg
    4. Regensburg – Alling – Sinzing – Laabertal – Neumarkt/Opf. – Altdorf – Nürnberg
1869 Ingolstadt – Beilngries – Neumarkt/Opf. – Altdorf – Hersbruck – Bayreuth
1874 Eichstätt – Kipfenberg – Kinding – Beilngries – Neumarkt/Opf.
1876 Beilngries – Neumarkt/Opf. – Hersbruck
    Roth – Greding
    Kelheim – Beilngries – Hilpoltstein – Georgensgmünd – Spalt – Windsbach – Ansbach
    Kelheim – Beilngries – Greding – Hilpoltstein – Pleinfeld
    Ingolstadt – Eichstätt – Thalmässing – Roth
1878 Kelheim – Beilngries – Freystadt – Allersberg – Wendelstein – Nürnberg
    Kelheim – Beilngries – Allersberg – Schwabach
    Kelheim – Beilngries – Hilpoltstein – Schwabach
1879 Lerzer-Bahn: Amberg – Neumarkt/Opf. – Freystadt – Hilpoltstein – Heideck – Pleinfeld sowie Neumarkt/Opf. – Beilngries
1879 Kelheim – Beilngries – Greding – Georgensgmünd
    Kelheim – Greding – Thalmässing – Pleinfeld
1882 Lerzer-Bahn: Amberg – Pleinfeld
1883 Neumarkt/Opf. – Beilngries
    Greißlbach – Freystadt
    Kinding – Greding – Roth
    Allersberg – Eckermühlen – Roth – Greding
    Kelheim – Beilngries – Greding – Georgensgmünd
1886 Beilngries – Greding
1899 Regensburg – Kelheim – Riedenburg
1903 Tauernbahn – Landshut – Beilngries – Neumarkt/Opf. (–Nürnberg)
1919 Amberg – Neumarkt/Opf. – Ingolstadt
1903 Beilngries – Kinding – Greding
    Beilngries – Kinding
1926 Hersbruck – Beilngries – Ingolstadt
1926 Ingolstadt – Kipfenberg – Beilngries – Neumarkt/Opf. – Amberg – Hof
1987 Variante 1: Nürnberg – Feucht – Ingolstadt – München
          2: Nürnberg – Feucht – Roth – Treuchtlingen – Augsburg – München
          3: Nürnberg – Feucht – Roth – Obereichstätt – Ingolstadt – München
          4: Nürnberg – Feucht – Roth – Treuchtlingen – Pappenheim – Ingolstadt – München
          5: Nürnberg – Feucht – Postbauer – Ingolstadt – München
          6: Nürnberg – Feucht – Neumarkt/Opf. – Beilngries – Ingolstadt – München
          7: Nürnberg – Feucht – Neumarkt/Opf. – Sengenthal – Ingolstadt – München

Mit der Ostbahn von Nürnberg nach Regensburg

Gemeint ist hier sowohl der historische „Umweg" über Amberg und Schwandorf als auch die direkte Linie über Neumarkt/Opf. Beide Bahnlinien stehen in enger Beziehung zum „alten Kanal", obwohl die Trassierung über Amberg keinerlei Berührungspunkte mit dem Wasserweg aufweist. Es lag wohl an der gemeinsamen Ost-West-Richtung, die hier, zeitlich differenziert, zu unterschiedlichen Lösungen führte. Zumindest bis zur Kanaleröffnung wurde jedes Eisenbahnprojekt mit Zielbahnhöfen zwischen Donauwörth und Regensburg sofort als unerlaubte Konkurrenz eingestuft und abgelehnt. Gleichwohl fehlte es nicht an Initiative, auch „parallel" zum Ludwigskanal Eisenbahnprojekte vorzuschlagen. Bekannt ist diesbezüglich der von Carl Müller, einem Regensburger Handelsvorstand, 1830 ausgearbeitete Vorschlag, Regensburg und Kitzingen über Nürnberg durch eine „witterungsunabhängige Eisenbahn" zu verbinden.

Noch deutlicher beschreibt Scharrer 1836 seine Ideen. Er beabsichtigt die Gründung von Aktiengesellschaften, um den Bau weiterer Eisenbahnlinien in Bayern finanzieren zu können. So schwebt ihm eine Verbindung von Würzburg über Marktbreit, Ansbach, Öttingen nach Donauwörth und Augsburg vor. In Ansbach abzweigend sollte Leipzig über Nürnberg erreicht werden. Selbst an eine Verlängerung der vorhandenen Ludwigsbahn dachte er. Sie sollte Keimzelle einer Fernverbindung Regensburg – Nürnberg – Würzburg sein, um später internationalen Eisenbahnverkehr von Vorderasien bis Westeuropa an die erste deutsche Eisenbahn binden zu können. Scharrer selbst sah übrigens bei seinen Anregungen keinerlei Konkurrenz zum Kanal, im Gegenteil, an Schnittpunkten zwischen Wasserstraße und Schiene könne es durchaus zum Warenaustausch kommen, meinte er.

Sicherlich, seine Anliegen waren zukunftsweisend, sie kamen aber rund ein Jahrzehnt zu früh. Andererseits brachte die einseitige Bevorzugung des Kanals auch Kritiker auf den Plan, welche eine gewisse Naivität im Beschluß „Kanal oder Bahn" sahen und davor warnten, Regierungsbezirke gänzlich ohne Gleisanschluß zu lassen. Nachdem außerhalb Bayerns permanent neue Eisenbahnstrecken eröffnet wurden, war die schienenbedingte Isolierung Ostbayerns lediglich eine Frage der Zeit. Zusätzlich noch wurde die Befürchtung laut, der wirtschaftliche Impuls durch den Ludwigskanal könne für Bayern zu mager ausfallen. Deshalb forderten jetzt Referenten massiv, das Kanalprojekt nicht mehr voreingenommen zu begünstigen. Die neue Devise müsse lauten: Kanal und Bahn!

Als 1838 die Trassierung von Regensburg nach Nürnberg erneut vakant war, befand sich unter den drei Vorschlägen einer, der den damals ungewöhnlichen Leitgedanken konsequent umsetzte: entlang des Ludwigs-Kanals über Altdorf, Neumarkt/Opf., Beilngries und Kelheim. Dagegen folgt die Linienführung der beiden anderen Vorschläge nach bekanntem Muster den Windungen von Tälern:

– von Regensburg über das Naab-, Vils- und Lauterachtal, von da aus über Altdorf oder Hersbruck nach Nürnberg;
– von Regensburg über das Regental und Schwarzenfeld nach Amberg, von dort über Sulzbach und Hersbruck nach Nürnberg.

1844 gar begründete man eine erneute Donau-Main-Verbindung per Schiene mit der Belebung des Kanalverkehrs – ein durchaus kühnes Unterfangen.

Ob mutig oder nicht, vorerst scheiterten generell alle Offerten für den ostbayerischen Raum an der ablehnenden Haltung des königlichen Hauses. Ins Wanken kam dieses permanent starre Verhalten endlich 1847, als Österreich die Absicht einer Eisenbahnverbindung von Hof über Eger nach Pilsen bekanntgab.

Mit der – ab 1844 in Etappen eingeweihten – Ludwigs-Süd-Nordbahn und der ab 1843 projektierten Ludwig-Westbahn (Bamberg – Frankfurt/Main) stand nun zu befürchten, daß internationaler Personen- und

Güterverkehr um die Oberpfalz und Niederbayern herumgeführt werde.

Neue Gedanken, Ideen und Ängste kamen
auf, welche eines bewirkten: die Bevorzugung
des Kanals wurde durch äußere Bedingungen
hinfällig. Großen Einfluß auf das weitere
Geschehen übte dabei die Linienführung der
Ludwigs-Westbahn aus. Dabei handelte es
sich um die Verbindung der beiden Messestädte Frankfurt/Main und Leipzig. In Erwä-
gung gezogen wurde diese Streckenführung
bereits 1835, die Eröffnung aber fand erst zwischen 1852 und 1854 – für den Abschnitt
Frankfurt/Main nach Bamberg – statt. Die
Bahn folgte im wesentlichen dem Main und
berührte Aschaffenburg, Gemünden, Würzburg und Schweinfurt. Verknüpfungspunkt
mit der bestehenden Ludwigs-Süd-Nordbahn
(Zielbahnhof ebenfalls Leipzig) war Bamberg,
was zu Spekulationen über die Weiterführung
Richtung Böhmen führte. So war anzu-
nehmen, daß Bamberg wichtige Kreuzungsstation geworden wäre und die genannte
Linienführung evtl. Regensburg, Amberg und
Nürnberg benachteiligt hätte. Nürnberg allerdings pochte als historische Eisenbahnstadt
und Kreuzungspunkt bedeutender Handelsstraßen darauf, Eisenbahnknotenpunkt zu
bleiben. Deswegen forderte man mit Nachdruck die Kreuzung der vorhandenen Ludwigs-Süd-Nordbahn mit einer zukünftigen
Ost-West-Verbindung für den Nürnberger
Centralbahnhof. Die Voraussetzungen dafür
waren durchaus vorteilhaft. Amberg und
Nürnberg hatten nämlich bezüglich einer
Eisenbahn nach Böhmen gleiche Interessen.
Beide Städte wollten durch eine Bahn den
Wirtschaftsraum um Sulzbach, Amberg und
Schwandorf (das Ruhrgebiet des Mittelalters)
neu beleben. Unterstützung fand die Initiative
der Städte durch Landtagsabgeordnete,
welche aus diversen Gründen für einen Gleisanschluß der Oberpfalz plädierten. Erfolg
hatten all diese Bemühungen zumindest insofern, als der König am 25. Juli 1850 vor den
Landtagsferien mitteilte, ein Eisenbahnanschluß der Oberpfalz sei Gegenstand eines
Gesetzesentwurfes, der nach den Ferien bes-
arbeitet würde.

Ein Jahr später schon kam ein weiterer
Baustein hinzu. Innerhalb eines Staatsver-
trages mit Österreich bestimmte man Passau,
Salzburg und Kufstein als Grenzübergänge.
Dagegen war der Grenzbahnhof nach Böhmen

nicht verbindlich festgelegt, wohl aber die
Weiterführung der Ludwigs-Westbahn über
Nürnberg, Regensburg und Passau nach Linz.
Letzteres brachte allerdings nur für Bamberg
die Gewißheit, nicht Kreuzungsstation zu
werden, sowie für die genannten Städte, bald
Eisenbahnanschluß zu erhalten. Die exakte
Trassierung zwischen Nürnberg, Regensburg
und Passau hingegen war noch völlig offen.
Konsequenterweise ergaben sich aber für eine
Linie über Altdorf oder Hersbruck, Sulzbach,
Amberg und Schwandorf Vorteile. Nicht nur
wegen der geographisch günstigeren Strek-
kenführung – ohne eine Vielzahl an Kunstbauten, wie sie über Neumarkt/Opf. und Parsberg erforderlich wären – sondern insbesondere wegen der Möglichkeit eines Weiterbaus
Richtung Böhmen. Ohne sich auf einen Grenzbahnhof in Waidhaus, Waldmünchen oder
Furth i. W. festlegen zu müssen, wäre so eine
Bahn nach Regensburg vorab planbar
gewesen. Selbst eine Seitenlinie von Amberg
nach Bayreuth hätte durchaus zur Attraktivität
der Stammstrecke beigetragen.

Noch im Mai 1851 erfolgte per Gesetzesinitiative der Antrag an das Ministerium des
Handels und der öffentlichen Arbeiten, mit der
Projektierung ebenso zu beginnen wie für drei
andere Strecken im ostbayerischen Raum:

– Regensburg – Passau
– von München über Landshut zur Donau
– Schwandorf – Cham – Furth i. W.

Die Planungen zogen sich verständlicherweise hin und erst 1853 lag der genaue Strek-
kenverlauf der „Amberger Bahn" fest. Bis
dahin wurde jedoch auf Grund mangelnder
Rendite eine allgemeine Abkehr vom Staats-
bahnprinzip offenkundig. Die rechtlichen Voraussetzungen zum Bau von Eisenbahnen in
Bayern durch Privatpersonen oder Vereine
ergaben sich dann zum 20. Juli 1855. Über die
sog. Privatbahn-Verordnung war für die Vorarbeiten eine Konzession ebenso notwendig
wie später für Bau und Betrieb.

Zugeschnitten auf Belange des ostbayerischen Raumes brachte die Regierung 1856
eine Gesetzesvorlage ein, welche auch der Privatinitiative Chancen eröffnete. Nun ging es
Schlag auf Schlag. Nachdem am 12. März 1856
das Garantiegesetz die politische Hürde nahm
und regierungsseitig die Satzungen der neuen
Gesellschaft Bestätigung fanden, konnte
schon am 19. April 1856 die Gründung der

„Kgl. privilegierten Aktiengesellschaft der Bayerischen Ostbahnen" erfolgen. Noch am folgenden Tag erhielten folgende Konzessionäre ihre Urkunden:

- Fürst Maximilian von Thurn und Taxis
- der Kgl. Staatsrat Dr. von Herrmann
- Theodor von Cramer-Klett
- Georg Neuffer aus Regensburg
- die Kgl. Bank zu Nürnberg und die Privatbankiers
- M. A. von Rothschild und Söhne in Frankfurt
- A. E. von Eichthal in München
- L. R. Bischofsheim in Antwerpen.

Diese neun Konzessionäre zeichneten für 1/3 der Aktiensumme von 60 Mill. Gulden verantwortlich und übernahmen die Bürde, das Grundnetz der Eisenbahn in Ostbayern innerhalb von 7 Jahren zu realisieren. Derlei Zielsetzungen waren nur mit einem bewährten Praktiker zu bewältigen. P. C. von Denis empfahl sich hier als excellenter Fachmann, hatte sich dieser doch einen guten Ruf beim Bau der Ludwigsbahn ebenso erworben wie später beim Bau der Taunusbahn oder der pfälzischen Ludwigsbahn. Selbst bei der Ostbahn sorgte er für positive Schlagzeilen, gelang es ihm doch, das Grundnetz in 5 statt in 7 Jahren zu errichten und dabei lediglich 70% der veranschlagten Bausumme – ohne Kürzung bezüglich Qualität und Sicherheit – zu benötigen.

Eröffnet wurden die Teilstrecken des Grundnetzes in der Reihenfolge:

München – Landshut	11. 1858
Nürnberg – Hersbruck	09. 05. 1859
Hersbruck – Amberg – Regensburg	12. 12. 1859
Landshut – Geiselhöring – Regensburg	12. 12. 1859
Straubing – Passau – Landesgrenze	20. 09. 1860
Schwandorf – Cham	07. 01. 1861
Cham – Furth i. W. – Landesgrenze	20. 09. 1861.

Hatte man mit der Linienführung der Amberger Bahn innerhalb der Planungsphase jegliche Berührung mit dem Kanal vermieden, entpuppte sich das fertiggestellte Grundnetz der Ostbahn eindeutig als Konkurrenzangebot zum Ludwigskanal. Die so stark bekämpfte Ost-West-Schienenfernverbindung Bayerns war Realität. Zwar umständlich in der Fahrtroute, aber mit großem Zeitvorteil gegenüber dem Schiffsverkehr; für den Güter- wie für den Personenverkehr gleichermaßen geeignet. Von Frankfurt/Main aus ging es auf der Trasse der Ludwigs-Westbahn über Aschaffenburg – Würzburg – Schweinfurt nach Bamberg und von dort auf der Ludwigs-Süd-Nordbahn nach Nürnberg. Centralbahnhof und Ostbahn-Bahnhof waren die nächsten Stationen, bevor die Fahrt über Amberg, Regensburg, Geiselhöring nach Passau und Wien (K. K. priv. österreichische Elisabeth-Westbahn) weiterging.

Innerhalb dieser Ost-West-Schienenverbindung spielte die Amberger Bahn eine außergewöhnliche Rolle, deren gewählte Linienführung den Vergleich mit der Wasserstraße herbeiführte. Betrachtet man beispielsweise das Gebiet aller projektierten Verkehrsverbindungen zwischen Main und Donau – egal, ob es sich dabei um eine Wasserstraße oder um einen Schienenweg handelte – so bildet die Amberger Bahn die nordöstliche Rahmenbegrenzung. Über den Umweg glaubte man den Einfluß auf den Ludwigskanal minimal halten zu können. Es zeigte sich jedoch offensichtlich, daß es weniger auf die Linienführung ankam als vielmehr auf den Zeitvorteil eines Verkehrsangebotes.

Nicht von ungefähr konnte so die Bayerische Ostbahn unmittelbar nach Eröffnung des Grundnetzes internationalen Durchgangsverkehr an sich binden. Damit übernahm das ostbayerische Schienennetz mit seinen Linien nach Passau, München, Regensburg, Furth i. W. und Nürnberg in Fusion mit anderen, bereits vorhandenen Strecken, die Impulsfunktion für die bayerische Landesentwicklung, welche vorwiegend vom Ludwigskanal erwartet wurde. Letztendlich führten die genannten Streckeneröffnungen sogar zu einer steten Abnahme des Transithandelsvolumens auf dem Kanal und somit zur Schwächung der Grundprinzipien dieser Wasserstraße. Seiner ursprünglichen Funktion beraubt konnte sich der Kanal lediglich als „Regionalförderer" behaupten, aber auch hier nur in begrenztem Maße. Zwischen Nürnberg und Bamberg war durch enge Parallelführung von Schiene, Straße und Wasserstraße der Einfluß des Ludwigskanals als regionaler Förderfaktor bereits zum Zeitpunkt der Eröffnung des Teilstücks der Ludwigs-Süd-Nordbahn nicht mehr vorhanden. Blieb also vorerst nur der von Eisenbahnlinien gemiedene Raum zwischen Nürnberg und Kelheim. Dort sorgte fürs erste die Ostbahn selbst durch ihre Verkehrspolitik für eine Stabilisierung des Regionalcharakters des Ludwigskanals. Nicht der lokal wichtige Verkehr stand bei der Ostbahngesellschaft im Vordergrund, sondern gute Verbindungen von Wirtschafts- und Handelszentren. Somit kristallisierte sich als das anfängliche Herzstück der Ostbahngesellschaft die Verbindung von Nürnberg über Amberg, Schwandorf, Regensburg, Geiselhöring nach München heraus. Ein Jahr später schon hatte man einen Knotenpunkt, nämlich Geiselhöring, und ein sog. Streckenkreuz. Nach Inbetriebnahme der Passauer Linie gestaltete man die Fahrpläne neu, unter Bevorzugung einer Ost-West-Richtung (Passau – Geiselhöring – Regensburg – Nürnberg) und einer sich allmählich ergebenden Nord-Süd-Verbindung (München – Geiselhöring – Regensburg – Eger; 1865).

Weitere Impulse erhielt der Fernverkehr bei der Ostbahn im Jahre 1868. Zum einen, weil mit Marienbad und Karlsbad beachtliche Ziele hinzukamen, zum anderen betrug der Überschuß mehr als 5 Millionen Gulden. Ein Erfolg, der für die Ostbahn wie gerufen kam, standen doch neben geplanten Streckeneröffnungen Modernisierungsmaßnahmen im erst 10 Jahre alten Grundnetz an. Betroffen hiervon war vorwiegend die Relation Passau – Regensburg, Nürnberg, also die Ost-West-Richtung. Erwünschte Fahrzeitverkürzungen konnten hier nur über Verkürzungslinien und andere Vorkehrungen in Gleichklang gebracht werden. Bereits am 29. April 1869 waren folgende Maßnahmen genehmigt und konzessioniert:

– Bau einer Abkürzungslinie von Nürnberg nach Regensburg über Neumarkt/Opf.
– Bau einer Abkürzungsstrecke zwischen Regensburg und Straubing über Sünching sowie weitere Maßnahmen im Streckennetz, die hier allerdings unerwähnt bleiben.

Erklärtes Ziel der Ostbahn waren also Fahrzeitverkürzungen und die damit verbundene Empfehlung, weiteren internationalen Verkehr an das ostbayerische Streckennetz zu binden. Unter solchen Konstellationen hatte der 1886 eingereichte Entwurf einer Altmühltalbahn über Sünching, Langquaid, Kelheim, Beilngries, Berching, Freystadt und Allersberg nach Nürnberg keine Chance. Er widersprach nämlich in zwei Gegebenheiten den Zielen der Ostbahn:

1. Er berührte viele regional bedeutsame Orte und
2. führte zu keiner Fahrzeitverkürzung zwischen den Endpunkten Nürnberg und Regensburg.

Lediglich folgende vier Varianten hatten Aussicht auf Realisierung:

I. Regensburg – Etterzhausen – Sengenthal – Neumarkt/Opf. – Postbauer – Feucht – Nürnberg; 118 km
II. Regensburg – Neumarkt/Opf. – Altdorf – Nürnberg; 123 km
III. Regensburg – Alling – Laabertal – Postbauer – Feucht – Nürnberg; 124 km.
IV. Regensburg – Alling – Laabertal – Altdorf – Nürnberg; 129 km.

Konsequenterweise entschied man sich für die kürzeste Linienführung, also für die Variante I, nachdem einige Zugeständnisse bezüglich der Steigungen akzeptiert wurden. Die rasche Entscheidung für diese Abkürzungslinie lag allerdings nicht allein in der erhofften Fahrzeitverkürzung, die Ostbahn wollte auch der Staatsbahn zuvorkommen, welche eine direkte Linie von Nürnberg nach Ingolstadt oder Landshut in Aussicht stellte.

Noch 1869 begannen die Aktivitäten an der 100,55 km langen Strecke, welche in 5 Bausektionen unterteilt war. Innerhalb der Sektionen wiederum zog man die drei großen Brückenbauwerke bei Mariaort, Beratzhausen und Deining vor, mußte man doch hier mit der jeweils längsten Bauzeit rechnen. Technische Details zum wohl problematischsten Teilstück zwischen Neumarkt/Opf. und Regensburg beschreibt Kosmas Lutz überzeugend.:

„Die Bahn beginnt von Regensburg aus mit ihrer schwierigsten Strecke. Schon der Bahnhof Regensburg selbst erforderte an der Ausmündung der Bahn einen sehr namhaften Erdabhub, wobei ein römisches Totenfeld mit vielen interessanten Funden aufgedeckt wurde. Nachdem die Linie sich neben der Donauthalbahn bis in die Nähe von Prüfening hingezogen hat, beginnt sie, behufs Überschreitung der hochgelegenen Wasserscheide zwischen Naab und Laber ober Etterzhausen, schon von hier aus zu steigen. Sie erreicht auf diese Weise mittels eines über 18 m hohen Dammes die Donaubrücke bei Maria Ort.

Diese besteht auf dem rechtseitigen niedrigen Donauufer aus 6 in Stein gewölbten Flutöffnungen zu je 24 m Lichtweite, dann aus 3 mit eisernen Fachwerken überspannten Stromöffnungen von je 63 m Lichtweite. Die oben liegende Fahrbahn liegt 21,4 m über Nullpegel der Donau. Hiermit tritt die Bahn in das Naabthal ein, dessen rechtseitiges Gehänge bis zur Station Etterzhausen von 4 bedeutenden Schluchten zerrissen ist, weshalb auf dieser Strecke Dämme von 17 m bis 35 m Höhe mit Felseneinschnitten von 11 m bis 25 m Tiefe abwechseln. Die hierbei notwendigen 4 Durchfahrten mit Sohlenkanälen für die Wildwasser erhielten Längen von 33 m bis 37 m. Die Station Etterzhausen selbst liegt 58 m über dem Wasserspiegel der Naab an dem Nordgehänge eines bewaldeten dolomitischen Bergrückens.

Bei dem Pfarrdorfe Nittendorf wird die Wasserscheide zwischen Naab und Laber erreicht. Hier war ein sehr bedeutender Bahneinschnitt von 730 m Länge geboten, da die Wasserscheide in einer Tiefe von 36 m durch Braunkohlen- und Mergellager durchstochen werden mußte. Erdrutschungen von ungeheuerer Ausdehnung machten den Bahnbau in diesem Einschnitte zu einem höchst ungünstigen, so daß man es schließlich vorzog, die Bahnplanie hier vorerst nicht auf die volle Tiefe hinabzutreiben, wenn auch hierbei eine Steigung von 1:70 provisorisch in Anwendung zu bringen war. Hingegen erfolgte nach einigen Jahren die volle Ausbeutung des Einschnittes ohne alle Schwierigkeiten, so daß nunmehr auch hier die Maximalsteigung von 1:100 nicht überschritten ist.

Aus dem Einschnitte heraustretend gelangt man zur Station Aichhofen. Von dieser weg steigt die Bahn immer weiter an dem linken Labergehänge, welches wie das rechtseitige Naabgehänge von tiefen Schluchten vielfach durchschnitten ist. Es kommen daher auf dieser Strecke große Erdarbeiten vor, deren bedeutendste waren: der Seelacher Einschnitt 20 m tief, welcher der Hauptmasse nach ähnliches Material wie der Nittendorfer Einschnitt zu tage förderte, ferners der Endorfer Damm und die Abtragungen und Auffüllungen vor Bergstetten mit einem 115 m langen Kunstbau.

Weiters ist der Viadukt bei Friesenmühle über die schwarze Laber als ein hervorragendes Kunstbauobjekt zu verzeichnen. Derselbe ist 41 m hoch und hat 3 nicht ganz gleich weite Öffnungen von je über 55 m Lichtweite, die mit eisernem parallelgurtigem Fachwerke überspannt sind.

Nach Passierung der Station Parsberg und des 20 m tiefen Einschnittes außerhalb derselben entfernt sich die Bahn von der schwarzen Laber unweit Darshofen und gelangt nun, das Mühlthal bei Kerschhofen mittels eines 22 m hohen Dammes übersetzend und fortwährend ansteigend, zum 18 m tiefen Wasserscheideeinschnitt zwischen der schwarzen und der kleinen Laber bei Batzhausen; von da fällt sie dann, den Bergrücken bei Salmannsdorf in einer Tiefe von 30 m durchschneidend zur Deininger Laber hinab, diese mittels eines 5 Öffnungen haltenden Viaduktes übersetzend. Derselbe ist 39 m hoch und wurde als Fachwerksbrücke mit 3 Öffnungen zu je 60 m projektiert, mußte aber, da im Jahre 1872 Dammrutschungen in nächster Nähe eingetreten waren, um 2 Öffnungen, eine zu 60 m, die andere zu 70 m erweitert werden.

Die Bahn, welche hier eine Abwechselung schwieriger Bauten und schöner Landschaftsbilder bietet, senkt sich nun allmählich, die Station Deining und den dortigen großen Einschnitt passierend, über Sengenthal an den östlichen Gehängen des Greisel- und Sulzbachthales zur Ebene bei Neumarkt herab. In derselben läuft sie einige Zeit mit der Neumarkt-Beilngrieser Straße parallel und gelangt alsbald in den an der Südseite von der Stadt Neumarkt angelegten Bahnhof. Hierauf überbrückt sie den Donau-Main-Kanal, wendet sich mittels einer größeren Kurve gegen Heng und mußte, da nächst Postbauer die Wasserscheide zwischen Donau und Main zu durchbrechen war, ein Einschnitt von 14 m Tiefe ausgehoben werden.

Bei Guglhof überkreuzt sie nochmals den Kanal und erreicht, bei Ochenbruck die Schwarzach durch eine 22 m hohe gewölbte 3 Öffnungen haltende Brücke mit je 17 m Lichtweite überschreitend, endlich die Station Feucht.

Durch den Lorenzer Reichsforst, in welchem sie östlich von Altenfurth die Staatstraße dreimal durchkreuzt und an dem bekannten zu den Ausflügen von Nürnberg so viel benutzten Dutzendteich entlang sich hinziehend, mündet sie unweit Glaishammer in die alte Amberg-Nürnberger Linie ein, um mit dieser den Bahnhof Nürnberg zu erreichen."

Der von Kosmas Lutz beschriebene Streckenteil zwischen Regensburg und Neumarkt/Opf., über die Hochflächen des Jura hinweg, beeinflußte schon während der Bauzeit so manche Vorgaben. Dabei spannte sich der Bogen von unliebsamen Überraschungen beim Bau der Deininger Brücke über die Kalkulation — mit 32,08 Millionen Mark handelte es sich um die teuerste Ostbahnstrecke — bis hin zum Inbetriebnahme-Zeitpunkt. Während der planmäßige Verkehr auf dem Teilstück

Nürnberg — Neumarkt/Opf. schon am 1. 12. 1871 aufgenommen wurde, dauerte es bis zur Gesamteröffnung noch rund 2 Jahre. Während der Eröffnungszug von Regensburg nach Seubersdorf und zurück bereits am 14. Mai 1873 fuhr, konnte das Mittelstück Neumarkt/Opf. — Seubersdorf frühestens zum 1. Juli 1873 fertiggestellt werden. Von diesem Tag an war die sog. Abkürzungslinie in vollem Umfang betriebsbereit.

Weniger konzipiert für den Lokalverkehr sollte vorwiegend internationaler Eisenbahn-

Ostbahnbaustelle für die Strecke Nürnberg — Neumarkt/Opf. — Regensburg bei Beratzhausen.
Foto: Verkehrsmuseum Nürnberg.

verkehr zwischen Ost und West an die neue Ostbahnstrecke gebunden werden. Bezüglich dieser Zielsetzung darf allerdings die Regensburger Abkürzungslinie nicht isoliert betrachtet werden, war doch die Strecke Nürnberg – Würzburg über Kitzingen, statt über Bamberg und Schweinfurt, schon 1865 fertig. Nicht zu vergessen auch die Streckenkorrekturen zwischen Passau und Regensburg und die aus heutiger Sicht ebenso weittragende Änderung des Regensburger Kopfbahnhofes zum Durchgangsbahnhof. Gerade letzteres darf nicht unterschätzt werden, denkt man an den immensen Aufwand, der heute betrieben wird, um Sackbahnhöfe wirtschaftlich in das Netz des Nah- und Fernverkehrs zu integrieren; Beispiele sind für den S-Bahn-Betrieb: München, Stuttgart, Frankfurt/Main und Hamburg-Altona sowie für den Fernverkehr: Mannheim, Ludwigshafen und Kassel.

Um es vorweg zu nehmen, der Traum Scharrer's, eine Eisenbahnverbindung vom Orient zum Okzident, erfüllte sich, wenn auch unter anderen Gegebenheiten und unter Ausschluß der ersten deutschen Eisenbahn. Bereits 1871, also noch vor Fertigstellung der Regensburger Abkürzungslinie, befuhr ein Eilzug mit neuzeitlichem Wagenmaterial die Relation Passau – Köln. Eingesetzt wurden erstmals Reisezugwagen mit durchgehender Dampfheizung. Dieser und andere Kurierzüge werteten die Ost-West-Achse durchaus auf, befuhren aber noch die „Amberger Bahn". Nach Fertigstellung der Abkürzungslinie verlor dieser Umweg sofort an Bedeutung. Aus Curierzügen wurden Postzüge und aus dem Eilzug Köln – Prag, trotz des langen Weges, ein Personenzug.

Derlei Maßnahmen blieben um so unverständlicher, als es nicht sofort gelang, weiteren hochwertigen Verkehr über die sog. Regensburger Abkürzungslinie fahren zu lassen. Die Früchte des Erfolges, hervorgerufen durch Streckenverbesserungen zwischen Würzburg und Passau, erntete später die Kgl. Bayerische Staatsbahn, denn zum 1. 1. 1876 erfolgte die Verstaatlichung der Kgl. privilegierten Aktiengesellschaft der Bayerischen Ostbahn.

Aber selbst bei der Staatsbahn sollte es noch bis 1883 dauern, bis wirklich hochwertiger Verkehr in Ost-West-Richtung verkehrte. Als erstes benutzte der legendäre Orient-Expreß zwischen Paris, Wien und Konstantinopel über München und Passau Strecken der ehemaligen Bayerischen Ostbahn. Den endgültigen Durchbruch schaffte dann 1894 der zweite Luxuszug mit ISG-(Schlafwagen-)Material: der Ostende-Wien-Express.

Das Wagenmaterial hat sich im Laufe der Zeit verändert, geblieben sind Name, Laufweg und Verbindung; heute allerdings nur noch bis Wien oder Budapest und nicht, wie damals bis Konstantinopel und Constanza. Bewährt hat sich diese Ost-West-Verbindung bis zum heutigen Tag und erhielt zum Sommerfahrplan 1989 erneute Aufwertung mit EC Franz-Liszt-Dortmund – Budapest. Zugnamen wie Orient-Expreß, Ostende-Wien-Expreß, Holland-Wien-Expreß, Beograd-Expreß, Bayerischer Wald, Donau-Kurier, Walhalla, Meistersinger, Johann-Strauß, Prinz Eugen und Franz Liszt bezeugen immer noch die Richtigkeit der Verkehrspolitik durch die Bayerische Ostbahn.

Doch noch einmal zurück zur historischen Streckenbeschreibung Regensburg – Neumarkt/Opf. – Nürnberg. Lediglich an zwei Stellen wird die Kreuzung der Schienenverbindung mit dem Ludwigskanal angeschnitten, mehr nicht. Deutlicher kann wohl nicht zum Ausdruck gebracht werden, innerhalb welch kurzen Zeitraumes das neue Verkehrsmittel Eisenbahn den traditionellen Handelsweg „Binnenschiffahrt" überholt hatte. Ebenso wie Scharrer hatte auch König Ludwig I. eine Vision. Beide Ideen kamen zur Ausführung, aber nur eine davon hatte dauerhaften Erfolg.

1. August 1878	Eröffnung der Nebenbahn Feucht – Wendelstein.
15. Okt. 1878	Eröffnung der Nebenbahn Feucht – Altdorf.
1883	Der Orient-Expreß benutzt auf seinem Weg zwischen Paris und Wien ein Teilstück der ehemaligen Ostbahn, nämlich das zwischen Passau und München.
1. Juni 1888	Eröffnung der Nebenbahnen: Neumarkt/Opf. – Greißelbach – Beilngries und Greißelbach – Freystadt.
1894 bis 1896	Zwischen Nürnberg und Regensburg wird auf der Direktverbindung das zweite Gleis gelegt.

Nachdem am 1. Juli l. Js. die Ostbahnstrecke Seubersdorf—Neumarkt und somit die ganze Bahnlinie Regensburg—Nürnberg dem Verkehre übergeben wurde, so traten vom benannten Tage an folgende Aenderungen in den Postcoursen ein:

Die bisherigen täglich 2maligen Omnibusfahrten zwischen Daßwang und Neumarkt über Seubersdorf wurden mit 30. v. Mts. aufgehoben.

Zwischen dem Markte Deining und der Bahnstation Deining wurden täglich 2malige Cariolfahrten mit nachstehenden Courszeiten eingerichtet:

Aus Deining Markt:	in Deining Bahnhof:
8⁵⁵ Morgens,	9⁴⁰ Morgens,
2⁵⁵ Nachm.,	3⁴⁰ Nachm.,
aus Deining Bahnhof:	in Markt Deining:
12 Mittags,	12⁴⁵ Nachm.,
5¹⁵ Abds.,	6 Abds.

Die nachbenannten Fahrten wurden in folgender Weise in den Courszeiten geändert und an die entsprechenden Züge in Anschluß gebracht:

Postomnibus Neumarkt—Hilpoltstein:

Aus Neumarkt:	in Hilpoltstein:
3³⁰ Nachm.	7⁵⁰ Abds.

Retourfahrt unverändert.

Postomnibus Hemau=Beratzhausen:

Aus Hemau:	in Beratzhausen:
5¹⁵ früh,	6¹⁵ früh,
3 Nachm.,	4 Nachm.
aus Beratzhausen:	in Hemau:
11 Vorm.,	12 Mittags,
5 Abds.,	6 Abds.

Cariolpost Etterzhausen—Kallmünz:

Aus Etterzhausen:	in Kallmünz:
4⁴⁵ Nachm.,	6⁴⁵ Abds.,
aus Kallmünz:	in Etterzhausen:
4 früh,	7 früh.

Cariolpost Parsberg—Hohenfels:

Aus Parsberg:	in Hohenfels:
5 Abds.,	7 Abds.,
aus Hohenfels:	in Parsberg;
3³⁰ früh,	5³⁰ früh.

Cariolpost zwischen Markt Parsberg und dem Bahnhof daselbst:

Aus Parsberg Markt:	am Bahnhof:
10⁵ Vorm.,	10²⁰ Vorm.,
4²⁰ Nachm.,	4³⁰ Nachm.,
aus Parsberg Bahnhof:	in Markt Parsberg:
11²⁵ Vorm.,	11⁴⁰ Vorm.,
4³⁵ Nachm.,	4⁵⁰ Nachm.

Postomnibus Velburg—Parsberg:

Aus Velburg:	in Parsberg Bahnhof:
4⁵ früh,	5⁴⁵ früh,
2¹⁵ Nachm.,	3⁵⁵ Nachm.
aus Parsberg Markt:	in Parsberg Bahnhof:
11⁵⁰ Vorm.,	12 Mittags,
5 Abds.,	5¹⁰ Abds.
aus Parsberg Bahnhof:	in Markt Parsberg:
5⁵⁰ früh,	6⁵ früh,
4 Nachm.,	4¹⁵ Nachm.,
aus Parsberg Bahnhof:	in Velburg:
12⁵ Nachm.,	1⁴⁵ Nachm.,
5¹⁵ Abds.,	6⁵⁵ Abds.

Postomnibus Feucht—Altdorf:

Aus Feucht:	in Altdorf:
8⁴⁰ früh,	10²⁵ Vorm.,
2⁴⁰ Nachm.,	4²⁵ Nachm.,
aus Altdorf:	in Feucht:
3⁴⁵ früh,	5³⁰ früh,
4³⁰ Nachm.,	6¹⁵ Abds.

Postomnibus Beilngries—Neumarkt.

Aus Beilngries:	in Neumarkt:
11⁵ Vorm.,	3¹⁵ Nachm.,
12⁵ Nachts,	4¹⁵ früh,
aus Neumarkt:	in Beilngries:
9³⁰ früh,	1⁴⁰ Nachm.,
5⁵⁰ Nachm.,	10 Nachts.

Postkutschenlinien nach Eröffnung der Ostbahnstrecke Nürnberg – Regensburg.

Eisenbahn-Fahrten vom 1. Juli 1873 an auf der Strecke Regensburg—Neumarkt—Nürnberg. Regensburg ab 6³⁰ Abends Neumarkt an 9⁴⁷ Nachts; Neumarkt ab 4³⁵ Früh Nürnberg an 6³⁰ Morg.; Nürnberg ab 8⁴⁵ Abends Neumarkt an 10⁴⁰ Nachts; Neumarkt ab 4³⁰ Früh Regensburg an 8 Vorm. Güterz. mit Pers.=Bef. II. und III. Cl. — Regensburg ab 9⁵⁰ Vorm. 3⁵ Nachm.; Neumarkt an 12²¹ Mittags 5⁴⁰ Nachm.; Nürnberg an 1⁴⁰ Nachm. 7 Abends; Nürnberg ab 8 Vorm. 2 Nachm.; Neumarkt ab 9²³ Vorm. 3²⁵ Nachm.; Regensburg an 11⁵⁶ Mittags 5⁵⁶ Nachm. Personen-Züge I., II. und III. Cl.

Erster Fahrplan für die Ostbahnzüge zwischen Nürnberg und Regensburg.

Eisenbahnfahrten vom 1. November 1873 an auf der Strecke Nürnberg=Neumarkt=Regensburg.

Personenzüge I., II. & III. Cl.:

Nürnberg ab	8 Früh,	2 Nachm.,	5,45 Abds.
Neumarkt an	9,18 Vorm.,	3,15 Nachm.,	7,1 Abds.
„ ab	9,22 „	3,20 „	7,8 „
Regensburg an	11,52 „	5,53 „	9,40 „
„ ab	6,15 Früh,	9,37 Vorm.,	2,50 Nachm.
Neumarkt an	8,41 „	12,1 Mitt.,	5,18 Abds.
„ ab	8,46 „	12,6 „	5,23 „
Nürnberg an	10 Vorm.,	1,20 „	6,40 „

Courierzug I. & II. Cl.:

Nürnberg ab	8,10 Nachts.	Regensburg ab	3,45 Nchts.
Neumarkt an	9,7 „	Neumarkt an	5,36 Früh.
„ ab	9,9 „	„ ab	5,38 „
Regensburg an	11 „	Nürnberg an	6,35 „

Güterzüge mit Personenbeförderung:

Neumarkt ab 4 Früh, Regensburg an 7,10 Früh, Regensburg ab 8,45 Nachts, Neumarkt an 12 Nachts, Neumarkt ab 4,15 Früh, Nürnberg an 6,1 Morgs., Nürnberg ab 8,30 Nachts, Neumarkt an 10,21 Nachts.

Fahrplanänderung zum 1. November 1873.

1. Juni 1894	Zum ersten Mal ist ein Zugpaar zwischen Wien und Ostende – ohne besondere Namensgebung – im Kursbuch verzeichnet. Konstantinopel und Constanza sind über Flügelzüge verbunden, der Zug besteht vorwiegend aus ISG-Wagenmaterial.
	Der zweite ISG-Luxuszug (nach dem Orient-Expreß) erfüllt somit den Traum einer Verbindung vom Orient zum Okzident.
1. Mai 1899	Der Zug erhält offiziell den Namen: Ostende-Wien-Expreß bzw. Wien-Ostende-Expreß.
15. Dez. 1902	Eröffnung der Nebenbahn Burgthann (Rübleinshof) – Allersberg.
1920	wurde die Gruppenverwaltung Bayern der neu gegründeten Deutschen Reichsbahn unterstellt.
1925	Der Ostende-Wien-Expreß wird als Luxuszug L 51/52 geführt und bedient Karlsbad über Kurswagen.
14. März 1934	Das Bahnhofsgebäude „Dutzendteich" der ehemaligen Ostbahn-Aktiengesellschaft wird abgerissen. Wegen der in unmittelbarer Nähe stattfindenden Reichsparteitage wird der Bahnhof für die zukünftigen Sonderzüge ausgebaut.
1937	Umfangreiche Gleisplanänderungen zwischen Nürnberg-Dutzendteich, Nürnberg-Fischbach und Nürnberg-Rangierbahnhof (Gleisdreieck). Eine Hinterstellanlage für Reisezüge wird zwischen den Richtungsgleisen Nürnberg – Regensburg angelegt.
4. Juni 1945	Ab 12.00 Uhr verkehren wieder Personenzüge zwischen Nürnberg und Neumarkt/Opf.
1946	Der Orient-Expreß fährt von Wien nach Linz.
23. Jan. 1946	Zwischen Nürnberg-Hauptbahnhof, Nürnberg-Dutzendteich und Nürnberg-Rangierbahnhof ist elektrischer Betrieb wieder möglich.
1948	Genehmigung der Elektrifizierungsarbeiten an der Strecke Nürnberg – Regensburg.
23. Juni 1948	Baubeginn für die Elektrifizierung.
1949	L 51/52. Der Ostende-Wien-Expreß fährt wieder, wird als Luxuszug bezeichnet und führt diverse Kurswagen mit sich.
15. Juni 1950	Der elektrische Betrieb zwischen Regensburg und Nürnberg wird aufgenommen.
20. Juni 1950	Das F-Zug-Netz, das sog. blaue Netz der DB, als neues Angebot.
	Ft 37/38 Regensburg – Nürnberg – Frankfurt/Main – Dortmund wird als Triebwagenverbindung geführt.
	Der Ostende-Wien-Expreß wird zum D-Zug, führt aber die nagelneuen 26,4 m langen Schnellzugwagen.
18. Mai 1952	Erste Direktverbindung zwischen Hamburg und Passau. 1953 erhält diese als F 53/54 bezeichnete Verbindung den Namen „Domspatz".
1952	Elektrifizierung der Nebenbahn Feucht – Altdorf.
3. Juni 1956	Als Ersatz für die Verbindung Essen – Linz/Wien wird der „Donau-Kurier" als D 202 LS und D 304 LS eingeführt. Die Abkürzung „LS" steht hier für Leichtschnellzug, also für das neue 26,4-m-Wagenmaterial mit Mitteleinstieg.
26. Mai 1959	Eröffnung des elektrischen Zugbetriebes zwischen Regensburg und Passau.
29. Mai 1960	ÖBB-Triebwagen der Reihe 4030 kommen als Triebwagenschnellzug von Linz bis Nürnberg. Die Verbindung erhält den Namen „Meistersinger".
1962	Im Mai wurde der neue Rangierbahnhof und das neue Dr-Stellwerk in Passau eingeweiht.
26. Sept. 1971	Mit dem TEE 86/87 „Prinz Eugen" erhalten Wien und Bremen eine erstklassige Verbindung. Zwischen Wien und Frankfurt/Main ist der Zug entweder mit einer deutschen E 10 oder einer österreichischen 1010 als Loklanglauf bespannt.

26. Mai 1968	Der Schnellzug D 311/312 „Johann Strauß" verbindet die Städte Wien und Frankfurt miteinander. Zum Einsatz kommt der ÖBB-Triebwagen 4010.
23. Mai 1971	Der „Beograd-Expreß"; ein neues Zugangebot zwischen Hamburg-Altona und Belgrad. Fahrzeit zwischen den Endpunkten: 27 Stunden! Am 29. September 1979 wird dieses Angebot wieder gestrichen.
1. Januar 1972	Vom 1. Januar 1972 bis zum 31. Mai 1976 erfolgt die schrittweise Auflösung der Bundesbahndirektion Regensburg.
3. Juni 1973	Gründung des DC-Netzes als Ergänzung des IC-Netzes. Mit Einführung der Linie 28 „Donaucity" fahren 3 × täglich Zugpaare zwischen Regensburg und Nürnberg. 1975 wird dieses Regionalangebot vorzeitig eingestellt; andere Linien folgen erst 1978.
1983	Beginn der Modernisierungsarbeiten im Regensburger Hauptbahnhof. Abschluß: 1991.
25. Mai 1989	Zum ersten Mal fährt ein EC in ein osteuropäisches Land. EC 20/21 „Franz Liszt" verbindet Dortmund mit Wien und Budapest.
15. Juni 1989	Beginn der Bauarbeiten im östlichen Gleisvorfeld des Nürnberger Hauptbahnhofes sowie Arbeiten zwischen Nürnberg und Feucht an mehreren Stellen gleichzeitig für die S-Bahn nach Altdorf.
3. Juli 1989	Die beiden Richtungsgleise Nürnberg – Regensburg werden wegen der Bauarbeiten zwischen Nürnberg-Dutzendteich und Nürnberg-Fischbach wieder parallel nebeneinander geführt und erinnern hier an den Zustand vor 1937. Nach Beendigung der S-Bahn-Bauarbeiten in Nürnberg-Dutzendteich werden die Richtungsgleise wieder ab 1992 getrennt verlegt.

Eisenbahnbrücke über die Schwarzach bei Ochenbruck. Postkarte mit eingezeichnetem Zug, 1906. Sammlung: M. Bräunlein.

Eisenbahn-Brücke über den alten Kanal bei Schleuse 35.

Zwei Gleise der Hauptbahn Nürnberg—Regensburg wurden ebenso über die Wasserstraße geführt, wie ein Gleis der Nebenbahn Burgthann-Allersberg (im Vordergrund).

Baumaßnahmen 1902.
Foto:
Verkehrsmuseum Nürnberg.

Zustand am 17. 06. 1958.
Foto:
O. Ringelstetter.

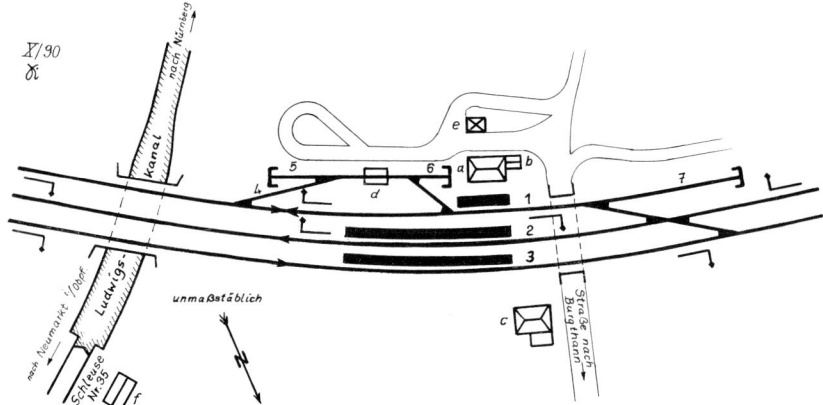

Bahnhof Burgthann
unmaßstäbliche Skizze
gezeichnet von Dr. H. Dillmann

Gleis 1: von und nach Allersberg
Gleis 2: von Nürnberg nach Regensburg
Gleis 3: von Regensburg nach Nürnberg

a) Betriebsgebäude
b) Ladehalle
c) Dienstwohngebäude
d) Bodenwaage
e) Abort

71

Die Situation heute. S-Bahn-Lok 141 442 mit Personenzug aus Neumarkt/Opf. bei Einfahrt in den Halte-punkt Burgthann am 09. 09. 1989.

ÖBB-E-Lok 1944.118 mit D 220/IC 820 „Donau-Kurier" überquert am 05. 05. 1988 den Alten Kanal bei Burgthann.
                                                                          2 Fotos: M. Bräunlein.

EC „Johann Strauß" mit DB-103 auf der Fahrt nach Wien am 13. 07. 1990.   Foto: M. Bräunlein.

BR 86 170 mit Personenzug nach Allersberg nahe Unterferrieden im März 1967.　　Foto: G. Nowak.

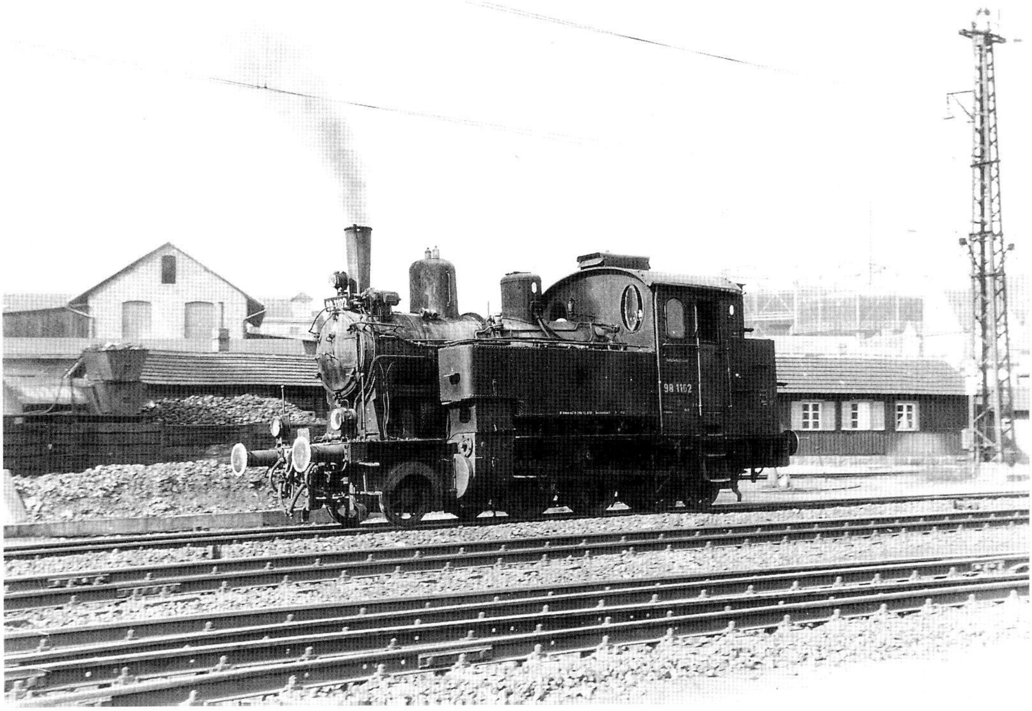

Erinnerungen an Nebenbahnen sind gleichzeitig auch Rückblick auf eine Vielzahl an Loktypen. BR 98 1102 (oben) und BR 98 813 (unten) bei Rangieraufgaben in Erlangen.   2 Fotos: G. Nowak

Nebenbahnen
im Bereich des Ludwigskanals
Eine Auswahl

Vor dem Bau von Ludwigskanal und Ludwigs-Eisenbahn überzeugten Fachleute mit unterschiedlichem Erfolg das Königshaus von diesem oder jenem Verkehrssystem. Entscheidungen wurden im kleinen Kreis abgestimmt und formuliert. In der Frühzeit der Eisenbahn hingegen kam es zur lebendigen Demokratie, denn der Bürger stellte Forderungen, wollte die eine oder andere Bahnlinie zu seinen Gunsten beeinflussen und damit ein Stück Zukunft mitgestalten. Überwältigend die Vielzahl an Vorschlägen allein für die Verbindung Regensburg – Nürnberg. Umso bedauernswerter allerdings das Verhalten der bayerischen Ostbahngesellschaft, welche internationalen Durchgangsverkehr binden wollte, ohne auf Bürgerwünsche mit der notwendigen Bereitschaft einzugehen. Noch waren die Erfolge der kleineren Kommunen rar, Linienführung von Hauptstrecken „bedarfsgerecht" zu beeinflussen. Beim Aufbau des grobmaschigen Eisenbahnnetzes jedenfalls profitierten vorwiegend Klein-, Mittel- und größere Städte, nicht aber kleine Gemeinden.

1874, mit Inbetriebnahme der Strecke Nürnberg – Regensburg – Ingolstadt, kam der Bau von Hauptstrecken links und rechts des Ludwigskanals in der auf Seite 77 skizzierten Reihenfolge zum Abschluß. Was mit der Verbindung zweier natürlich und historisch gewachsener Handelsstraßen (Main und Donau) begann, endete mit einem grob gewebten Netz „stählerner Wege".

Möglich war dieser Fortschritt unter anderem deshalb, weil bereits am Einweihungstag des Bamberger Teilstückes der Ludwigs-Süd-Nordbahn sich die Vorteile des Schienensystems gegenüber Kanal- und Flußschiffahrt deutlich abgrenzten. In der Folgezeit beeinflußte der Ludwigskanal lediglich noch die Linienführung der Ostbahn-Strecke Nürnberg – Regensburg und zwang dort zum Umweg über Amberg. 1871/73, beim Bau der Abkürzungslinie über Neumarkt/Opf., war die Wasserstraße dann nur noch ein Hindernis von vielen. Ein Güteraustausch zwischen Schiene und Wasserstraße an den Kreuzungs-

punkten Neumarkt/Opf. und Burgthann war nicht vorgesehen. Der simple Konkurrenzgedanke zweier Transportsysteme wurde abgelöst durch ein komplexes Spannungsfeld unterschiedlicher Interessensgebiete. Politische, wirtschaftliche, finanzielle, militärische und Bürgerwünsche waren unter einen Hut zu bringen . . . und das zu einer Zeit, in der das Geld für den Eisenbahnbau knapp wurde. Geld wiederum war bitter nötig, denn nun galt es, durch Nebenbahnen die Fläche zu erschließen. Den ungebrochenen Eisenbahn-Bauboom im Deutschen Reich bis zum Ausbruch des Ersten Weltkrieges belegt folgende Statistik:

	Hauptbahnen	Nebenbahnen	Gesamt
1880	30.460 km	3.347 km	33.707 km
1913	34.928 km	26.476 km	61.404 km

Obwohl die Gesamtkilometerlänge sich fast verdoppelte, blieb die des Hauptbahnnetzes im großen und ganzen stabil. Offenbar begünstigte die ab 1880 einsetzende Entwicklung die Fläche und den landwirtschaftlichen Absatz. Allerdings bedurfte es jetzt neuer Finanzierungsgedanken, denn die Rendite von Nebenbahnen war erwartungsgemäß kleiner als die von Hauptbahnen. Neue Finanzierungsmöglichkeiten wiederum führten zu bisher unbekannten Begriffen. Formulierungen wie Pacht-, Sekundär-, Vicinal-, Lokal- und Schmalspurbahnen waren nun aktuell.

In der Chronologie am Anfang standen die Pachtbahnen. Bereits 1850 zeigten sich Risse in den Finanzierungskonzepten, weshalb Staatsrat Dr. von Hermann vorschlug: „. . . von privaten an Staatseisenbahnen gebaute Zweigbahnen zu pachten und auf Staatsrechnung zu betreiben." Zwar hatte jede Stadt, die betroffenen Kommunen oder ein Interessent das notwendige Kapital aufzubringen und die Bahn auch zu bauen, aber nach Eröffnung pachtete dann der Staat die Strecke und übernahm die Verwaltung des Betriebes. Das

Prinzip bewährte sich jedoch nicht und so gab es in Bayern nur 8 Pachtbahnen, u. a.:

1853 die von Bayreuth nach Neuenmarkt,
1859 die von Gunzenhausen nach Ansbach,
1863 die von Ulm über Memmingen nach Kempten.

Als nächstes entstanden Vicinalbahnen (vicinus = benachbart). Das Dotationsgesetz vom 29. April 1869 (§ 2) definiert hierzu klar und eindeutig: „Bahnen von lokaler Wichtigkeit, welche vom Staate oder durch Privatunternehmung hergestellt werden, sollen nur unter der Voraussetzung Aussicht auf Unterstützung haben, wenn für dieselben die Grunderwerbung und die Herstellung der Erdarbeiten ohne Inanspruchnahme von Staatsfonds gesichert ist."

Ähnlich wie bei den Distriktstraßen hatten zuerst die Gemeinden für Voraussetzungen zu sorgen, dann erhielten sie auch Zuschüsse aus einem sog. „Vicinalbahn-Baufond". Gefüllt wurde dieser aus Überschüssen der verstaatlichten Ostbahngesellschaft sowie aus Erträgen der Staatskasse. 15 Bahnen wurden nach diesen Bestimmungen gebaut. Den Anfang machte 1872 „Siegelsdorf − Langenzenn". Aber auch „Georgensgmünd − Spalt"

(1872), „Sinzing − Alling" (1875) und „Feucht − Altdorf" (1878) gehören in diese Kategorie.

Egal wo diese Vicinalbahnen in Bayern auch entstanden, ihnen gemeinsam waren folgende technische Vorgaben:

− soweit wie möglich dem Gelände angepaßt;
− geringe Steigungen;
− enge Krümmungsradien;
− schmaler Unterbau;
− leichtes Schienenmaterial;
− Kunstbauten einfach und solid;
− kein Durchgangsverkehr, vorzugsweise Sackbahnen;
− geringe Geschwindigkeit (20 bis 30 km/h);
− Bahnübergänge ohne Schranken (keine Schrankenwärterhäuschen, keine Schrankenwärter).

Waren die Vicinalbahnen erst einmal gebaut, ergab sich für die nächste Generation von Nebenbahnen ein neues Gesetz, das Lokalbahngesetz. An Stelle von Vicinalbahnen traten nun Lokalbahnen. Bereits 1869 wurden hierzu die allgemeinen „Grundzüge für die Gestaltung sekundärer Eisenbahnen" vom deutschen Eisenbahnverein erstellt.

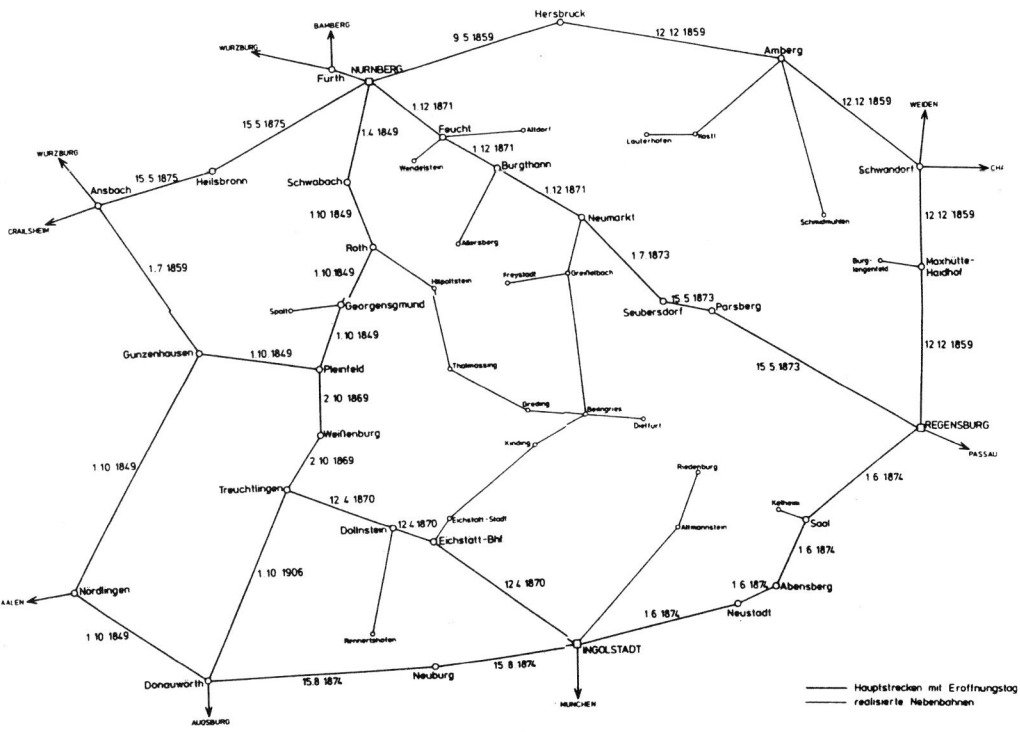

Die erste und letzte Eisenbahnbrücke über den Ludwigs-Kanal. Bauzug für die Nebenbahn (Bamberg)-Strullendorf-Frensdorf-Schlüsselfeld und Ebrach überquert den Ludwigs-Kanal; 1899 aufgenommen nahe Strullendorf.
Foto: Verkehrsmuseum Nürnberg.

Letzter Kreuzungspunkt einer Schiene mit dem alten Kanal. BR 86 853 mit P-Zug von Dietfurt nach Beilngries, nahe Töging.
Aufnahme: R. Schatz, † 31. 07. 1966

Durch die Kamera beobachtete P. Ramsenthaler einen Personenzug nach Herzogenaurach, wie er mit BR 98 522 die Regnitz überquert (18. 05. 1950).

Strecke Forchheim-Höchstadt (Aisch).

Personenzug mit einer D XI überquert soeben den Ludwigs-Kanal bei Hausen.

Strecke Forchheim-Höchstadt (Aisch).

Ausfahrt eines P-Zuges aus Höchstadt (Aisch) mit BR 98 421. Sammlung: C. Asmus (2x).

Im Erlangener Bahnhof stehen zur Abfahrt bereit: Der Nebenbahnzug nach Gräfenberg und der nach Herzogenaurach.　　　　　　　　　　　　　　　　　　　　Sammlung: C. Asmus.

In Bruck bei Erlangen verließ die Nebenbahn nach Herzogenaurach die ehemalige Ludwigs-Süd-Nord-Bahn (Teilstück Bamberg-Forchheim-Erlangen-Fürth-Nürnberg).　　　　Sammlung: C. Asmus.

Noch waren die
Straßen leer und die
Reisenden benutzten
den Zug.
BR 98 421 verläßt
Höchstadt/Aisch.
Sammlung: C. Asmus.

BR 98 855 und BR
98 813 mit Zug 2120
bei Durchfahrt in Dor-
mitz am 07. 07. 1961.
2 Fotos:
Dr. H. Dillmann.

Bilder einer „Straßen-
bahn" mit typischen
Betriebssituationen auf
der „Seku" (Erlangen-
Eschenau-Gräfenberg).

VT 70 929 als P 2118
auf der Schwabach-
Brücke, östlich von
Buckenhof.

Nunmehr hatten die Gemeinden kostenlos Grund und Boden für den Bahnbau und dessen „Zubehör" zur Verfügung zu stellen. Vorzugsweise war minderwertiges Land abzutreten, ertragreiche Böden sollten weiterhin landwirtschaftlich genutzt werden. Die anfallenden Erdarbeiten bezahlte der Staat, erforderlichenfalls waren vorhandene Verkehrswege mitzubenutzen. Bekanntestes Beispiel für diese Art Nebenbahnen war die Sekundärbahn von Erlangen nach Gräfenberg. Zumindest zwischen Erlangen und Eschenau benutzte die Strecke vorwiegend die Distriktstraße oder verlief unmittelbar daneben. Auch die seinerzeit projektierten Strecken von Neumarkt/Opf. nach Beilngries und Freystadt hätten so realisiert werden sollen. Aber bis dato zeigte es sich schon, daß die Baukosten nicht wesentlich gesenkt werden konnten, würde man die Schiene in der Straßenebene verlegen.

Wie dem auch sei, insgesamt entstanden in Bayern 44 Nebenbahnen, für die nicht nur einfache Bauweise, sondern auch vereinfachter Betrieb galt. Mit den Gesetzen vom 21. April 1884, 13. Januar 1886, 29. Mai 1886, 30. April 1886 und 26. Mai 1892 kam man auf die stattliche Gesamtlänge von 886 km neuer Lokalbahnen. Bereits mit dem ersten Lokalbahngesetz kamen 13 Strecken zur Ausführung. So u. a.:

Eichstätt-Stadt – Eichstätt-Bahnhof;
Erlangen – Gräfenberg;
Feucht – Wendelstein;
Neumarkt/Opf. – Beilngries und Freystadt;
Roth – Greding.

Unbestritten liegt im vereinfachten Bau und Betrieb eine der Ursachen für das heute nicht endenwollende Nebenbahnsterben. Bei Erstellung waren Vicinal-, Lokal- oder Sekundärbahnen eine wesentliche Antwort auf sich schnell ändernde Strukturen. Ein Vergleich macht dies deutlich. Vor dem Bau der Nebenbahn von Ingolstadt nach Riedenburg benötigte ein Ochsengespann 2 Tage. Wollte ein Bauer den Markt in Ingolstadt beliefern, war eine Woche Reisezeit die Norm. Nach Eröff-

nung der Lokalbahn schrumpfte die eigentliche Reisezeit dann auf wenige Stunden und die Geschäfte in der nächstgrößeren Stadt ließen sich an einem Tag gut bewältigen. Der Bau von vereinfachten Nebenbahnen zur Erschließung der Fläche war dringend notwendig, denn wie extrem unterschiedlich sich „die Welt" im Jahre 1903, dem Eröffnungszeitpunkt der Riedenburger Lokalbahn, zeigte, läßt sich an wenigen markanten Faktoren ablesen: die älteste U-Bahn der Welt hatte 1863 in London Premiere und 1869 erreichten bereits Dampfschiffe die Arktis; 1879 stellte Werner von Siemens die erste elektrisch betriebene Lokomotive vor, 1885 konstruierte Daimler sein Auto und 1893 Diesel den nach ihm benannten Motor. Röntgenstrahlen waren jetzt ebenso bekannt wie Radioröhren, Vitamine und die drahtlose Telegraphie. Während man auf der Militärbahn bei Zossen durch Hochgeschwindigkeitsfahrten den Traktionswechsel zu elektrisch angetriebenen Lokomotiven und höheren Reisegeschwindigkeiten einleitete, waren die ländlich strukturierten Bereiche bislang schienenmäßig vernachlässigt. Nebenbahnen von regionaler Bedeutung sollten zumindest die sich jetzt ergebenden starken gesellschaftlichen Unterschiede dämpfen und den landwirtschaftlichen Absatz fördern. Nachdem aber der Staatshaushalt durch viele neue Aufgaben stark beansprucht war, blieb für die ländliche Bevölkerung nur noch die Sparversion. Sie aber erfüllte damals die gewünschten Forderungen durchaus.

Wurde anfangs eine Eisenbahn in Kanalnähe abgelehnt, blieb es jetzt nicht aus, daß auch Nebenbahnen den Ludwigskanal kreuzten oder ihn berührten. Exemplarisch wird nun das „neue" Verhältnis Ludwigskanal – Nebenbahnen an drei Strecken beschrieben, wobei der Bereich zwischen Nürnberg und Kelheim dominiert. Dies ist auch nicht verwunderlich, denn die zwischen Nürnberg und Bamberg errichteten Nebenbahnen kreuzten lediglich den Ludwigskanal, erhielten aber keinen Verknüpfungspunkt mit ihm.

Kundendienst

„Kommt denn der andere Zug noch nicht bald, damit ich weiterfahren kann?“ „Das ist sehr unbestimmt, verehrtes Fräulein.
So nette, regelmäßige Züge, wie Sie sie besitzen, haben wir bei uns'rer Sekundärbahn natürlich nicht!“

(Aus dem Jahre 1903)

Sammlung: M. Bräunlein.

Nebenbahn Feucht−Wendelstein

Wendelstein, der kleine Marktflecken südöstlich von Nürnberg, hatte gute Chancen zur Sturm- und Drangzeit der Eisenbahn, Drehscheibe zwischen Ludwigskanal und Schiene zu werden. Einige Varianten der projektierten Hauptbahnen von Nürnberg nach Regensburg oder von Nürnberg nach Ingolstadt kreuzten dort den Kanal. Selbst die bekannte Fernbahn von Lindau nach Leipzig hätte ursprünglich über Ingolstadt, Beilngries und Wendelstein geführt werden sollen. Bei Inbetriebnahme des südlich von Nürnberg gelegenen Teilstücks (1849) aber hatte die Ludwigs-Süd-Nord-Bahn eine völlig andere Linienführung. Von Augsburg ging es über Donauwörth, Nördlingen, Gunzenhausen, Pleinfeld, Roth, Schwabach nach Nürnberg und von dort weiter über Bamberg und Hof nach Leipzig.

Der Gedanke jedoch, eine direkte Schienenverbindung zwischen München und Nürnberg zu schaffen, blieb lebendig und 1863 stimmte sogar der Bayerische Landtag für die kürzeste Bahnlinie Wendelstein − Freystadt − Beilngries − Ingolstadt. Gleichwohl kam dieser genehmigte Vorschlag nicht zur Ausführung. Aus Ersparnisgründen zwang man die Eisenbahn von München und Ingolstadt zum Umweg über das Altmühltal nach Treuchtlingen. Von dort aus benutzten die Züge die vorhandene Ludwigs-Süd-Nord-Bahn bis Nürnberg.

Die dargestellte Fehlentscheidung hatte einen spürbaren Nachteil: Was an Baugeld gespart wurde, mußte der Reisende an Fahrzeit investieren . . . bis zum heutigen Tage!

Ähnliches gilt für die Hauptbahnstrecke von Nürnberg nach Regensburg. Nach Inbetriebnahme (1859) fuhren die Züge über Amberg und Schwandorf zur Stadt an der Donau, benutzten aber ab 1873 die Abkürzungslinie über Neumarkt/Opf. Mit Eröffnung dieser Ostbahnstrecke waren die Aussichten Wendelsteins, Haltepunkt an einer wichtigen Hauptstrecke zu werden, passé. Die Bürger der kleinen Gemeinde nahmen die Beschlüsse vorerst mit Gelassenheit, sorgte doch der Kanal für den wirtschaftlichen Aufschwung. Am 2. 7. 1846 war der Ludwigskanal in seiner gesamten Länge fertiggestellt und einen Tag danach seiner Bestimmung übergeben worden. Von da an konnte auch Wendelstein „seinen" Hafen − etwas abseits vom Ortskern, aber nahe genug an den Steinbrüchen − benutzen. Sandsteine, Mühlsteine und Holz wurden hier in der Anfangszeit verladen, Eisen, Steinkohle, Zucker und Salz entladen. Die kleine Hafenanlage diente somit vorwiegend dem Lokalverkehr zwischen Nürnberg und Wendelstein. Historisch gewachsene Handelsbeziehungen konnten intensiviert werden, nicht zuletzt deshalb, weil das industriell aufstrebende Nürnberg einen Mehrbedarf an Steinen hatte.

Schon bald aber offenbarte die Praxis auch Nachteile und Unzulänglichkeiten. So war im strengen Winter kein Verkehr möglich, wenn der Kanal monatelang zugefroren war. Die Spediteure wiederum empfanden das mehrmalige Umladen vom Fuhrwerk aufs Schiff und vom Schiff aufs Fuhrwerk lästig und umständlich, zumal Wendelstein nur 14 km vom Nürnberger Stadtkern entfernt lag. Außerdem diente die Wasserstraße lediglich einer kleinen Gruppe Gewerbetreibender, was man in Wendelstein mit Unmut quittierte. Ein Blick in die Liste der Handelsbetriebe der Gemeinde belegt diesen Umstand:

- 1 Sägemühle
- 1 Brauerei
- 2 Eisendrehereien
- 1 Blechdosenfabrik
- 2 Metalldrechsler
- 19 Holzdrechsler
- 7 Marzipan-Zuckerbäcker.

Hinzu kamen noch: Schreiner, Schlosser, Büttner, Flaschner, Schmiede, Sattler, Hafner, Zirkelschmiede, Gürtler, Seider, Weber, Getreidehändler, Nagelschmiede, Viktualienhändler, Taubenhändler, Glaser, Pfeifenhändler, Peitschenmacher und Drahtsiebmacher.

Der Wirkungskreis dieser Gewerbetreibenden war nicht allein nach Nürnberg fixiert, sondern auf den Umkreis Schwabach, Roth, Greding, Allersberg, Beilngries, Eichstätt, Neumarkt/Opf. und Altdorf. Der Ludwigskanal konnte somit für Wendelstein noch nicht den wirtschaftlichen Durchbruch bringen, denn er diente nicht dem flächenmäßigen Handel, den eine kleine Gemeinde nötig hatte. So ist es nicht verwunderlich, wenn nur ab und zu im Hafen ein Schiff festmachte.

Als dann 1869 das Betriebsamt Schwabach an einer Bahn Ansbach – Heilsbronn – Schwabach – Feucht Interesse hatte, zeigte sich auch in Wendelstein Engagement. Schwabach hatte den Ehrgeiz, Bahnknotenpunkt zu werden und wäre somit Umsteigestation im Achsenkreuz München/Lindau – Hof und Stuttgart/Frankfurt/M. – Wien geworden; Wendelstein genügte allein schon ein Bahnhof am Ortsrand. Am 22. 02. 1870 erschien zu dieser Variante eine Denkschrift, der unmittelbar die Absagen aus München folgten. Anschließend erzwang der 70/71er-Krieg eine Pause in der Diskussion um dieses „heiße Eisen"... und die Hoffnungen für Schwabach und Wendelstein waren wieder einmal nicht mehr als eine geplatzte Seifenblase. Noch aber war das letzte Wort nicht gesprochen, denn 1877 erhielten die Pläne einer Sekundärbahn von Nürnberg nach Kelheim erneut Auftrieb. Zumindest machte man sich im Ministerium des königlichen Hauses und des Äußeren diesbezüglich Gedanken. Wendelstein erfuhr hiervon und verfaßte sofort eine Bittschrift, denn es gab unterschiedliche Trassierungsvorschläge:

1 Kelheim – Freystadt – Allersberg – Wendelstein – Nürnberg
2a Kelheim – Greding – Anschluß an die Ludwigs-Süd-Nordbahn
2b Kelheim – Greding – Allersberg – Nürnberg.

Bei Alternative 2a wäre sicherlich Georgensgmünd Kreuzungsbahnhof geworden, denn die bekannte Nebenbahn Georgensgmünd – Spalt (eröffnet am 8. 09. 1872) verstand sich von Anfang an als Teilstück der Bahn von Regensburg über Kelheim, Spalt, Windsbach nach Ansbach. 1879 fand der Landtag allerdings diese „Altmühltalbahn" nicht mehr als bauwürdig, die Hoffnungen für Wendelstein und Spalt waren wiederum dahin. Bürgermeister Jegel war darüber sehr unglücklich, aber er resignierte nicht und versuchte nun, Wendelstein über eine Stichbahn an die Hauptstrecke Nürnberg – Regensburg anzubinden. Der Gemeindeversammlung unterbreitete er zwei Vorschläge:

I Wendelstein – Dutzendteich – Nürnberg-Zentralbahnhof
II Wendelstein – Feucht.

Eine Überprüfung der Trassenvorschläge ergab folgende Ergebnisse:

Bei Vorschlag I ergaben sich lediglich Schwierigkeiten in der Nähe von Zollhaus, wo ein 30 m hoher Bergrücken zu überwinden war. Außerdem lag der Wendelsteiner Bahnhof bei dieser Variante 0,9 km vom Ort entfernt im Gegensatz zu 0,4 km Entfernung bei Vorschlag II (das Bahnhofsgelände hätte man unmittelbar neben dem Ludwigs-Donau-Main-Kanal placiert). Projekt II führte ausschließlich durch Staatsforst, brachte keinerlei Geländeprobleme mit sich und war um 360 000, – Mark billiger zu realisieren.

Nun kam es darauf an, den besseren Vorschlag in München so überzeugend wie möglich darzustellen. Bürgermeister Jegel untermauerte das Gesuch dahingehend, daß z. B. die Steine aus den bekannten Wendelsteiner Quarzitsteinbrüchen bei Abtransport über die Bahn wieder konkurrenzfähig angeboten werden könnten. Weiter führte der Bürgermeister an, wäre der Transport von Maschinen per Bahn besser möglich, was den ansässigen Firmen zugute käme, um endlich zu investieren. Würden neue Maschinen erst einmal vorhanden sein, so könnten auch die notwendige Kohle per Bahn geliefert werden. Außerdem erhofften sich die Handwerksbetriebe durch den Bahnanschluß neuen Aufschwung, gab es doch schließlich in Wendelstein 121 Gewerbetreibende.

Selbstverständlich führte man auch an, daß die Holzabfuhr der staatlichen Forste günstiger wäre und – man staune – der Fremdenverkehr verbessert werden könne. Man plante sogar den Bau eines Sommerhotels.

Zweifelsohne wurde die Angelegenheit in München sehr engagiert vorgetragen, der Erfolg aber stellte sich nur zögerlich ein. Immerhin formulierte die Generaldirektion der Kgl. bayer. Verkehrsanstalten eine klare Aussage und gab der Streckenvariante II den Vorzug. Eine Linienführung nach Feucht war kürzer als der direkte Weg nach Nürnberg, was natürlich auch die Baukosten beeinflußte. Andererseits könne gegebenenfalls das Baumaterial (Lokomotiven und Personenwagen) gemeinsam mit der Nebenbahn von Feucht nach Altdorf benutzt werden. Unter diesen Vorzeichen richtete die Gemeindeverwaltung erneut eine Petition (11. Febr. 1879) an den bayerischen Landtag und bat um Bau einer Vicinalbahn von Feucht nach Wendelstein, allerdings unter Maßgabe der Abänderung des Artikels 2 des Petitionsgesetzes vom 29. April 1869. Man wollte nämlich nur die Kosten für den Grunderwerb übernehmen, nicht aber Geld für Erdarbeiten ausgeben. Die auch von anderen Gemeinden geforderte Gesetzesänderung jedoch benötigte Zeit und trat 1882 in Kraft. Bis dahin hatte sich in Wendelstein etliches verändert, was die neuerliche Eingabe vom 8. April 1882 zum Ausdruck brachte:

„Nun befinden sich in dem 1354 Seelen zählenden Orte Wendelstein ein Oberförster, eine Post- und Telegraphenstation, ein Arzt und Apotheker sowie eine Gendarmeriestation, ferner bestehen die Einwohner desselben beinahe nur aus Gewerbetreibenden, welche nebenbei noch Oekonomie besitzen; das Hauptgewerbe ist der Betrieb der hießigen großen und berühmten Quarzit-Steinbrüche, in welchen Mühl-, Pflaster-, harte Bau- und Schleif- sowie Chaussee-Steine, die von ca. 150 Arbeitern gebrochen werden und welche einen jährlichen Absatz von 64 000 000 kg repräsentieren, wovon jetzt schon jährlich ungefähr 160 000 kg trotz der großen Entfernung der Eisenbahn auf solche transportirt werden.

Wenn nun auch von den obigen Gesamterzeugnissen ein großer Theil auf dem dahier vorbeigehenden Donau-Main-Kanal befördert wird, so ist dies doch nur innerhalb 8 Monaten im Jahre der Fall, während die Steinbruchbesitzer in den 4 Wintermonaten lediglich nur auf den Transport per Achse angewiesen sind.

Abgesehen davon, daß diese immer schwer im Sommer während der Schiffahrt nur mit Mühe … konkurrieren können, in dem dasselbe aus den hiesigen Steinbrüchen nur in Orten, welche in nicht allzugroßer Entfernung längs des beregten Kanals liegen, abzusetzen ist, während dasjenige aus anderen an der Bahn gelegenen Steinbrüchen überall hin leicht transportiert werden kann, so ist im Winter, wo man blos auf den Verschleiß durch die Fuhrwerke angewiesen ist, eine Konkurrenz garnicht mehr möglich.

Würde nun eine Bahn von Feucht nach Wendelstein geführt, so wären die Steinbruchbesitzer in die Lage versetzt, ihr Steinmaterial gewiß an alle Orte versenden zu können und würden sich in Folge dessen der Verschleiß um mindestens den dritten Theil des jährlichen Erzeugnisses erhöhen."

Obige Eingabe wurde 1882 weitergegeben an die Generaldirektion der Kgl. bayer. Verkehrsanstalten mit Hinweis und Bitte vorhandene Pläne zu überarbeiten. Am 7. Oktober 1883 wiederum waren die Projektierungsunterlagen fertig und die Verkehrsanstalten veranlaßten das Ministerium des Kgl. Hauses und des Äußeren um die Aufnahme der Wendelsteiner Bahn in einen Gesetzesentwurf. Dieser wurde am 21. April 1884 verabschiedet und die Trasse wie folgt festgelegt:

„Die projektierte Lokalbahn zweigt am nordwestlichen Ende der Station Feucht von der Regensburg – Nürnberger Bahn ab und nimmt sofort nach scharfer Wendung die direkte Richtung nach dem südwestlich gelegenen Markte Wendelstein, welche sie bis zur Einmündung in die hart am Donau-Main-Kanale gegenüber Wendelstein und in nächster Nähe der hauptsächlichen Steinbrüche situierten Endstation beibehält. Die Bahn durchschneidet von Feucht bis Röthenbach den Staatsforst und zieht sich dann an der Grenze der Staatswaldungen bis zur Station Wendelstein fort. Die Länge der ganzen Linie von Mitte zu Mitte der Betriebshauptgebäude in Feucht und Wendelstein beträgt 5,38 km, während die Luftlinie 5,05 km lang, wonach der Umweg ganz unerheblich ist. Bei der Kürze der Bahn und bei dem Umstande, daß auch mit sehr kleinem Kurvenradius keinerlei Vortheil in dem gegebenen Terrain gegeben wäre, war die Frage, ob Normal- oder Schmalspur zu wählen sei, von vorneherein zugunsten der ersteren entschieden, zumal der größte Theil der zu transportierenden Güter in Wagenladungen auf die Hauptbahn übergehen oder von dieser kommen wird.

Als Minimalkurvenradius wurde ein solcher von 200 m nothwendig. Die Maximalsteigung beträgt in der Richtung von der Hauptbahnstation nach Wendelstein 14,2851‰. In der Richtung von Wendelstein zur Hauptbahnstation Feucht ist die Maximalsteigung 16,67‰. Die Bauarbeiten sind sehr gering und kommen größere Erdauffüllungen nicht vor. An Stationen ist außer der Endstation in Wen-

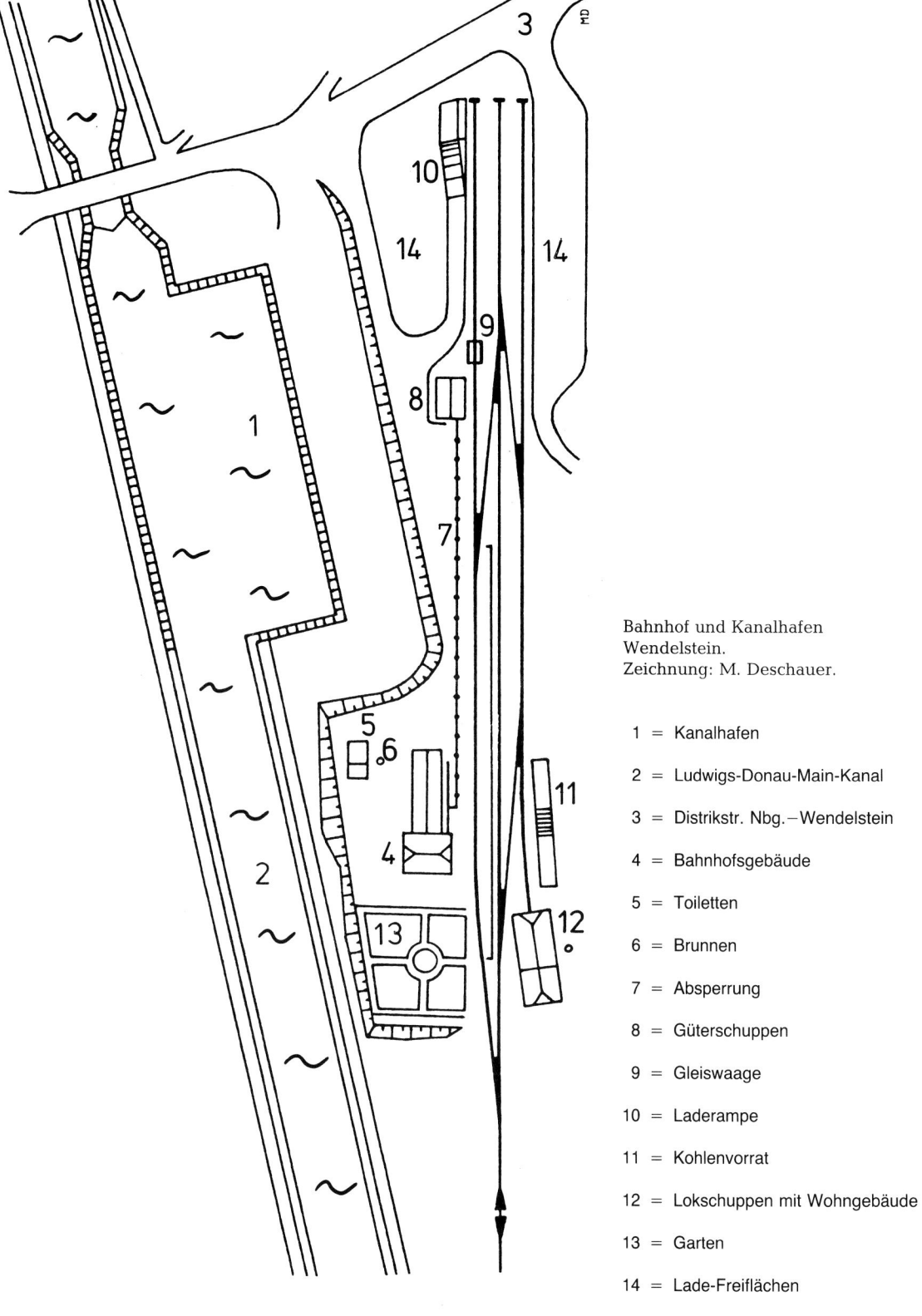

Bahnhof und Kanalhafen
Wendelstein.
Zeichnung: M. Deschauer.

1 = Kanalhafen

2 = Ludwigs-Donau-Main-Kanal

3 = Distrikstr. Nbg.−Wendelstein

4 = Bahnhofsgebäude

5 = Toiletten

6 = Brunnen

7 = Absperrung

8 = Güterschuppen

9 = Gleiswaage

10 = Laderampe

11 = Kohlenvorrat

12 = Lokschuppen mit Wohngebäude

13 = Garten

14 = Lade-Freiflächen

delstein nur noch eine Haltestelle mit Güterabfertigung für Röthenbach vorgesehen."

Obwohl Detailprobleme abgeklärt waren und weder technische noch finanzielle Schwierigkeiten anstanden, verzögerte sich dennoch der Baubeginn. Wie sich herausstellte, steckte Absicht im Verhalten der Genehmigungsbehörden, denn man wollte die Bauleitung einer neu einzurichtenden Eisenbahnbausektion in Neumarkt/Opf. übertragen. Von zentraler Stelle aus hätten fie Aktivitäten an den Nebenbahnen Feucht – Wendelstein, Neumarkt/Opf. – Beilngries und Greißelbach – Freystadt konzentriert werden sollen. Als das Amt endlich am 18. September 1885 die Arbeit aufnahm, konnte es vorerst lediglich zur Kenntnis nehmen, daß die Holzfällaktion zwischen Feucht und Wendelstein frühestens im April 1886 beendet sein wird. War diese Hürde endlich genommen, gesellten sich plötzlich Probleme mit dem Kgl. Kanalamt in Nürnberg hinzu. Mit Schreiben vom 23. April 1886 zeigte man sich überrascht, wie nahe doch der Bahnhof am Kanalhafen liegen würde, sorgte sich um die Entwässerung und um künftig fehlende Lagerflächen. Zusätzlich belastet wird dieser Vorgang noch vom Kanalamt, das dem Bauamt vorwirft, nicht rechtzeitig informiert zu haben. Bis Mai 1888 zieht sich der

Schriftwechsel hin; Zeit genug, Probleme zu lösen. Was die fehlende Entwässerung angeht, sorgte das Bauamt durch Erstellung von Gräben für Erledigung dieser Punkte. Dagegen fiel die Stellungnahme zum Thema Lagerflächen bereits am 17. 05. 1886 recht mutig und selbstbewußt aus:

„Zudem ist zu erwarten, daß die Frequenz der Anlände nach Eröffnung des Lokalbahnbetriebes abnehmen wird, insbesondere wird die Ausfuhr und Lagerung größerer Mengen von Produkten aus den Quarzitsteinbetrieben meistens des Winters in Wegfall kommen."

Zwar versuchte das Kanalamt auf der gegenüberliegenden Seite der Distriktstraße weitere Lagerflächen zu erwerben, zur Ausdehnung des Hafengrundstückes kam es allerdings nicht und so konnten die Probleme noch vor der Probefahrt abgehakt werden. Durchgeführt wurde die Probefahrt am 2. Juli 1886 und die Eröffnung festgelegt auf den 1. August 1886. Nach Betriebseröffnung war gemeinsamer Betrieb mit der Nebenbahn Feucht – Altdorf im Gespräch, zur Ausführung kam diese Idee aber nie. Mit einer gemeinsamen Wagengarnitur für beide Strecken konnten günstige Anschlüsse im Umsteigebahnhof Feucht nur jeweils von Altdorf oder Wendelstein garantiert werden – nicht jedoch aus beiden Richtungen.

PtL 2/2, BR 98 301 vor dem Schuppen in Wendelstein.   Foto: E. Schörner, 1930.

88

Bahnhof Wendelstein.

Ausfahrt nach Feucht
(BR 78 357).

Aufsichtsbeamter
Schreier sen. wird
gleich das Abfahrtszei-
chen geben.

Die Situation vom
Güterschuppen aus
betrachtet.
3 Fotos:
M. Schreier (Mai 1955).

Allersberger Nebenbahn

Viel war in Erfahrung zu bringen über die Wünsche Allersbergs bezüglich einer Bahnverbindung, aber wenig über die Rolle der Marktgemeinde bei Projektierung von Wasserstraßen. Vermutlich ist deshalb so wenig bekannt, weil die ansässigen Handwerksbetriebe mit der „Transkontinentalen Handelsverbindung" wenig anfangen konnten und dies, obwohl zwei geplante Kanalvarianten Allersberg tangierten und man sicherlich eine Lände erhalten hätte. Wirtschaftliche Beziehungen waren eben lokal begrenzt und führten nach Roth, Eichstätt, Neumarkt/Opf., Freystadt, Berching, Beilngries, Ochenbruck, Altdorf oder Nürnberg. Für diesen Handels- und Wirkungskreis war die Eisenbahn das geeignete Mittel, Absatz und Handel mit dem traditionellen Kundenkreis zu intensivieren. Mit ihr konnte die Ware schneller und preiswerter zum Käufer gebracht werden als über holprige Chausseen. Darüber hinaus bot die Eisenbahn mehr Gelegenheiten, Rohstoffe bedarfsgerecht zu bestellen, was wiederum mit dem Kanalschiff viel schwieriger war.

So wird verständlich, daß es Allersberg nach langen Bemühungen egal war, ob der Gleisanschluß über Wendelstein nach Nürnberg, über Greding/Eckersmühlen/Hilpoltstein nach Roth oder nach Ochenbruck zustande kam. Hauptsache war, man hörte bald den Pfiff einer Lok.

Dabei begann alles so unkompliziert. Mit Schreiben vom 20. 08. 1868 fragte der Stadtmagistrat von Beilngries an, ob Interesse an einer Bahnverbindung Kelheim – Nürnberg über Beilngries, Berching, Freystadt und Allersberg bestünde. Nachdem das Projekt bekanntlich scheiterte, nutzte man ein Jahr später die Chance, eine „Anhaltestelle" an der Bahnlinie Regensburg – Neumarkt/Opf. – Nürnberg zu erhalten. Berührte diese Bahn auch nicht den Ort, so sollte die Haltestelle zumindest an der Allersberger Distriktstraße eingerichtet werden. Die Ostbahngesellschaft akzeptierte den Vorschlag und so wurde Postbauer 1873 Umsteigestation für Allersberg.

Ein derart weit entfernter Bahnhof war der wirtschaftlichen Entwicklung des Ortes nicht dienlich, er war lediglich ein schlechter Kompromiß. So ist es nicht verwunderlich, wenn 1873 die Eisenbahninitiative auch in Allersberg wieder aufflackert, als Thalmässing mit Nachdruck eine Bahnverbindung Hersbruck – Ingolstadt forderte. Nachdem der Eisenbahnwunsch auch in vielen anderen Orten geweckt wurde, führte dies sofort zu den unterschiedlichsten Streckenvarianten. Selbst die Altmühltalbahn war plötzlich wieder im Gespräch, diesmal von Kelheim über Greding und Allersberg nach Nürnberg. Vorwiegend handelte es sich also um Vorschläge von lokalem Charakter und so wären auch Lokalbahnvarianten von Roth über Hilpoltstein oder von Eckersmühlen oder von Greding nach Allersberg durchaus denkbar gewesen. Der Staat wiederum reagierte auf diese Vorschläge ablehnend, führten sie doch vorwiegend durch Waldgebiete, was den wirtschaftlichen Erfolg von vorneherein in Frage stellte. Selbst als 1895 alte und neue Trassen abermals zur Diskussion standen, blieb das Ergebnis gleich. Dies galt gleichermaßen für die Varianten Nürnberg – Reichelsdorf – Kornburg – Schwand – Allersberg und für das Privatbahnprojekt Ochenbruck – Pyrbaum – Seligenporten – Allersberg. Selbst für den gänzlich neuen Aspekt von Domkapitular Dr. Pichler, der den Bau einer schmalspurigen Eisenbahnverbindung von Allersberg nach Roth anregte, blieben die Signale auf Halt. Das Ergebnis war immer dasselbe und der Erfolg wollte sich nicht einstellen. Erst die Aussage des Ministers Freiherr von Crailsheim, der meinte, „daß wohl in den nächsten vier Jahren sicherlich mit einer Bahn nach Allersberg zu rechnen sei", brachte einen Hoffnungsschimmer. Die Streckengenehmigung sollte aber noch bis zum Jahre 1900 dauern und am 25. März 1901 begann endlich der Bau.

Letztendlich entschied man sich für den von der „Lokalbahn AG" München ausgearbeiteten Plan. Allersberg sollte über Seligenporten, Pyrbaum und Unterferrieden mit Rübleinshof normalspurig verbunden werden. Rübleinshof, an der Hauptbahn Regensburg – Nürnberg gelegen, fungierte nach Eröffnung lediglich als Anschlußhaltestelle mit Güterabfertigung und Übergang von Lokalbahnzügen

Ein Gruß aus Allers-
berg (1906) mit
Motiven kurz nach der
Inbetriebnahme der
Strecke.
Sammlung:
M. Bräunlein.

Als Ochenbruck Wen-
depunkt für die Allers-
berger Nebenbahn war
... BR 64 mit P-Zug
nach Allersberg auf der
Schwarzachbrücke bei
Ochenbruck. Noch
ziert die Strecke keine
Oberleitung.
Foto:
G. Turnwald (1954).

Die bei Eisenbahn-
Freunden beliebte
Blechträgerbrücke zwi-
schen Burgthann und
Unterferrieden.
Foto:
G. Turnwald (1960).

auf die Hauptbahn. Betrieblicher Endpunkt war Ochenbruck, ebenfalls an der Hauptbahn gelegen. Dort erfolgte auch der Austausch von Güterwagen.

Neben der geschilderten betriebstechnischen Besonderheit wies die Streckenführung noch zwei bautechnische Sehenswürdigkeiten auf. Unmittelbar nach den Bahnhofsanlagen von Rübleinshof/Burgthann überquerte die Nebenbahn, parallel zu den Hauptbahngleisen, den Ludwigskanal. Lediglich einen Kilometer weiter folgte die imposante, im Bogen verlaufende Blechträgerbrücke über die Staatsstraße Nürnberg – Regensburg.

Die erste Probefahrt erfolgte am 10. Dezember 1902, dagegen fand die Eröffnung, inclusive Betriebsübergabe, am 14. Dezember 1902 statt. Einen Tag später dann die Umbenennung der Station Rübleinshof in Burgthann und die offizielle Inbetriebnahme der Strecke nach Fahrplan. Von diesem Tag an waren zwei Lokomotiven vom Typ D VII (BR 98 [76]) der Nebenbahn fest zugeordnet; eine als Zuglok, die andere als Reserve. Ihr Domizil hatten beide im Maschinenhaus zu Allersberg.

Obwohl über das Zustandekommen und die „Richtung" 34 Jahre gestritten wurde, entwickelte sich die Bahn in der Folgezeit sehr gut. Schon bald gab es neben den obligatorischen drei Zugpaaren auch eine Abendverbindung und einen mittäglichen GmP. 1932 gar sprach man von einer Verlängerung bis Eichstätt oder Roth. Allerdings scheute man die Investitionskosten für notwendige Brückenbauten. Sicherlich schien eine derartige Streckenergänzung jetzt auch nicht mehr sinnvoll, denn das wirtschaftliche Ergebnis wäre ähnlich ausgefallen wie vor der Jahrhundertwende. Darüber hinaus waren die Umbaumaßnahmen zwischen Eichstätt und Beilngries in vollem Gange, so daß eine Verbindung sekundärer Art von Ingolstadt über Eichstätt,

Beilngries, Neumarkt/Opf. nach Nürnberg bereits im Entstehen war. Die Allersberger Verlängerung wäre hier zwar kürzer gewesen, hätte aber als Konkurrenzlinie eingestuft werden müssen, was absolut unpassend erschien. Es blieb somit bei einer Stichbahn. Die Bevölkerung jedoch nahm diese Bahn gerne in Anspruch. Selbst eine Interessensgruppe der Pendler bildete sich, deren offizieller Charakter sogar von der Bundesbahndirektion Nürnberg anerkannt wurde, wenn es galt Fahrplanänderungen vorzunehmen. So blieb es bis in die 60iger Jahre. Dann allerdings begannen Verschleißerscheinungen und Wechselbäder sich abzulösen:

1960 Einstellung des Güterverkehrs
1962 Modernisierung der Strecke mit einem Aufwand von 2 Mill. DM
1964 erste Gerüchte um Stillegung
1966 Ersatz der Dampfloks durch Dieselloks
1973 Als die baufällig gewordene Brücke über die Bundesstraße 8 mit einem Gesamtaufwand von 1 Mill. DM repariert werden sollte, kam es zur Stilllegung und am 2. Juni 1973 fuhr der letzte Zug.

Geblieben ist nur die Erinnerung an eine Nebenbahn, die einzige, die östlich von Nürnberg den Ludwigskanal kreuzte. Sie hatte aber nicht das Glück wie die Nebenbahnen nach Cadolzburg, Höchstadt, Schlüsselfeld und Ebrach. Bei diesen zwischen Nürnberg und Bamberg gelegenen Nebenbahnen investierte man sogar in Brückenbauwerke über den neuen Main-Donau-Kanal, obwohl teilweise der Personenverkehr stillgelegt wurde. Wäre dagegen die fällige Brückenreparatur der Allersberger Bahn durchgeführt worden, könnte sie heute zum Bestandteil des Nürnberger S-Bahn-Netzes gerechnet werden.

Nebenbahnen
im Tal von Sulz und Altmühl

Neumarkt/Opf. − Greißelbach − Beilngries
Greißelbach − Freystadt
Beilngries − Dietfurt

Technik im Einklang mit der Natur. Bei Greißelbach kreuzt die Nebenbahn Neumarkt-Beilngries den Ludwigs-Kanal.
Foto:
G. Turnwald, Oktober 1958, BR 98 507.

Sind Neumarkt/Opf. und Beilngries Städte? Die Frage enthält durchaus einen provozierenden Unterton. Allerdings nimmt eine kleine Zusatzfrage jegliche emotionale Spitzen und dient der Sachlichkeit. Es ist der Hinweis: „wann"? So gab es beispielsweise im 15. Jahrhundert in der Oberpfalz 33 Kleinstädte. Das sind ebenso viele kleine Städte, wie die Regierungsbezirke Oberbayern (20) und Niederbayern (13) zusammen hatten. Von sekundärer Bedeutung war dabei die Einwohnerzahl. Im Durchschnitt lebten in Amberg, Sulzbach, Neumarkt/Opf. oder Beilngries zwischen 1500 und 2000 Personen − und das waren relativ viele. Im Vergleich dazu lebten in Schwandorf − heute 26 000 Einwohner −

weniger als 1000 Menschen. Von den 4000 Städten im spätmittelalterlichen Deutschland gab es 2800 Städte mit weniger als 1000 Einwohnern und nur 8 brachten es auf die ansehnliche Einwohnerzahl von mehr als 10 000, eine davon war Nürnberg.

Ein derartig dichtes Netz von Kleinstädten und mittelgroßen Städten, wie in der Oberpfalz, führte zwangsläufig über gut nachbarschaftliche Verhältnisse zu einem regional begrenzten Handel. Sieht man diesbezüglich vom Transport oberpfälzischen Eisens nach Nürnberg ab, genügten dafür die vorhandenen Distriktstraßen. Benutzt wurden diese vorwiegend von Fußgängern − mit und ohne

Handkarren – sowie von Reitern und Viehherden.

Anders dagegen der Fernhandel. Da eine „Fernhandelsstadt" in der damaligen Oberpfalz fehlte, partizipierte man hier lediglich am Auslandshandel, war doch das Kernland der Oberpfalz Verkehrskreuz für den Transithandel zwischen Rheinland und dem Balkan sowie zwischen dem Mittelmeerraum und der Ostsee.

Den Vorteil, eine Vielzahl von Kleinstädten vorzufinden, nutzten selbst die Haupthandelsrouten und veränderten je nach wirtschaftlicher Bedeutung einzelner Städte die Strecke. So gab es für die „Goldene Straße" von Nürnberg nach Prag zu unterschiedlichen Zeiten mindestens drei Hauptwege durch die Oberpfalz.

Route 1: Nürnberg – Amberg – Schwarzenfeld – Rötz – Waldmünchen – Prag;

Route 2: Nürnberg – Hirschau – Werrnberg – Waidhaus – Prag;

Route 3: Nürnberg – Hirschau – Weiden – Neustadt/Naab – Bärnau – Tachau – Prag.

Neben diesen Fuhrwerkstransporten gab es, zumindest ab dem Mittelalter, den Informationsaustausch. So hatte Regensburg lebhafte Kommunikation mit 52 europäischen Städten. Adel und Klöster engagierten ihre eigenen Boten.

Das organisierte Botenwesen funktionierte unter Ausschluß der Bedürfnisse und Wünsche der Allgemeinheit, was selbst für die erste deutsche Postlinie galt. Dies diente dem Informationsaustausch zwischen Wien (Hof des Kaisers Maximilian I.) und Brüssel (dort residierte sein Sohn). Aber schon der zweite Postkurs war quasi-öffentlich und diente dem Austausch von Briefpost zwischen der Oberpfalz und Böhmen. Kurioserweise endete die Linie, von Prag kommend, 1527 in Waidhaus, wurde aber 1530 bis Augsburg verlängert.

Postkurse für den öffentlichen Nachrichten- und Güterverkehr entstanden nun in zeitlicher Reihenfolge:

1615 Nürnberg – Prag
1623 Frankfurt/Main – Nürnberg – Eger – Prag
1623 Regensburg – Nürnberg.

Handelte es sich bei den bisherigen Linien um Reitposten, so sind folgende Streckenangaben Postkutschenlinien:

1699 Regensburg – Eger – Leipzig
1671 München – Eger
1742 Amberg – Prag
1747 Regensburg – Nürnberg – Frankfurt/Main – Köln – Brüssel und Amsterdam
1747 Regensburg – München
1747 Amberg – Bayreuth – Hof
1764 Nürnberg – Amberg – Waldmünchen
1830 Regensburg – Amberg – Bayreuth
1840 Amberg – Eichstätt
1842 Eichstätt – Augsburg.

Die Städtedichte der Oberpfalz und die vielen vorhandenen Straßen ermöglichten in Folge eine Fülle neuer Postkurse und Postkutschenlinien. Beilngries hatte jedoch erst spät Gelegenheit, in dieses Netz integriert zu werden. Bedient wurde ab 1840 die Strecke von Amberg nach Eichstätt über Neumarkt/Opf. Bald darauf entwickelte sich Beilngries zur Umsteigestation und zum Knotenpunkt. Postkutschen im Regionalverkehr nach Dietfurt, Riedenburg, Kelheim, Denkendorf oder Greding nahmen ihren Anfang, die Linie von Nürnberg nach Ingolstadt kreuzte sich hier mit dem Amberg – Eichstätter Kurs (siehe Planskizze auf Seite 10).

Umsteigen hieß damals aber auch notfalls warten auf eine Kutsche am nächsten oder übernächsten Tag. Beilngries knüpfte hier an alte Traditionen an, denn es hatte ab 1378 die Verpflichtung, durchreisenden Mönchen jederzeit Herberge zu bieten. Überhaupt ging es Anfang des 19. Jahrhunderts permanent aufwärts. 1811 erhielt Beilngries eine Schranne, ab 1821 konnte auch außerhalb der Stadtmauer Wohnraum geschaffen werden, 1846 wurde der Kanalhafen in Betrieb genommen, 1850 erhielt man ein eigenes Rathaus und 1873 erfolgte die Einrichtung einer Postomnibuslinie nach Neumarkt/Opf.

Mit zwei Postkutschenpaaren täglich zum neuen Ostbahn-Bahnhof in Neumarkt/Opf. und anderen Regionalverbindungen sah das Verkehrsangebot für das aufstrebende Beilngries 1873 vordergründig recht günstig aus. Andererseits muß aber deutlich festgehalten werden, daß eine Vielzahl projektierter Eisenbahnlinien Beilngries berühren sollte, bis dato aber keine einzige Realität war.

Es begann in den 30er Jahren des 19. Jahrhunderts mit der Ludwigs-Süd-Nordbahn. Ursprünglich zwischen Ingolstadt, Beilngries und Nürnberg im Gespräch, fuhren die Züge einige Jahre später von Augsburg kommend

Freystadt 1908.

1) Beilngries mit einer Stadtbevölkerung von c. 1600 Seelen und einer Landbevölkerung von c. 16,000 Seelen, hat wöchentlich Getraideschrannen von einen jährlichen Umsatz zu c. 45,000 Schäffel Getraide = c. 110,5000 Ctr. Gewicht, hat alle 14 Tage einen bedeutenden Viehmarkt, ausgedehnten Bretter- und Holzhandel mit einem jährlichen Absatz von c. 30,000 Klafter Holz, ferner Hopfenbau und Hopfenhandel, Steinbrüche und eine bedeutende Dampfziegelfabrik.

2) Berching zählt ebenfalls 1600 Seelen, setzt auf seinen wöchentlichen Getraideschrannen jährlich c. 20,000 Schäffel Getraide = 55,000 Ctr. Gewicht, und auf seinen alle 14 Tage wiederkehrenden Viehmärkten jährlich c. 800,000 Gulden bis 1 Million Gulden um.

3) Neumarkt mit einer Stadtbevölkerung von c. 4,000 Seelen und einer Landbevölkerung von c. 18,000 Seelen, schon seit 1731 eine Garnisonstadt, mit über 300 Gewerbtreibenden, setzt auf seinen wöchentlichen Getraideschrannen c. 26,000 Schäffel Getraide zu c. 347,415 fl. und auf seinen wöchentlichen Viehmärkten jährlich c. 347,350 fl. um, hat eine Kunstmühle mit Cementfabrik, welche jährlich über 30,000 Ctr. Mühlerzeugnisse und 10,000 Ctr. Cement verführt und zur Produktion dieser Erzeugnisse mehr als 12,000 Schäffel Getraide, mehr als 10,000 Ctr. Steinkohlen und mehr als 1000 Ctr. Coaks bezieht.

Außer dieser Cementfabrik besteht dortselbst noch eine weitere mit ebenfalls starkem Betrieb. An Hopfenstangen werden jährlich 60,000 Stück zu- und abgefahren und viele Tausend Ctr. Bretter verschleißt.

Neumarkt besitzt in unmittelbarer Nähe ein Mineralbad, das von Jahr zu Jahr an Frequenz zunimmt, desgleichen hat es ergiebige Taubstein-Jurakalksteinbrüche, Muschelmarmor, schwarze Kalkstein- und Cementsteinbrüche, sowie Torflager.

95

über Donauwörth, Nördlingen, Pleinfeld und Schwabach nach Nürnberg. In der sich anschließenden Planungsphase befand sich Beilngries plötzlich und unausweichlich im Fadenkreuz projektierter Eisenbahnlinien. Ob es sich dabei um die Altmühltalbahn mit ihren Varianten von Regensburg/Kelheim nach Nürnberg oder über Greding nach Georgensgmünd handelte, oder um Direktverbindungen zwischen Ingolstadt und Nürnberg, um die Lerzerbahn (Amberg – Freystadt – Roth), um eine Schienenverbindung von Amberg über Neumarkt/Opf. nach Ingolstadt, die Täler von Sulz und Altmühl waren bevorzugte Trassierungselemente. Siehe auch Skizze auf Seite 59.

Wie dem auch sei, zum Abschluß des Hauptbahn-Streckennetzes im Einflußbereich des Ludwigskanals hatte Beilngries keinen Gleisanschluß und die nächsten Bahnhöfe lagen weit entfernt. Die Enttäuschung, keinen Bahnhof „frei Haus geliefert zu bekommen", saß tief. Da konnten auch die vielen Postkutschenverbindungen nicht hinweghelfen, denn das Fahrplanangebot alleine ist kein Maßstab für Benutzerhäufigkeit. Erst ein Vergleich der Passagiertaxe offenbart wichtige Zusammenhänge. So hatte ein Passagier bei Kutschfahrt für eine Meile 18 bis 20 Kreuzer zu bezahlen, was etwa drei Tageslöhnen entsprach. Eine Fahrt von Weiden nach Regensburg gar kostete 3 Gulden und 40 Kreuzer. Dafür hätte ein Landarbeiter ca. 1 Monat arbeiten müssen. Für denselben Preis hätte man mit der Bahn (III. Classe) von Regensburg nach Hof fahren können. Einem Großteil der Bevölkerung blieb deshalb die Fahrt mit der Kutsche absolut unerschwinglich. Außerdem war der Postomnibus mit 8 bis 10 km/h im ebenen Gelände wesentlich langsamer als jede Bimmelbahn, die Bahn hatte auch grundsätzlich das größere Platzangebot, war billiger und die bei Postkutschenverbindungen obligate Reservierung entfiel ebenfalls. Nicht unwesentlich im Vergleich: das tägliche Fahrplanangebot, die Umsteigemöglichkeiten und die Garantie, relativ pünktlich am Zielort einzutreffen. Letzteres war bei Pferdepostwagen eine Art Roulettspiel, blieben doch Achsbrüche an der Tagesordnung und die Fahrgäste mußten notgedrungen die Reise zu Fuß weiterführen.

Zwar hatte die Bezirksamtsstadt Beilngries den großen Vorteil, über einen Kanalhafen zu verfügen, mehrere Distriktstraßen kreuzten sich hier, der Durchgangsverkehr von Amberg über Neumarkt/Opf. nach Ingolstadt und Eichstätt führte durch das Städtchen, es gab ein gutes Angebot von Postomnibusverbindungen – ohne Eisenbahn jedoch fühlte man sich vom wirtschaftlichen Aufschwung zwangsläufig abgekoppelt. Trotzdem dauerte es noch 17 Jahre (gerechnet ab Streckeneröffnung Nürnberg – Neumarkt/Opf. – Regensburg, 1873), bis ein Zug das Sulztal entlangfuhr. Zuerst bedurfte es nämlich der Entschlossenheit regionaler Eisenbahncommitees, vor allem aber der Gesetzesinitiative. Nachdem letztere fast problemlos den Landtag passierte, waren die Eisenbahnstrecken nach Beilngries und Freystadt ihrer Verwirklichung einen Schritt näher. Eingestellt in das Lokalbahngesetz vom 21. 04. 1884 sollten sie schon bald – wie 11 weitere – gebaut werden. Die Terrainaufnahme geschah im Winter 1885/86, ebenso das Abstecken der Trasse. Zwar wurde die Strecke vorwiegend parallel zur heutigen Bundesstraße gebaut, von einer „Straßenbahn" sah man allerdings erst nach heftigen Diskussionen ab, insbesondere wegen der zu erwartenden Unterhaltskosten.

Am 20. August 1886 konnte die Eisenbahnbausektion – die auch für die Feucht – Wendelsteiner-Bahn zuständig war – ihre Pläne vorlegen, welche drei Berührungspunkte mit den Kanal aufwiesen. Der erste Verknüpfungspunkt war Greißelbach. Die Linienführung der Bahn war so gewählt, daß der Abzweig nach Freystadt ohne zusätzliche Kreuzung mit der Wasserstraße ausgefädelt werden und die entstandene Freifläche zwischen Kanal und Bahn als Umschlagmöglichkeit zwischen Kanalschiff und Güterwagen genutzt werden konnte. Beide Vorgaben ließen sich ausführen, jedoch auf Kosten der Greißelbacher Einwohner, welche ihren Bahnhof mehr als 1 Kilometer vom Ort entfernt hatten. Was die Lände selbst betrifft, so findet sich in keiner offiziellen Liste über Häfen und Länden des Ludwigskanals ein Hinweis. Der Güterumschlag zwischen Schiene und Wasserstraße hat hier vermutlich nie stattgefunden.

Auch in Berching bestand am Bahnhof der gewünschte Verknüpfungspunkt zwischen Schiene und Wasserstraße. Ein allgemeiner Güteraustausch ist auch hier nicht bekannt, lediglich das Cementwerk – siehe Seite 97 –

verlud auf Schiff wie auf Güterwagen. All die anderen Güter des täglichen Bedarfs kamen per Bahn, landwirtschaftliche wie handwerkliche Güter wurden auch wieder per Bahn versandt.

Als dritter Verknüpfungspunkt ergab sich dann der vorläufige Streckenendpunkt, Beilngries. Der Kanalhafen lag hier aber nicht nur weit abseits, sondern auch noch relativ hoch, zumindest im Vergleich mit dem Bahnhofsareal. Die Geländeverhältnisse verhinderten von Anfang an den effizienten Güteraustausch dieser exponierten Stelle, wäre es doch denkbar gewesen, per Bahn angelieferte Güter weiter Richtung Dietfurt, Riedenburg oder Kelheim zu transportieren.

Unbelastet von derlei zukünftigen Problemen freute man sich erst einmal auf die Bahn und der Chronist beschreibt den Jubel am Eröffnungstag wie folgt: „Eine große Anzahl hießiger Einwohner hatte sich auf dem Bahnhofsplatze eingefunden und es entwickelte sich ein fröhliches buntes Treiben, das unwillkürlich an das Leben auf der Theresienwiese während des Oktoberfestes erinnerte."

Der Eröffnungszug ist in Dietfurt angekommen. Sammlung: K. Westermeier.

Berching

Partie am Kanal m. Bahnhof und Cementfabrik.

Berching, Bahnhof, Ludwigs-Kanal mit Parallelhafen und Zementfabrik. Heute benutzt die B 299 teilweise die − im Vordergrund sichtbaren − Hafenanlagen. Sammlung: M. Bräunlein.

Bahnhof Berching, 1928.   Sammlung: Guttenberger.

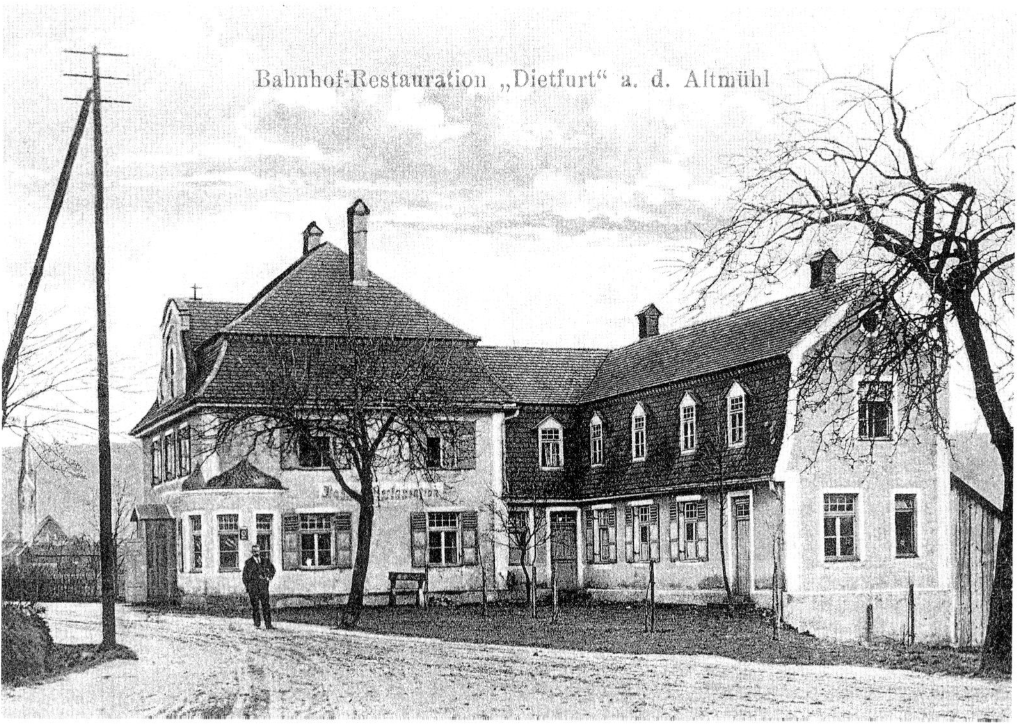

Bahnhofs-Restauration in Dietfurt (1908).   Sammlung: M. Bräunlein.

Impressionen vom Bahnhof Beilngries (alter Bahnhofsteil) im Jahre 1990.　　　2 Fotos: M. Bräunlein.

Dietfurt 1917

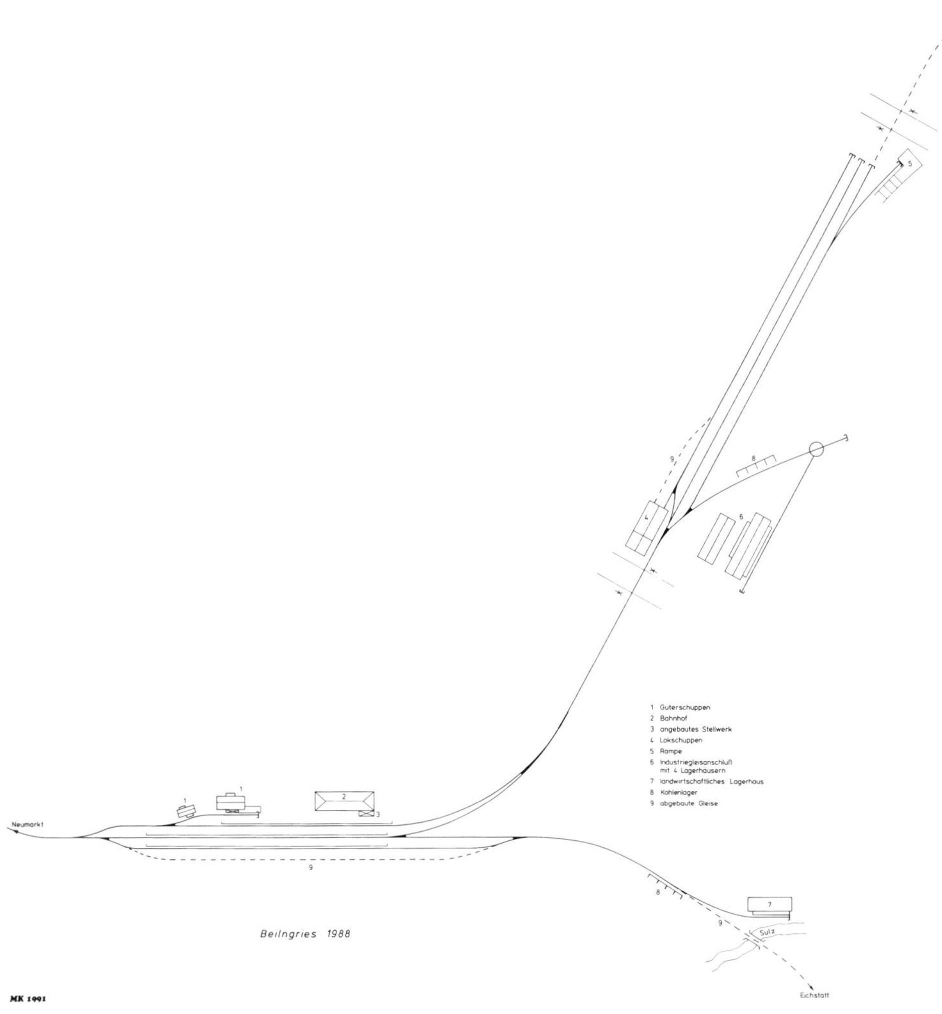

1 Bahnhofsgebäude
2 Lokschuppen
3 Industriegleisanschluß

Beilngries

3

1

2

MK 1991

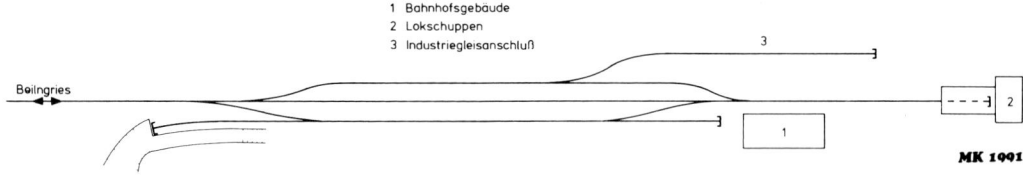

Dietfurt

1 Güterschuppen
2 Bahnhof
3 angebautes Stellwerk
4 Lokschuppen
5 Rampe
6 Industriegleisanschluß
   mit 4 Lagerhäusern
7 landwirtschaftliches Lagerhaus
8 Kohlenlager
9 abgebaute Gleise

Neumarkt

1
2
3
9

8
9
7
Sulz

Beilngries 1988

Eichstätt

MK 1991

100

BR 98 – Glaskasten genannt – mit P-Zug nach Beilngries, abfahrbereit im Bahnhof Neumarkt/Opf.
Sammlung: K. Westermeier.

Reges Treiben im Bahnhof Greißelbach, etwa 1955.   Sammlung: K. Westermeier.

Verlängerung bis Dietfurt

Der bekannte Ort Dietfurt, zwischen Riedenburg und Beilngries gelegen, befand sich in der Zwickmühle. Zuerst tangierte eine Vielzahl projektierter Durchgangslinien der Altmühltalbahn den Ort, aber kein Vorschlag erhielt die erforderliche Mehrheit. Als dann später die Nebenbahnen von Neumarkt/Opf. parallel zum Kanal nach Süden vorankamen, blieb Beilngries vorläufig Endstation. Den Weiterbau nach Dietfurt erachtete man als mögliches Signal für eine erneute Durchgangslinie Richtung Kelheim (– Regensburg) oder Riedenburg (– Ingolstadt), was konsequent unterbunden wurde. Es widersprach jetzt noch obendrein der praktizierten Stichbahnpolitik. Somit war der äußere Rahmen vorgegeben; jedoch es kam anders.

Obwohl schon längst zur Nebensache degradiert, übernahm der Ludwigskanal ungewollt die Funktion eines Handlungsgehilfen für die Nebenbahn. Der lokale Güterverkehr auf dem Kanal zwischen Neumarkt/Opf. und Beilngries ging nämlich nach Eröffnung der Nebenbahnen 1888 sehr deutlich zurück. Die vorgegebenen Verknüpfungspunkte zwischen Schiene und Kanal in Greißelbach, Berching und Beilngries entwickelten sich nur sehr sehr zögerlich. Handel, Landwirtschaft und Industrie nutzten von Anfang an die Überlegenheit der Schiene. Auch die Gemeinden im unmittelbaren Einzugsbereich des Kanals – meist noch mit einer Lände ausgestattet – mißachteten den Kanalverkehr und erhofften sich den angestrebten wirtschaftlichen Aufschwung ausschließlich durch die Bahn.

Selbst in Dietfurt ergab sich eine ähnliche Situation, die Lände in unmittelbarer Nähe war weniger wichtig als der Bahnhof am Ortseingang. Bislang aber blieben alle Bemühungen, für Dietfurt einen eigenen Bahnhof zu erhalten, erfolglos, bis schließlich und endlich ein Spezialgesetz doch noch für rasche Realisierung sorgte. Am 10. 8. 1904 wurde es verabschiedet und die Verlängerung von Beilngries bis Dietfurt war eine beschlossene Sache. Einzig und allein die Streckenführung war noch offen. Sollte die Bahn über das Ottmaringer Tal oder über das Altmühltal zur neuen

Endstation geführt werden? Nun, man entschied sich für eine Linienführung im Tal der Altmühl, hochwassergeschützt am Hang, mit dem Vorteil, durch mehrere Haltestellen und einige Werksanschlüsse eine größere Auslastung der Züge erreichen zu können. Bei einer Parallelführung zum Ludwigskanal durch das einsame Ottmaringer Tal wäre lediglich eine Haltestelle in Frage gekommen, dafür aber eine geringfügig kürzere Gesamtfahrzeit. Mit der Streckenführung im Altmühltal über Kottingwörth und Töging erteilte man der kürzeren Fahrzeit eine Absage und setzte voll und ganz auf die Benutzerhäufigkeit.

Die ursprünglichen Träume von einer Durchgangslinie waren dennoch nicht endgültig zu den Akten gelegt. Etwas verschleiert tauchen sie beim Endbahnhof wieder auf, ließ doch seine Lage am Ortseingang von Dietfurt eine Verlängerung bis Riedenburg oder Kelheim problemlos zu. Dazu kam es dann aber doch nicht mehr.

Mit dem von einer Maffei'schen Motorlok gezogenen Eröffnungszug am 11. 09. 1909 schließt sich der Kreis zweier konkurrierender Verkehrssysteme. Was mit einer Schiffahrtsstraße als Verbindung von Main und Donau – und damit letztendlich als Verbindung von Orient und Okzident – begann, endete 100 Jahre später mit einer knapp 10 km (9,970 km) langen Nebenbahn. Letzter Berührungspunkt zwischen den traditionell rivalisierenden Verkehrsträgern war die 10,5 m weite Blechträgerbrücke über den Main-Donau-Kanal zwischen Töging und Dietfurt, genauer bei Bahnkilometer 8,8.

Die stürmische Entwicklung der Eisenbahn hatte das Kanalprojekt schon in der Entstehungsphase bagatellisiert und bewies eine pseudo-flächendeckende Versorgung; eine Aufgabe, welche ursprünglich dem Kanal zugestanden wurde. Darüberhinaus konnte die Bevölkerung mit einer Schienenverbindung mehr anfangen, als mit dem nur auf Handelsbeziehungen beruhenden Konzept des Ludwigskanals. Eine Bahnlinie nutzte die Marktfrau ebenso, wie der Pendler; letzterer konnte sogar seinen Wohnsitz behalten, ohne weiterhin arbeitslos zu sein. Züge standen am

Bahnsteig an Markttagen, zu Tanz und Illumination, zu Kaffeeklatsch und Kirchweih oder zum Sonntagsausflug. Kommunikation nannte man damals dieses weitgespannte Feld zwischenmenschlicher Kontakte. Der Kanal konnte solche Vielfältigkeiten prinzipiell nicht bieten, er verstand sich lediglich als Handelsstraße.

Die Eisenbahn hatte also die Schiffahrt auf dem Ludwigskanal „überholt", wurde aber ihrerseits kurze Zeit später vom „Individualverkehr überrollt". 60 Jahre später (1964) zeigten sich erste Anzeichen der Stillegung für die hier angesprochene Verlängerungsstrecke. Am 1. 8. 1966 fuhr der letzte Personenzug und am 28. 5. 1967 stellte man den Güterverkehr offiziell ein. Einige Tage später, am 1. 6. 1967, holte letztmalig eine Dampflok der BR 86 Güterwagen in Dietfurt ab. Wenig später kam der Abbauzug.

BR 86 795 nach Ankunft mit P 2634 in Beilngries.
Foto:
U. Montfort,
22. 11. 1967.

Bahnhof Beilngries, fest in der Hand von Eisenbahn-Freunden.
Foto:
M. Bräunlein,
21. 02. 1988.

Streckenkaleidoskop

Mit der Dampflok von Neumarkt/Opf. nach Dietfurt und Freystadt

Abfahrt und Ankunft der Eisenbahnzüge

in

Beilngries, Riedenburg, Kinding und Greding

vom 1. Oktober 1908 an.

Abfahrt von Neumarkt nach Nürnberg.

4,15 früh Lokalzug
6,04 früh Schnellzug
6,43 früh Personenzug
10,33 vorm. Personenzug
12,04 mittag Lokalzug
2,54 nachm. Personenzug
5,25 abends Schnellzug
6,26 abends Personenzug
8,29 abends Lokalzug
10,44 nachts Personenzug

Strecke Beilngries—Neumarkt. hin ... zurück

		Beilngries	an
		Göllesthal	ab
		Plankstetten	ab
		Berching	ab
		Pollanten	ab
		Mühlhausen	ab
		Wappersdorf	ab
		Greißelbach	ab
		Sengenthal	ab
		Neumarkt	ab

Abfahrt von Neumarkt nach Regensburg.

6,13 früh Personenzug
10,23 vorm. Personenzug
12,24 mittag Schnellzug
1,44 nachm. Personenzug
5,39 abends Personenzug
7,16 abends Personenzug
9,44 nachts Personenzug
10,34 abends Schnellzug

Abfahrt von Ingolstadt H.=B. nach München

4,00 früh Personenzug
6,00 früh Personenzug
7,00 früh Personenzug
8,08 früh Eilzug
9,04 früh Personenzug
11,23 vorm. Personenzug
1,52 nachm. Personenzug
3,49 nachm. Eilzug
6,10 abds. Personenzug
7,24 abds. Schnellzug
7,50 abds. Personenzug
9,15 abds. Schnellzug

Nach Augsburg.

4,18 früh Personenzug
8,10 früh Personenzug
11,34 vorm. Personenzug
3,55 nachm. Personenzug
7,53 abds. Personenzug

Nach Donauwörth.

5,08 früh Personenzug
5,49 früh Personenzug
6,11 früh Personenzug
9,29 vorm. Personenzug
12,53 mitt. Personenzug
8,47 nachm. Personenzug
6,19 nachm. Personenzug
7,35 abds. Personenzug
10,10 nachts Personenzug

Strecke Riedenburg—Ingolstadt H.=B.

		Früh	Vorm.	Nachm.	Nachm.	Abds.
Riedenburg	ab	4,40	10,31	2,58	3,97	6,83
Schambach	ab	4,48	10,39	3,08	3,15	7,01
Hexenagger	ab	4,56	10,47	3,17	3,23	7,09
Altmannstein	ab	5,12	11,03	3,47	3,42	7,25
Sandersdorf	ab	5,24	11,15	3,50	3,51	7,37
Steinsdorf	ab	5,31	11,22	3,58	3,58	7,44
Mendorf	ab	5,37	11,28	4,04	4,44	7,50
Tettenagger	ab	5,42	11,33	4,10	4,09	7,56
Offendorf	ab	5,49	11,40	4,19	4,16	8,03
Dolling	ab	5,58	11,49	4,30	4,25	8,13
Theißing	ab	6,05	11,56	4,40	4,40	8,20
Rölding	ab	6,20	12,12	4,59	4,47	8,32
Lenting	ab	6,28	12,20	5,00	4,56	8,40
Oberhaunstadt	ab	6,34	12,26	5,18	5,01	8,16
Ingolstadt N.=B.	an	6,40	12,32	5,27	5,07	8,52
„ H.=B.	an	7,05	12,46	5,47	5,20	9,08

		Früh	Vorm.	Mittag	Nachm.	Ab ds.
Ingolstadt H.=B.	ab	7,09	11,20	11,44	1,57	7,50
„ N.=B.	ab	7,17	11,45	11,52	2,15	8,08
Oberhaunstadt	ab	7,24	11,54	11,59	2,22	8,15
Lenting	ab	7,30	12,03	12,05	2,28	8,21
Rösching	ab	7,39	12,15	12,13	2,37	8,32
Theißing	ab	7,48	12,31	12,23	2,47	8,42
Dolling	ab	7,55	12,42	12,30	2,54	8,49
Offendorf	ab	8,03	12,52	12,37	3,02	8,57
Tettenagger	ab	8,10	1,01	12,44	3,09	9,04
Mendorf	ab	8,16	1,08	12,50	3,15	9,10
Steinsdorf	ab	8,20	1,15	12,54	3,19	9,14
Sandersdorf	ab	8,27	1,24	1,01	3,26	9,21
Altmannstein	ab	8,38	1,37	1,14	3,39	9,30
Hexenagger	ab	8,52	1,55	1,29	3,53	9,44
Schambach	ab	8,58	2,04	1,34	3,59	9,51
Riedenburg	an	9,05	2,13	1,41	4,06	9,57

Abonnement auf das

„Beilngrieser Amts- und Wochenblatt"

können jederzeit bei allen Postanstalten und Postboten gemacht werden.

Abfahrt von Ingolstadt H.=B. nach Treuchtlingen Nürnberg.

3,53 früh Personenzug
7,16 früh Personenzug
9,26 vorm. Schnellzug
9,32 vorm. Personenzug
11,35 vorm. Personenzug
1,49 nachm. Eilzug
3,42 nachm. Personenzug
6,08 abends Eilzug
7,36 abends Personenzug
9,30 abends Personenzug
10,06 abends Eilzug

Nach Regensburg.

5,46 früh Personenzug
9,08 vorm. Personenzug
2,06 nachm. Personenzug
6,10 abends Personenzug
10,11 abends Personenzug

Strecke Kinding—Eichstätt.

		früh	Vorm.	Nachm.	Abends
Kinding	ab:	5,15 früh,	10,15 Vorm.,	5,46 Abends	
Eichstätt (Stadt)	an:	7,00 früh,	11,58 mittags	7,30 Abends	
(Bahnhof)	an:	7,20 früh,	12,20 mittags	8,27 Abends	
Eichstätt (Stadt)	ab:	6,35 früh,	1,04 Nachm.,	6,56 Abends	
Kinding	an:	7,20 früh,	1,50 Nachm.,	9,10 Abends	

Die Reise ins Tal von Sulz und Altmühl beginnt für die Lok der BR 86 583 am Kohlekran im Bahnhof Neumarkt/Opf.   Foto: U. Montfort, 25. 05. 1967.

An der Spitze eines langen „Personenzuges mit Güterbeförderung" (PmG), die BR 86 132, aufgenommen am 08. 04. 1972 in Neumarkt/Opf.   Foto: G. Nowak.

In unmittelbarer Nähe
der Schleuse 31 des
alten Ludwig-Donau-
Main-Kanals treffen
sich drei Verkehrswege
und bilden ein
unverwechselbares
Ensemble.
3 Fotos: Dr. H. Dill-
mann, 28. 04. 1959.

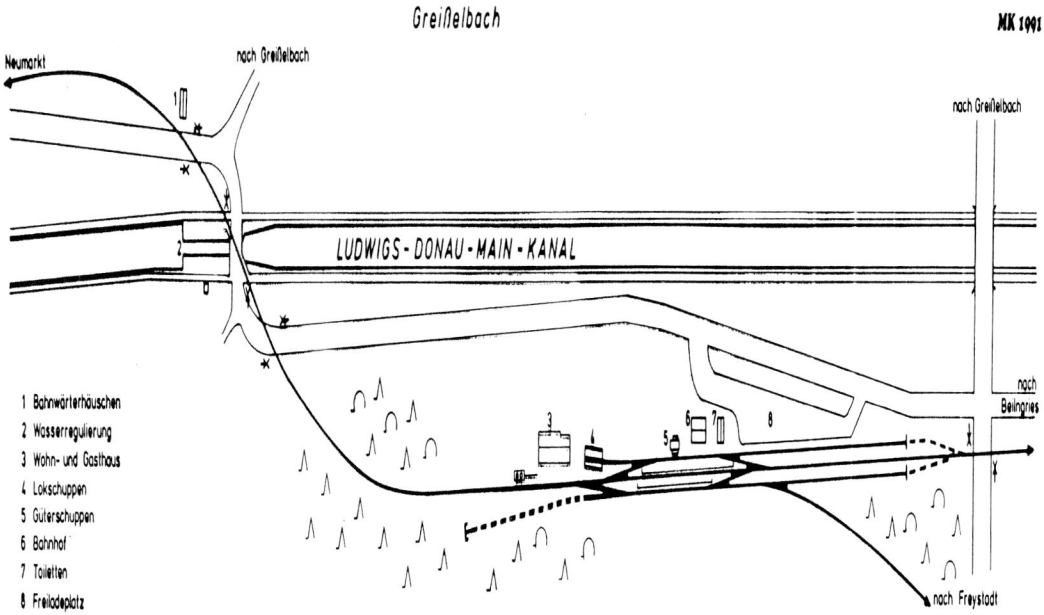

1 Bahnwärterhäuschen
2 Wasserregulierung
3 Wohn- und Gasthaus
4 Lokschuppen
5 Güterschuppen
6 Bahnhof
7 Toiletten
8 Freiladeplatz

Markus Kirchoff zeichnete den Lageplan für das Bahnhofsgelände Greißelbach, incl. dem Abzweig nach Freystadt und der für Greißelbach typischen Kreuzung dreier Verkehrswege.

BR 86 795 vor P 2634, kreuzt den Ludwigs-Kanal und die Bundesstraße am 22. 11. 1967.

Foto: U. Montfort.

Greißelbach am 25. Mai 1967. BR 86 170 verläßt mit P 2634 – bestehend aus einer Garnitur dreiachsiger Personenwagen – den Bahnhof in Richtung Beilngries.   Foto: U. Montfort.

Greißelbach am 25. September 1987. Die Strecke wird von Eisenbahn-Freunden entdeckt. Jeder Zug hat sein eigenes Flair, zumal auch Güterwagen mitgenommen werden.   Foto: M. Bräunlein.

BR 86 583 vor P 2633,
passiert soeben das
Städtchen Berching.
Foto: U. Montfort,
25. 05. 1967.

BR 86 583 vor P 2633,
zwischen Pollanten und
Mühlhausen (Sulz) am
25. 05. 1967.
Foto: U. Montfort.

BR 86 132 am 08. 04.
1972 mit Güterzug auf
der Rückfahrt von
Beilngries.
Foto: G. Nowak.

Auf der ehemaligen Bahnstrecke Beilngries-Dietfurt verläßt BR 86 783 die Station Beilngries-Bühlkirchen. Foto: K. Westermeier.

Vor der Rückfahrt in Dietfurt. BR 86 128 vor P 2641 am 06. 03. 1966. Foto: F. Jäger.

An der Laderampe in Dietfurt. Foto: M. Bräunlein, 02. 08. 1965.

BR 86 130 zwischen
Dietfurt und Töging im
Juni 1954.

BR 86 188 auf der
Rückfahrt von Dietfurt,
Ausfahrt Töging im
Juni 1955.
Fotos: G. Turnwald
(2 ×).

Winter an der Beilngrieser-Nebenbahn.
BR 86 841 am 27. 12. 1970 kurz vor dem Ziel.   Foto: F. Steinmüller.

BR 86 583 mit der Übergabe „Üb 16 291" am 26. 02. 1968 bei Greißelbach.   Foto: F. Jäger.

Erinnerungen an die Freystädter-Neben-bahn.

BR 86 583 vor Üb 16 290 in Freystadt am 26. 02. 1968.

. . . bei Sulzbürg.

. . . und in Sulzbürg.

3 Fotos: F. Jäger.

Streckenergänzungen und Altmühltalbahn

Die Diskussion um eine Eisenbahn in den Tälern von Sulz und Altmühl begann bekanntermaßen mit Planung der Ludwigs-Süd-Nordbahn 1836. Von Lindau aus hätte sie über Ingolstadt, Eichstätt und Nürnberg nach Norden geführt werden sollen. Letztendlich fiel die Entscheidung jedoch gegen die Landesfestung Ingolstadt und man realisierte die geographisch problemlosere Strecke über Donauwörth, Nördlingen, Gunzenhausen, Pleinfeld, Roth und Schwabach nach Nürnberg.

Ähnlich erging es der privaten Ostbahngesellschaft mit dem Vorhaben, internationalen Verkehr auf die Ost-West-Achse Passau – Regensburg – Nürnberg zu binden. Statt eine Bahn über Neumarkt/Opf. oder Freystadt – Kelheim zu bauen, mußte anfangs ein großer Umweg über Amberg in Kauf genommen werden. In der Folgezeit wurde das vom Kanal markierte Gebiet zwischen Nürnberg, Regensburg, Kelheim und Ingolstadt zwar von projektierten Eisenbahnen regelrecht durchschnitten, verwirklicht wurden jedoch nur die in Randlagen befindlichen Eisenbahntrassen. Wie in der Skizze auf Seite 115 wiedergegeben, umrundeten alle Bahnen den Ludwigskanal; für die vehement um Bahnanschluß kämpfenden Gemeinden in diesem Gebiet eine herbe Enttäuschung. Was blieb, war lediglich zweite Wahl: Stich-, Schmalspur- und Nebenbahnen.

Saal – Kelheim	15. 02. 1875
Sinzing – Alling	16. 12. 1875
Eichstätt Bhf. – Eichstätt Stadt (Schmalspur)	15. 11. 1885
Feucht – Wendelstein	01. 08. 1886
Roth – Greding	01. 06. 1888
Neumarkt/Opf. – Beilngries	01. 08. 1888
Neumarkt/Opf. – Greißelbach – Freystadt	01. 08. 1888
Eichstätt Stadt – Kinding (Schmalspur)	17. 11. 1898
Burgthann – Allersberg	14. 12. 1902
Ingolstadt – Riedenburg	01. 10. 1904
Beilngries – Dietfurt	11. 09. 1909

Schienenverbindungen in Form von Neben- oder Sekundärbahnen brachten manchen Gemeinden Vorteile. Die Hoffnung auf eine Haupt- oder Fernbahn schien aber weiterhin latent vorhanden. Impulsgeber für das erneute Aufflackern dieser Idee war 1899 das Anliegen, Hersbruck über Alfeld mit Neumarkt/Opf. zu verbinden. Wenngleich dieser Vorschlag das Kerngebiet im Altmühltal nicht berührte, dachte man sofort über eine Verlängerung nach. Mit der vorhandenen Nebenbahn Neumarkt/Opf. – Beilngries wäre es nämlich leicht möglich gewesen, eine überregionale Bahnverbindung von Bayreuth nach Ingolstadt über Beilngries und Eichstätt zu verwirklichen. Ein Gedanke, der ähnlich zur Ostbahnzeit schon einmal relevant war. 1869 sollte beispielsweise Amberg über Neumarkt/Opf. und Beilngries mit Ingolstadt verbunden werden. Aber selbst 30 Jahre später fand sich scheinbar keine Mehrheit für diesen Vorschlag und in der Folgezeit gab es noch weitere Offerten, welche sich mit der Ergänzung des Eisenbahnnetzes beschäftigten.

1903 war solch ein Jahr, in dem sich das Ideenkarussell besonders intensiv drehte. Regensburg forcierte die Verbindung Kelheim – Riedenburg..., und das zu einem Zeitpunkt, als die Nebenbahn von Ingolstadt nach Riedenburg schon im Bau war. Eine andere Eingabe beschäftigte sich mit der Verbindung von Greding über Kinding nach Beilngries. Mit der 1880 eröffneten Lokalbahn Roth – Greding und der Schmalspurbahn von Eichstätt nach Kinding wäre durch den genannten Ringschluß ein attraktives Verkehrsangebot entstanden. Ferner gab es noch Ideen, die Schmalspurbahn von Kinding bis Beilngries zu verlängern oder die Strecke von Eichstätt bis Beilngries von Schmalspur in Normalspur umzubauen.

Zu den beschriebenen lokalen Interessen gesellte sich – auch noch im Jahr 1903 – ein überregionales Anliegen. Man sprach von einer Verlängerung der Tauernbahn über Landshut, Beilngries nach Neumarkt/Opf. und Nürnberg. Jede dieser Varianten bewirkte letztendlich für die Kommunen im Altmühltal einen Funken Hoffnung auf eine Hauptbahn und so blieb es nicht aus, daß manche Gemeinde eine Vielzahl von Eisenbahnprojekten unterstützte, im guten Glauben, eine dieser Bahnen werde bald Realität. So ließe sich die Liste an Petitionen beliebig fortsetzen und auch den Inhalt könnte man, von Details abgesehen, austauschen. Hingegen hebt sich die Eingabe der Stadt Eichstätt vom 1. 8. 1907 in vielerlei Hinsicht vom Gewöhnlichen ab, gewährt aber gleichzeitig gute Einblicke in das Leben und die Gedankenwelt eines Gemeinwesens zur Jahrhundertwende.

„Eichstätt, 1. August 1907.
Die Kollegien der Stadt Eichstätt.

An das K. B. Staatsministerium für Verkehrsangelegenheiten in München.

Betreff: Ehrfurchtsvolle Bitte der Kollegien der K. B. Stadt Eichstätt, um gnädigste Einstellung der Kosten für Erbauung einer Lokalbahn Kinding-Beilngries in das dem neuen Landtag vorzulegende Staatsbudget.

In der Sitzung der Kammer der Abgeordneten vom 17. Juni 1904 konnte der damalige Landtagsabgeordnete für Eichstätt-Weißenburg, Herr Zimlich, erklären, daß schon vier Jahre vorher, also schon im Jahre 1900, sich die Abgeordneten des Wahlkreises für die Erbauung einer Lokalbahn Kinding-Beilngries ausgesprochen hatten!

In der Zwischenzeit ist mit gnädigster Genehmigung eines Hohen Staatsministeriums für Verkehrsangelegenheiten die generelle Projektierung dieser Lokalbahn ausgeführt worden und im Hinblick hierauf stellen die Kollegien der Stadt Eichstätt nunmehr die ehrfurchtsvolle Bitte: Hohes Staatsministerium wolle gnädigst die Einstellung der Kosten für den Bau der projektierten Lokalbahn Kinding-Beilngries in das dem neugewählten Landtag vorzulegende Budget anordnen.

Zu den vordringlichsten Lokalbahnprojekten gehört das der Bahnverbindung zwischen Kinding und Beilngries. Schon ein Blick auf die Landkarte zeigt, daß die Lokalbahnendpunkte Kinding und Beilngries geradezu

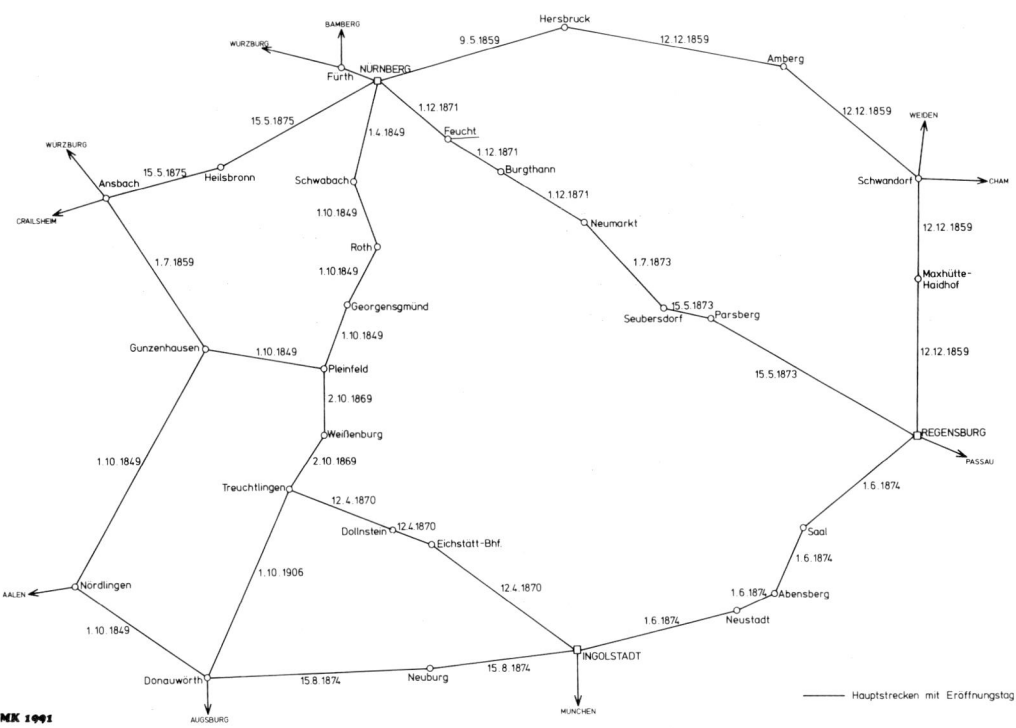

MK 1991

nach einer Bahnverbindung schreien und daß es unbegreiflich ist, wie man seinerzeit beim Bau der Lokalbahn Eichstätt-Kinding nicht die paar Kilometer von Kinding nach Beilngries ausgebaut hat! Kein Geringerer als Seine Königliche Hoheit Prinz Ludwig hat wiederholt darauf aufmerksam gemacht, daß der Zusammenschluß der Lokalbahnpunkte Beilngries und Kinding geradezu eine Notwendigkeit sei! Und wenn je diese Notwendigkeit bestand, so besteht sie jetzt doppelt, nachdem der Bau der Lokalbahn Dietfurt-Beilngries in unmittelbarer Aussicht steht! Es ist schon im Interesse des Fremdenverkehrs, dann aber auch des Geschäftsverkehrs, der Rechtspflege der religiösen und der Bildungsbedürfnisse der Angehörigen des Bistums Eichstätt und der Ein- und Umwohner von Eichstätt, Kinding und Beilngries gelegen, daß die Eisenbahnlücke Kinding-Beilngries endlich einmal ausgefüllt werde!

1. Was die Interessen des Fremdenverkehrs anlangt, so steht außer allem Zweifel, daß das Altmühltal und zumal das untere Altmühltal zu den schönsten und interessantesten Partien des Königreiches Bayern zählt. Es

Um die Baukosten senken zu können, benutzte manche Sekundärbahn die Distriktstraße. BR 99 074 der Eichstätter Schmalspurbahn nahe Rebdorf.
Foto: E. Schörner, 1930.

Eichstätt hatte Pech und blieb in der Frühzeit der Eisenbahn unberücksichtigt. Selbst als die Bahnlinie von Ingolstadt (-Nord) nach Treuchtlingen am 12. April 1870 ihrer Bestimmung übergeben wurde, lag der Bahnhof immerhin 5,4 km entfernt. Mit dieser Situation wollte man sich natürlich nicht abfinden und plante eine Stichbahn zum Ortskern. Nachdem aber der Bau einer normalspurigen Nebenbahn um 100% teurer gekommen wäre als der einer Schmalspurbahn, entschied man sich für die „kleinere Variante". Am 15. November 1885 fuhr der erste Zug in Eichstätt-Stadt ein, der fahrplanmäßige Verkehr auf der Verlängerung bis Kinding wurde am 17. 11. 1898 aufgenommen. Das Foto zeigt den Bahnhof Eichstätt im Jahre 1914; rechts die Normalspuranlagen, am Bahnhofsvorplatz die der Schmalspurbahn. Sammlung: M. Bräunlein.

ist nun zur Zeit unmöglich, in bequemer und rascher Weise diese landschaftlich geradezu entzückende Gegend erreichen zu können, welche schon einer Reihe von ganz bedeutenden Landschaftsmalern, – es seien nur Gilbert van Canal, von Bauer und Dasio genannt, – die prächtigsten Vorwürfe dargeboten hat. – Es ist nicht bloß zeitraubend, sondern bei ungünstiger Witterung fast unmöglich, die Strecke Kinding-Beilngries zu Fuß zurückzulegen, der Postwagen aber ist eine weder ausreichende, noch besonders angenehme Verkehrsgelegenheit und so ist denn der Fremdenverkehr in dieser Gegend leider noch ein äußerst geringer.

Wäre eine Bahnverbindung zwischen diesen beiden Punkten, so würden nicht bloß eine Menge von Touristen diese anmutige, teilweise entzückende Gegend durchwandern, es würde auch, was zur Zeit ganz undenkbar ist, ein reger Tagesausflugsverkehr von Eichstätt, Neumarkt, Beilngries, ja auch von Nürnberg her ins untere Altmühltal möglich werden.

Daß aber ein reger Fremden- und Ausflugsverkehr den wirtschaftlichen Aufschwung des ganzen mittleren und unteren Altmühltals mit sich bringen würde, bedarf keiner weiteren Ausführung. Nicht bloß die Wirtschaften, auch die für Wirtschaften liefernden Geschäfte, Kaufleute, Hausbesitzer (durch Vermietung von Zimmern an Fremde u. dgl.) würden unberechenbaren Nutzen aus der Verbesserung der Verkehrsverhältnisse ziehen!

2. Aber auch im Interesse des Geschäftsverkehrs wäre die möglichst rasche Erbauung einer Lokalbahn Kinding-Beilngries auf das Innigste zu wünschen. Soweit der Geschäftsverkehr unmittelbar mit dem Fremdenverkehr zusammenhängt, ist schon oben dargetan worden, wie bedeutend der Vorteil wäre, den die Geschäftsleute aus der angestrebten Verkehrsverbesserung ziehen würden. Nun kommt aber auch der Nutzen in Betracht, den die Handelswelt aller beteiligten Gemeinden haben würde, wenn die Bahn Kinding-Beilngries gebaut würde! Schon der Ausbau der Lokalbahn nach Kinding hat der Geschäftswelt der Stadt Eichstätt ganz beträchtlichen Nutzen gebracht und es werden schon jetzt ganz bedeutende Warenmengen von Eichstätt ins untere Altmühltal ausgeführt. Daß bei einer Verlängerung der Bahnlinie nach Beiln-

gries diese Warenausfuhr sich heben, die Anzahl der Käufer, die aus dem unteren Altmühltal nach Eichstätt kommen würden, sich steigern müßte, liegt auf der Hand. Aber auch für die Geschäftsleute der Märkte und Städtchen des unteren Altmühltales wäre beim Ausbau der Lokalbahn ein regerer Geschäftsverkehr und eine Erhöhung der Einnahmen die ganz selbstverständliche Folge. Die Bier-, die Zementindustrie und sonstige Geschäfte des unteren Altmühltales würden aus der neuen Verkehrsgelegenheit zweifellos großen Vorteil ziehen.

3. Was aber das Interesse der Rechtspflege anlangt, so ist ein nicht unerheblicher Bezirk des unteren Altmühltales und des Sulztales dem Landgerichtssprengel Eichstätt zugeteilt. Es ist nun für die Bewohner dieser Bezirke gegenwärtig mit nicht geringem Aufwand von Zeit und Geld verbunden, die verschiedenen Rechtsangelegenheiten beim Landgerichte Eichstätt zu erledigen und Parteien wie Zeugen müssen oft ein paar Tage opfern, um Landgerichtssachen betreiben zu können. Auch für die Rechtsanwälte des Landgerichts Eichstätt ist es gegenwärtig, zumal in den Wintermonaten, eine schwierige und zeitraubende Sache, amtsgerichtliche Termine oder Augenscheins- und Informationstermine im unteren Altmühltale wahrzunehmen. So erheischt es denn auch das Interesse einer billigen Rechtspflege, daß die Bahnverbindung Kinding-Beilngries sobald als nur möglich hergestellt werde.

4. Nicht blos die Justiz, auch ein Teil der Verwaltung, namentlich die Diözesanverwaltung, hat ein dringliches Interesse an der baldigsten Ausführung der projektierten Lokalbahn. Abgesehen nämlich davon, daß die Kompetenz des Bezirksamts Eichstätt bis nahe an die Tore von Beilngries reicht, ist jedenfalls die Verwaltung der Diözese Eichstätt ganz hervorragend daran interessiert, daß das mehrerwähnte Projekt alsbald verwirklicht werde. Schon der werdende Klerus hat ein lebhaftes Interesse an der alsbaldigen Herstellung der projektierten Bahn. Bildet doch Schloß Hirschberg bei Beilngries den ständigen Ferienaufenthalt sowohl für die Zöglinge des Bischöflichen Seminars Eichstätt als auch für die Angehörigen des hiesigen Lyzeums und es sind nicht blos so und so viele Studenten alljährlich nach Hirschberg zu transportieren, sondern auch ein ganz bedeu-

tendes Requisitorium für vielwöchentlichen Aufenthalt. Aber auch der fertige Klerus der Diözese ist lebhaft am Bahnbau interessiert. Nicht bloß zu Exerzitien, Pfarrkonkursen ec., auch zur Regelung persönlicher und seelsorglicher Angelegenheiten müssen gar viele Geistliche jahraus jahrein aus dem unteren Altmühltal zum Sitz der Diözese reisen, wie umgekehrt der Hochwürdigste Leiter der Diözese oft und oft hinauswandern soll in die dort gelegenen Teile der Diözese.

Nicht nur der Klerus aber, sondern auch die Laien der Diözese wollten, namentlich an den Hauptfesten der Diözesanheiligen und sonstigen hohen Kirchenfesten, zum Sitz der Kathedrale pilgern und das ist, solange die erstrebte Bahnverbindung nicht hergestellt wird, eine gar mühselige und zeitraubende Sache.

5. Aber auch das Interesse einer Reihe von Schulen erheischt die baldige Inangriffnahme der Lokalbahn Kinding-Beilngries. Eichstätt besitzt sehr erfreulicher Weise eine Menge von Lehranstalten, es hat außer dem schon angeführten Lyzeum auch ein Gymnasium, eine Lehrerbildungsanstalt, eine Realschule, eine landwirtschaftliche Winterschule, ein Englisches Fräulein-Institut mit vollständiger Anstalt zur Ausbildung von klösterlichen Lehrerinnen. Die Frequenz all dieser Lehranstalten würde gewinnen, wenn durch eine direkte Bahnverbindung mit dem unteren Altmühltale gesorgt würde, daß die Bewohner jenes Gebietes billiger und bequemer nach Eichstätt, den Sitz all dieser Anstalten, gelangen könnten. Nicht bloß jene Persönlichkeiten, welche die erwähnten Anstalten besuchen wollen, auch die Eltern und Angehörigen derselben haben das allerdringlichste Interesse daran, daß sie bequem und billig nach Eichstätt und von da wieder in ihre Heimat gelangen können.

So ist es denn eine ganze Reihe von wichtigen und berechtigten Interessen, welche durch den projektierten Bahnbau gefördert werden und welche die alsbaldige Inangriffnahme des Bahnbaues als eine zwingende Notwendigkeit erscheinen lassen.

Es ergibt sich aus all dem Dargelegten, daß jedenfalls der Personenverkehr auf der geplanten Lokalbahn ein sehr reger sein wird. Indes auch an einem regen und lebhaften Güterverkehr darf nicht gezweifelt werden. Längs des ganzen Altmühltales ziehen sich ja unabsehbare Waldungen hin, die ungeheure Holzmassen liefern, Holzmassen, welche auch an den Ludwigs-Kanal gebracht werden können, sobald einmal die Eisenbahnlücke Kinding-Beilngries ausgefüllt sein wird. Auch die Brauereien in Eichstätt und Beilngries, die Steinbrüche des Altmühltales, die Zementindustrie dieses Gebietes werden der Bahn Güter zuführen. Und es ist gar kein Zweifel, daß auch neue Industrien entstehen werden, wenn eine günstige Bahngelegenheit geschaffen ist. So liegt beispielsweise bei Grösdorf ein ehemaliges Glashüttenwerk mit einem großen Gebäudekomplex zur Zeit verlassen da. Die vorhandenen Gebäude werden sicher wieder einem industriellen Zwecke nutzbar gemacht, wenn durch eine ununterbrochene Bahnverbindung durch das ganze Altmühltal ein solches Unternehmen rentabler wird, wenn die Rohmaterialien billig herbeigeschafft, die fertigen Produkte bequem auf den Markt gebracht werden können.

So wird denn die neue Bahnverbindung reichen Segen in das Altmühltal bringen und das Hohe Staatsministerium wird sich den Dank der ganzen Bevölkerung des Altmühltales erwerben, wenn es die Bahnbaukosten ins Staatsbudget einstellen und den Bahnbau nach erfolgter Genehmigung durch den Hohen Landtag, an der gewiß nicht zu zweifeln ist, alsbald anordnen wird. Dieser Bahnbau ist viel vordringlicher als so und so viele neue Lokalbahnprojekte, weil es sich nicht so fast um eine neue Lokalbahnlinie als vielmehr um den endlichen Ausbau einer unvollendet gelassenen alten Lokalbahnstrecke handelt.

Die Kollegien der K. B. Stadt Eichstätt.
Der Stadtmagistrat:
gez. Mager, rechtsk. Bürgermeister.
Das Kollegium der
Gemeindebevollmächtigten:
gez. F. X. Lang, Vorstand."

Manches dargestellte Argument mag heute nur noch lächelnd übergangen werden und stellt bei genauer Analyse auch kein Votum für das Verkehrsmittel Eisenbahn dar. So wie Eichstätt müßten sich viele Gemeinden redlich um Gleisanschluß − und das seit Jahrzehnten. Unter dem Strich jedoch konnte kein Erfolg verbucht werden, denn die Stichbahnpolitik des Freiherrn von Crailsheim hatte zwar etliche Kritiker, wurde aber weitergeführt. Dabei zeigte sich gerade im Altmühltal das Manko des Stichbahngedankens überdeutlich, denn die das „Gleisdreieck" markierenden Orte Beilngries, Greding und Kinding hatten lediglich rund 10 km Entfernung zueinander. Es schien aber unendlich schwer, die Lösung realisieren zu wollen, die sich aus den Gegebenheiten förmlich aufdrängte. So ist es nicht verwunderlich, wenn 1904 das Beilngrieser Eisenbahnkomitee den Alleingang wagte und privat ein Eisenbahnprojekt ausarbeiten ließ. Unterstützung fand man anfangs durch Eichstätt, wenig später auch durch Kipfenberg. 1910 dann die große Überraschung. Der Ausbau der Strecke Eichstätt – Beilngries in Normalspur war beschlossene Sache. Ein Traum schien doch noch in Erfüllung zu gehen.

Der Erste Weltkrieg freilich verwies das Vorhaben nochmals in zeitliche Schranken. Nach dem Krieg waren Rollmaterial, Schienenanlage und technische Einrichtungen der Schmalspurbahn soweit abgewirtschaftet, daß sie unbedingt der Erneuerung bedurften; ein weiterer Grund, das Normalspurprojekt einer Entscheidung zuzuführen.

Selbst die Industrie sah ihre Chance, die Ertragslage verbessern zu können, wenn das eine oder andere Verkehrskonzept die Planungsphase verlassen würde. So beschwerte sich beispielsweise 1919 die Firma Mayer Laiblin & Co. (Wiesbaden) beim bayerischen Verkehrsministerium über die „außerordentliche Verzögerung beim Umladen der Holzmassen in Eichstätt von Schmalspur auf Normalspur". Als Problemlösung schlug man vor: „Einen Seitenstich des Ludwig-Donau-Main-Kanal nach Eichstätt zu führen. Heutzutage, wo die Kohlen so teuer und das Wagenmaterial so kanpp ist, wäre ein solcher Kanal von unschätzbarem Vorteil. Wenn es auch richtig ist, daß mit der Behebung des Wagenmangels dies wieder besser werden wird, so bleibt dennoch der Vorteil von schiffbaren Wasserstraßen nicht nur für den Handel und Gewerbe, sondern auch für die Allgemeinheit ein außerordentlich großer."

Wesentlich deutlicher noch im selben Jahr die Stellungnahme der Firma Pfleiderer, Heilbronn. Sie teilt der Stadt Eichstätt mit, daß ein großes Werk (Imprägnieranstalt) in Neumarkt/ Opf. sich im Aufbau befände und man für die Fortführung der Bahn in Normalspur bis Eichstätt nicht nur Interesse habe, sondern

dieses Projekt mit M 15 000,– unterstützen würde. Hintergrund für dieses Schreiben waren die ungeheueren Holzmassen im Raum Kinding und Kipfenberg, für deren Abtransport die Schmalspurbahn nicht die nötige Transportkapazität hatte. Außerdem mußte ja noch der Umweg über Treuchtlingen und Nürnberg nach Neumarkt/Opf. berücksichtigt werden.

Der Hinweis auf Umwege war für wirtschaftliche Belange durchaus von Gewicht, führte aber 1912 geradewegs in eine Sackgasse. Das Kgl. Bayer. Staatsministerium für Verkehrsangelegenheiten bezeichnete den durch Streckenergänzung möglich werdenden Nord-Süd-Durchgangsverkehr zwischen Neumarkt/Opf. und Eichstätt als Konkurrenz bzw. Abkürzung vorhandener Hauptstrecken und errechnete deren streckenbezogene Fehlbeträge. Letzteres erzeugte damals eine Welle der Entrüstung bei den Altmühltalgemeinden, deren wirtschaftliche Entwicklung nun scheinbar von Strecken abhängig war, welche weit außerhalb ihrer Lebenskreise waren.

Acht Jahre später spielte diese Sachlage keine Rolle mehr, denn als 1920 der Staatsvertrag zwischen der „ehemaligen" Kgl. Bayer. Staatsbahn und der neu gegründeten Reichsbahn erarbeitet wurde, war die normalspurige Verlängerung bis Beilngries einer der Vertragsbestandteile. Nach fast 100 Jahren war man nun dem Ziel einen entscheidenden Schritt nähergekommen.

Bedauerlicherweise beeinflußte gleich danach wieder ein „äußeres Ereignis" die Aktivitäten und verschob den Fertigstellungstermin auf einen unbestimmten Zeitpunkt. Durch Inflation bedingt wurde an der Strecke zwischen 1923 und 1927 nur sporadisch gearbeitet. Dafür machte man sich umso mehr Gedanken, ob die Strecke doch noch bis Hersbruck ausgebaut werden sollte. Ein zu diesem Zeitpunkt völlig deplazierter Vorschlag, denn die Staatsstraße zwischen Amberg und Ingolstadt, über Neumarkt und Beilngries, hatte seit 1879 einen nicht zu unterschätzenden Zuwachs. Sicherlich, der Hauptanteil an Verkehrsteilnehmern lag eindeutig bei Fuhrwerken und selbst die Kraftfahrzeuge kamen auf den schlechten Straßen nicht so recht voran. Das Verkehrsmittel Eisenbahn hatte also noch immer einen respektablen Zeitvorsprung. Warum aber Hersbruck und nicht

Amberg? Man hätte ja nur noch die Lücke Lauterhofen – Neumarkt/Opf. schließen müssen, denn seit dem 7. 12. 1903 fuhren auf der Nebenbahn Amberg – Lauterhofen die Züge. Mit relativ wenig Aufwand wäre dadurch eine bedeutsame Nord-Süd-Verbindung entstanden, die vorwiegend den mittelständischen Zentren genutzt hätte.

Als dann 1929 der Börsenkrach die Gemüter in Aufruhr versetzte, hatte man wenigstens einen Teilerfolg zu verbuchen. Am 5. November 1929 konnte ein Güterzugdienst zwischen Beilngries und Kinding eingerichtet werden. Personen- und Güterzüge fuhren dann ab 15. Mai 1930, nachdem das Teilstück Kinding – Kipfenberg umgespurt war. Zwei Jahre später erreichten die Bautrupps Eichstätt.

Die Umspurung selbst erfolgte in erwähnenswerter Art und Weise. Man benutzte, von wenigen Korrekturen abgesehen, die Trasse der Schmalspurbahn, entfernte stückweise die Gleise, verstärkte den Bahndamm und legte anschließend Gleisjoch für Gleisjoch der Normalspur. Das eingeschotterte Gleis erhielt abschließend noch eine dritte Schiene provisorisch aufgenagelt, so daß Züge der Schmalspurbahn und der Normalspur gemeinsam die Strecke benutzen konnten. Somit war sichergestellt, daß während der gesamten Umbauphase Züge der Schmalspurbahn planmäßig den Endpunkt Kinding erreichen konnten.

Am 15. Dezember 1932 war es soweit. Im Bahnhof Eichstätt-Stadt begegneten sich Schmalspur und Normalspur in einträchtigem Nebeneinander. Für die Fahrgäste hieß es nun hier umzusteigen, denn noch immer fuhren die Züge der Schmalspurbahn, wie zur Anfangszeit, zwischen Eichstätt-Stadt und Eichstätt-Bahnhof.

Zwei Jahre benötigte man für den Umbau der rund 30 km langen Strecke im Altmühltal, aber noch einmal dieselbe Zeitspanne sollte vergehen, bis auch normalspurig der Eichstätter Bahnhof angefahren werden konnte. Dafür hatte man auch ungleich größere Schwierigkeiten zu bewältigen. Die Normalspurstrecke erhielt eine abweichende Linienführung, ein Tunnel war zu bohren, ein Damm zu schütten und der Bahnhof Eichstätt auf die neuen Verkehrsaufgaben, mit mehr Gleisen und neuer Signaltechnik, vorzubereiten. Bis zum 6. Oktober 1934 blieb das Schmalspurgleis betriebsfähig erhalten, dann standen die „Signale" der Schmalspurbahn nach 49 Jahren Betriebszeit für immer auf Hp 0.

Aber noch ehe die abgestellten Schmalspurloks im Bahnhof Eichstätt Rost ansetzen konnten, gab es die ersten Disharmonien. 1933 beschwerte sich Beilngries über die Versetzung von 8 – 12 Bahnbeamten, wenn die neue Triebwagenhalle nicht dort errichtet würde. Diese Abstell- und Reparaturhalle wiederum hätte Symbolcharakter gehabt, wäre doch hier ein weiterer Beweis für Beilngries als Mittelpunkt des neuen Nebenbahnnetzes offenkundig geworden.

Die Reichsbahndirektion Nürnberg wies in ihrem Antwortschreiben die Vorwürfe zurück und stellte klar, daß Beilngries versäumt habe, gegen die neuen Fahrplanvorschläge rechtzeitig Einspruch zu erheben. Durch die grundsätzlich veränderte Fahrplangestaltung war es nun möglich, eine durchgehende Früh- und Spätverbindung von Nürnberg nach Eichstätt über Neumarkt/Opf. anzubieten. Dies hätte auch Vorteile für den Nahverkehr zwischen Nürnberg und Neumarkt/Opf., darüberhinaus könnten die Triebwagen in ihrem Heimat-Bw Nürnberg-Hbf. gewartet werden.

Damit der mit dieser Maßnahme verbundene Personalabbau in Beilngries nicht zu drastisch ausfällt, sei man gewillt, ein zweites Güterzugpaar (werktags nachmittags) einzulegen und die dafür benötigte Lok, incl. Personal, in Beilngries zu belassen.

EICHSTÄTT Stadt-BEILNGRIES
BAHNPOST
Z.-203 14.10.36

VT 66 im Altmühltal in den 30er Jahren.   Sammlung: G. Nowak.

Die Schmalspur von Eichstätt nach Kinding ist verschwunden und die Normalspurgleise liegen zwischen
Eichstätt Bhf und Beilngries.
BR 70 007 verläßt soeben den Bhf Eichstätt Stadt Richtung Beilngries.   Foto: E. Schörner.

Mit Volldampf auf's Abstellgleis

BR 98 844 vor einem Personenzug nach Herzogenaurach, verläßt soeben den Bahnhof Erlangen.

Foto: G. Nowak, 1952.

Die Querverbindung Eichstätt – Neumarkt/ Opf. war 1934 Schlußpunkt beim Bau von Haupt- und Nebenbahnen im Gebiet zwischen Bamberg und Kelheim. Somit empfiehlt sich dieses Ereignis zu einer Art Standortanalyse der drei Verkehrsmittel Kanal, Straße und Eisenbahn.

Der Ludwigs-Donau-Main-Kanal hatte zwar manches Hauptbahnprojekt der Frühzeit in Bayern zum Scheitern gebracht, verhindern konnte er den Durchbruch des noch jungen Verkehrsmittels nicht; weder regional, noch im großen Rahmen. Er war als internationaler Handelsweg ebenso zur Bedeutungslosigkeit degradiert, wie als lokaler Faktor. Sicherlich, die Idee einer länderüberschreitenden Handelsverbindung, so zukunftsweisend sie auch gewesen sein mag, scheiterte an technischen Gegebenheiten, genauer gesagt an systembedingten Mängeln. Nur bestimmte Lastkähne von entsprechender Breite und Tiefgang konnten den Kanal befuhren. Ein Umladen der Ware auf Donau- und Main-

schiffe war vorwiegend erforderlich. Zu den gravierenden Nachteilen, wie lange Transportzeit und geringes Ladevolumen der Kähne, gesellte sich noch das zeitraubende Umladen an den Endpunkten. Zwar kann man den Kanal durchaus als zur Realität gewordenen Vision einer europäischen Handelsbeziehung betrachten, seine technischen Daten hingegen setzten in jeder Hinsicht Grenzen, welche keinesfalls auf „Zukunft" ausgerichtet waren.

Gänzlich anders die Eisenbahn. Belächelte man früher die kleinen Güterwaggons und kurzen Züge, so zeigten die größer und stärker werdenden Lokomotiven, welche Reserven noch ausgelotet werden konnten. Im Einklang mit der technischen Entwicklung stieg die Transportmenge kontinuierlich bis zur 5400-Tonnen-Grenze. Diesbezüglich war es den kleinen Lastkähnen des Kanals verständlicherweise nicht möglich, mitzuhalten. Weitere Wettbewerbsvorteile der Eisenbahn waren gleiche Spurweite und Kupplungsmöglichkeiten in Europa, ein immer dichter werdendes Eisenbahnnetz sowie angemessene Transportzeiten. Nuc 12 Jahre nach Eröffnung des Kanals fuhren Züge von Nürnberg Richtung Bayreuth, Hof, Leipzig, Berlin, Dresden, Frankfurt/Main, Kiel, Innsbruck, Straßburg, Paris und Warschau sowie nach Dänemark, Holland, Belgien, Frankreich, Österreich und Italien.

Schickte sich die Eisenbahn an, ihr Netz immer dichter zu knüpfen, unterblieb eine Weiterentwicklunv vom Ludwigskanal zum Kanalsystem. Wasserstraßen mußten die ihnen zugedachte Funktion als „Warenlenker" und „Verteiler von Konsumv hscn"
von Anfang an der Eisenbahn überlassen.

Unabhängig von der tatsächlichen Entwicklung blieb der Konkurrenzgedanke noch lange existent. Selbst bei lokalen Berührungspunkten war noch um die Jahrhundertwende eine gewisse Rivalität zwischen den beiden Verkehrssystemen vorhanden, wie das Beispiel Wendelstein aufzeigt. Nicht ohne Grund fürchtete man, dem Schiffsverkehr zwischen Nürnberg und Wendelstein könnten Aufträge entzogen werden, käme das Bahngelände unmittelbar neben dem Hafen zur Ausführung. Als die Nebenbahn dann in Betrieb war, wurde aus der Befürchtung Wirklichkeit. Entscheidend war allerdings nicht die unmittelbare Nähe von Bahnhof und Kanalhafen, sondern die allgemein anerkannten Vorteile des Schienensystems zur damaligen Zeit.

Leider kam es selbst zu einem späteren Zeitpunkt weder in Wendelstein noch an anderen „Schiene-Ludwigskanal-Verknüpfungspunkten" zu einem sinnvollen und expansiven Miteinander. Allzusehr waren zum damaligen Zeitpunkt die Vorteile allein auf das Schienensystem fixiert, während man dem Kanal vornehmlich Desinteresse entgegenbrachte.

Wie auch immer, zur Jahrhundertwende kann weder von künstlich erzeugter noch von echter Rivalität zwischen Kanal und Bahn gesprochen werden. Ohne Zweifel war die Bahn Verkehrsträger Nummer 1; selbst gegenüber dem aufkommenden Individualverkehr. Denn noch 1880 sah die Verkehrsstatistik für eine willkürlich herausgegriffene Distriktstraße in Bayern so aus: an erster Stelle der Verkehrsbewegung standen Leiterwagen, Handkarren und Kleinvieh, erst dann folgten

Fuhrwerke, Kutschen und Großvieh. Schlechte Straßen, Pflasterzoll und technischer Entwicklungsstand der Straßenfahrzeuge sind die vorgegebenen Grenzwerte, an denen sich der Vorsprung der Eisenbahn messen ließ. Hinzu kam noch, daß die Bahn vielfältige Angebote hatte – auch in tariflicher Hinsicht – deutlich bessere Fahrzeiten und ein quasi-flächendeckendes Netz. Auch Nebenbahnen erfüllten dabei wesentliche Aufgaben, sie waren „Saugadern" für Hauptstrecken und in der Regel auf historisch gewachsene Handelsbeziehungen der ländlichen Bevölkerung abgestimmt. Letzteres war sogar politisch erwünscht, denn der bäuerliche Wirtschaftsraum sollte Entfaltungsmöglichkeiten erhalten. Ein Indiz dafür waren die Sonderzüge an Markttagen und zur Kirchweih, andererseits hatte die Landbevölkerung ein akzeptables Verkehrsmittel, um das Amtsgericht, das Rentamt oder das Bezirksamt zu besuchen.

Zwischen den beiden Weltkriegen gesellte sich noch ein weiterer, nicht minder wichtiger Faktor hinzu, der Ausflugsverkehr. Die „Städter" entdeckten ihre Vorliebe für das Ländliche und strömten in Scharen in Bier- und Gartenlokale, zu Kaffee und Kuchen sowie zu Tanz und Illumination. Eine Vielzahl der im Stadtarchiv Beilngries vorgefundenen Akten aus der Geschichte der dortigen Nebenbahn behandelt dieses Thema. Man überlegte nämlich, ob für die von Beilngries ausgehenden Strecken im Sonntags- oder Ausflugsverkehr Triebwagen besser geeignet wären als lokbespannte Züge. Wäre doch auf allen drei Strecken ein planmäßiger Pendelverkehr zwischen den Endpunkten Neumarkt/Opf., Dietfurt und Eichstätt während der Sonderzugpausen möglich gewesen.

Wie begehrt Ausflugsziele im Tal von Sulz und Altmühl waren, zeigt sich u. a. an der gewünschten Abstimmung mit Anschlußzügen von und nach Regensburg, Nürnberg oder Ingolstadt/München. Selbst die Stadt Fürth schaltete sich ein und forderte die Abfahrt von Sonderzügen ab Fürth-Hbf., damit auch deren Einwohner ohne große Umstände in den Genuß von Ausflugsfahrten kommen könnten.

Bis zum Ausbruch des Zweiten Weltkrieges war die Eisenbahn also ein begehrtes Verkehrsmittel. Egal, ob im Regel- oder Sonderzugdienst, die Bahn erfüllte manch persönlichen Reisewunsch. Kaum ein Reisender dürfte sich jedoch Gedanken gemacht haben, ob die eine oder andere Strecke „falsch projektiert" sei. Bei einer Fülle von Fahrzielen und Fahrmöglichkeiten stand diese Frage allgemein auch gar nicht zur Debatte. Ganz anders die Verhältnisse nach dem Zweiten Weltkrieg. Hatten sich die Bimmelbahnen noch bei vielen Hamsterfahrten bewährt, wurden sie mit aufkommendem Individualverkehr lästig. Die innere Einstellung der Reisenden zum schienengebundenen Verkehrsmittel änderte sich deutlich mit der Möglichkeit, ein eigenes Auto zu besitzen. Nach wenigen Jahrzehnten verschoben sich wieder einmal die äußeren Umstände bei der Wahl des Verkehrsmittels, was dazu führte, daß zwei Unzulänglichkeiten der Vergangenheit deutlich ihre Auswirkungen offenbarten:

— die billige Trassierung
— die „falsche Richtung".

Was die billige Bauweise angeht, so ist dieser Begriff nicht neu. Er galt bereits vor der Jahrhundertwende bei Projektierung von Nebenbahnen, war aber gekoppelt mit einer wesentlichen Zielsetzung. Die Transportkosten für Güter auf der Nebenbahn mußten 25% niedriger sein als bei Benutzung von Fuhrwerken; überdies hatten die Waren noch schneller ihr Ziel zu erreichen. Konkurrenz erwuchs nämlich der Landwirtschaft damals durch das Ausland. Eisenbahnschienen waren nun bis in die Seehäfen vorgerückt und von dort erfolgte die Güterverteilung ins Binnenland. Plötzlich waren ausländisches Getreide und fremde Landwirtschaftsprodukte preiswert auf den Märkten. Man sah sich gezwungen, der eigenen Landbevölkerung bessere Absatzchancen zu bieten. All diese Faktoren fanden ihren Niederschlag in der von Dr. Schuh — Bürgermeister von Erlangen — verfaßten „Denkschrift über Sekundärbahnen". Billige Bauweise bedeutete für ihn konkret eine Art Straßenbahn von Ort zu Ort, mit einer Linienführung, die möglichst viele Dörfer berührte. Nur wenn es die Höhenunterschiede der zu durchfahrenden Landschaft erforderlich machten, sollte auf eigenem Damm oder Brücken das Hindernis genommen werden.

Billige Bauweise indessen bezog sich nicht nur auf die Strecke, Dr. Schuh verzichtete auf Bahnhofsgebäude und schlug vor, Fahrkarten in bestimmten Gaststätten zu verkaufen. Für ihn waren Sekundärbahnen ein rein lokaler Faktor mit dem Vorteil, Transportkosten zu reduzieren, die Kommunikation zu fördern und der Möglichkeit, auch im ländlichen Raum Industrie anzusiedeln. Selbstverständlich plädierte Dr. Schuh für die Dampfkraft, denn sie war bereits wirtschaftlicher als der „Haferexpreß". Für die damalige Bevölkerung bedeutete der Umstieg von Fuhrwerk und Kutsche auf den Zug einen gewaltigen Fortschritt, wobei es zweitrangig blieb, wie die Strecke gebaut war.

In dem vom alten Kanal berührten Gebiet gab es zwei Nebenbahnen, welche vorwiegend den Verkehrsraum der Straße mitbenutzen. Die Schmalspurbahn Eichstätt-Bahnhof – Eichstätt-Stadt – Kinding und die Nebenbahn Erlangen – Eschenau (– Gräfenberg). Auch die Gleise für die Strecke Neumarkt/Opf. – Beilngries hätten ursprünglich in der Straßenebene verlegt werden sollen. Nach langem Hin und Her sah man jedoch davon ab, hingegen lösten sich die Projektanten nur widerwillig von diesem Gedanken, was die vielen Bahnübergänge zeigten.

Lag den genannten Strecken auch dieselbe Charakteristik zugrunde, ihr weiteres Schicksal war doch — scheinbar — individuell verschieden. Zum Symbol fränkischer Nebenbahnen mit Straßenbahnflair geworden, mußte die Seku zwischen Erlangen und Eschenau 1963 dem Individualverkehr weichen — ohne daß sich zwischenzeitlich das geringste an der Linienführung geändert hätte. Ein Los, das der „Eichstätter Schmalspur-Straßenbahn" vorerst erspart blieb. Durch Umbau auf Normalspur, Verlängerung bis Beilngries und veränderte Linienführung war die Wesensart einer „Straßenbahn" zu Beginn der Dreißiger Jahre nicht mehr gegeben. Nebenbei hatte man noch der früheren Stichbahnpolitik ein Schnippchen geschlagen und letztendlich doch eine durchgehende Verbindung zwischen zwei Hauptstrecken hergestellt.

Die Verknüpfung von Nebenbahn-Endpunkten und Schaffung einer zweitrangigen Durchgangsstrecke konnte konsequenterweise nur der Landbevölkerung dienen. Eine größere Akzeptanz blieb ihr verwehrt, zeigte doch bereits 1910 die Statistik einen deutlichen Anstieg im Straßenverkehr zwischen Amberg, Neumarkt/Opf. und Ingolstadt. Eine Verbindung von Neumarkt/Opf. nach Eich-

„Straßenbahn" in
Brand.
Foto: Dr. H. Dillmann,
15. 04. 1961.

stätt war lediglich der Tradition verpflichtet,
zum Entstehungszeitpunkt jedoch schon im
Ansatz falsch. Richtig gewesen wäre eine
Bahnlinie von Neumarkt/Opf. nach Ingolstadt
über Beilngries, Dietfurt, Riedenburg.

Die Antwort auf veraltete Ideen und eine
vorgegebene Verkehrsströme mißachtende
Politik kam prompt nach dem Zweiten Weltkrieg und hieß Stillegung in Etappen. Die erste
Teilstillegung erfolgte 1955 zwischen Kipfenberg und Beilngries, 5 Jahre später kam es zur
Einstellung des Personenverkehrs zwischen
Eichstätt und Kipfenberg; 1970 dann die
Gesamtstillegung zwischen Eichstätt und
Beilngries. 1967 wurden die Schienen zwischen Dietfurt und Beilngries entfernt, zwischen Greißelbach und Beilngries schlußendlich im Jahre 1989.

Auf dem noch verbliebenen Rest zwischen
Eichstätt-Stadt und Eichstätt-Bahnhof versucht die DB mit modernen Triebwagen,
kurzen Fahrzeiten und dichtem Fahrplan die
Schwachstellen der Vergangenheit dem Fahrgast von heute erträglich zu gestalten. Der
Zubringerdienst selbst rechnet sich wahrlich
nicht, es war eben ein planerisches Manko,
Eichstätt bei Trassierung der Hauptstrecken
München – Ingolstadt – Treuchtlingen „links
liegen zu lassen".

Nicht immer aber lag der Makel in der Vergangenheit begründet. Waren nämlich erst
einmal die Hamsterfahrten nach dem Zweiten
Weltkrieg vorbei, führte schlagartig eine neue
Gruppe Reisender die Statistik an: die Pendler.

Untrennbar damit verbunden sind Begriffe
wie: „wirtschaftlicher Aufschwung, Vollbe-
schäftigung, rauchende Schlote oder Konsum-

welle". Die ländliche Struktur rings um die
Städte zeigte sich als Arbeitskräftereservoir.
Andererseits hatten die Nebenbahnen als
Instrumentarium und Chance der Industrie-
ansiedlung offensichtlich versagt, denn, wie
eine Kompaßnadel drehten die Pendler erst
einmal die Fahrtrichtung im Tagesrhythmus
um. Morgens ging es Richtung Stadt, nach
Dienstschluß wieder zurück. Auf ihre Bedürf-
nisse hin waren die Fahrpläne zuzuschneiden.
Sie respektierten andererseits abgelegene
Bahnhöfe, lange Fahrzeiten und nahmen
Umsteigeforderungen als gegeben hin.

Mit aufkommendem Individualverkehr
und verbesserten Straßenverhältnissen zeigten sie aber mehr und mehr der Bahn die kalte
Schulter. Wie es dann zu Wettbewerbsverzer-
rungen kam, soll nun am Beispiel der Wendelsteiner Bahn erläutert werden. Des besseren
Verständnisses wegen vorausgestellt werden
muß aber der Hinweis, daß sich der wirtschaftliche Aufschwung in Nürnberg auf den Süden
der Stadt konzentrierte. Nicht weit davon entfernt – genau 14 km bis zur Ortsmitte –
befindet sich der Marktflecken Wendelstein.

Wie sah nun der morgendliche Weg der
Pendler hier aus? Zu Fuß oder mit dem Fahr-
rad zum abseits des Ortskerns gelegenen
Bahnhof; mit dem Bummelzug nach Feucht;
dort umsteigen in den Eil- oder Nahverkehrszug nach Nürnberg-Hbf.; wieder zu Fuß
zu den Haltestellen der Straßenbahn und mit
dem öffentlichen Nahverkehr in die Nähe der
Arbeitsstelle. Von dort meist nochmal ein
10-minütiger Fußmarsch zu den Werkshallen.
Aus einer 14-km-Distanz wurde so ein 21-km-
(Um-)Weg. Verständlicherweise lösten die
Pendler mit aufkommendem Individualver-

kehr das Umwegproblem auf ihre Weise. Viele sattelten von „Schusters Rappen" und Bummelzug auf Kleinkraftrad, Roller oder Auto um. Darüber hinaus organisierten die Firmen Buszubringerdienste mit den Vorteilen der Abholung im Ortskern bzw. am Werkstor. 1955 gar wurden zwei direkte Bahnbuslinien eingeführt, welche die Reisezeit von 35 Minuten (mit dem Zug) auf 21 Minuten – bis Nürnberg-Hbf. – reduzierten. Unter diesen Aspekten hatte das Zugangebot keine Chance mehr und am 22. Mai 1955 war letzter Betriebstag für den Personenverkehr zwischen Feucht und Wendelstein.

Greding und Schlüsselfeld, wie Wendelstein auch, an Autobahnen gelegen, konnten zwar den Personenverkehr noch etwas länger an sich binden, aber irgendwann kam dann auch hier endgültig das Aus. Letztendlich ist das Stillegungsdatum einer Nebenbahn absolut nebensächlich, denn jahrelang vorher fuhren meist nur „Geisterzüge" durch die Landschaft. Im Falle der Ebracher Bahn fuhr der Früh- und Abendzug über Jahre hinweg lediglich einen einzigen Pendler von und nach Bamberg.

Mit dem schrittweisen aber konsequenten Ausbau des Straßen- und Autobahnnetzes war es nun möglich, wirklich flächendeckende Verkehrswünsche zu erfüllen und so präsentiert sich das Eisenbahnnetz zwischen Bamberg und Kelheim derzeit wie anno 1874.

Dort, wo 1990 noch der alte Lokschuppen in Beilngries stand, wird schon bald eine Umgehungsstraße existieren. Foto: M. Bräunlein, 24. 08. 1990.

Der Bahnhof Allersberg nach dem „Rückzug der Schiene aus der Fläche". Foto: F. Jäger, 21. 04. 1974.

Stillegungsdaten fränkischer Nebenbahnen zwischen Bamberg und Kelheim

Personenverkehr eingestellt am:	Gesamtverkehr eingestellt am:	Strecke:	Bemerkungen:
22. 05. 55	01. 02. 60	Feucht − Wendelstein	Streckenabbau: Sommer 1960
02. 10. 55	03. 06. 70	Kipfenberg − Beilngries	Teilstrecke der Nebenbahn Eichstätt − Beilngries
29. 05. 60	01. 10. 70	Kipfenberg − Eichstätt	Teilstrecke der Nebenbahn Eichstätt − Beilngries
18. 07. 60	31. 12. 77	Greißelbach − Freystadt	Streckenabbau Juni 1978
28. 05. 61		(Bamberg −) Strullendorf − Frenzdorf − Ebrach	Güterverkehr besteht noch
	19. 06. 61	Neunkirchen − Eschenau	Teilstrecken der Nebenbahn Erlangen − Eschenau − Gräfenberg
18. 02. 63	31. 12. 63	Erlangen − Neunkirchen	Streckenabbau: April 1964
01. 02. 66		Amberg − Schmidmühlen	Güterverkehr bis: Schmidmühlen: Mai 86 Vilshofen: 04. 02. 88 Streckenrückbau Vilshofen − Schmidmühlen: 15.−25. 09. 86 Amberg − Vilshofen: 31. 05.− 14. 10. 88
	28. 05. 67	Beilngries − Dietfurt	Gleisabbau: Juli 1967
01. 03. 67	31. 12. 85	Sinzing − Alling	Gleisabbau: November 1968
28. 09. 69		Georgensgmünd − Spalt	Güterverkehr besteht noch
	28. 05. 72	Thalmässing − Greding	Teilstrecke der Nebenbahn Roth − Greding
28. 05. 71		Ingolstadt − Riedenburg	Güterverkehr Riedenburg − Altmannstein eingestellt am 30. 09. 73; Streckenrückbau für dieses Teilstück 1974
	03. 06. 73	Burgthann − Allersberg	Streckenabbau: Frühjahr 1974
29. 09. 74		Hilpoltstein − Thalmässing	Teilstrecke der Nebenbahn Roth − Greding Güterverkehr besteht noch
22. 05. 77		Strullendorf − Schlüsselfeld	Güterverkehr besteht noch
29. 09. 84		Erlangen − Bruck − Herzogenaurach	Strecke bis zum Kraftwerk am Rhein-Main-Donau-Kanal elektrifiziert
29. 09. 84		Forchheim − Höchstadt (Aisch)	Güterverkehr besteht noch; Durchführung von Sonderfahrten
26. 09. 87		Neumarkt/Opf. − Beilngries	Gleisabbau: − im alten Bahnhof Beilngries: 20. 02.−02. 03. 89 − Beilngries − Berching − Greißelbach: 28. 08. 89−07. 11. 89

Untrennbar mit der Freystädter Nebenbahn verbunden sind Lokomotiven der BR 98. BR 98 507 vor der Abfahrt nach Greißelbach.   Sammlung: K. Westermeier.

BR 98 550 mit Güterzug auf der Fahrt nach Freystadt.   Foto: G. Turnwald, 1954.

Peter Prem

Erinnerungen an das Freystadter Bockerl

Als ich die winzige Lok der mir bis dahin unbekannten Baureihe 98$^{4-5}$ erstmals in meiner Lehrzeit (1945–1948) im Bw Nürnberg-Rbf erblickte, dachte ich mir in Anbetracht der viel wuchtigeren Loks der BR 44: „Mit so einem Spielzeug möchte ich später einmal nichts zu tun haben." Doch einige Jahre danach, ich war inzwischen Lokheizer, hatte ich gar nichts dagegen, von der kohlefressenden BR 44 verschont zu werden und hin und wieder vom Lok-Leiter einen Dienst auf der erholsamen D XI im Streckendienst Neumarkt/Opf. – Freystadt zu erhalten. Doch solche Dienste waren selten, hatte doch der Lokbahnhof Neumarkt/Opf. – als Außenstelle des Bw Nbg-Rbf – sein eigenes Stammpersonal. Wenn allerdings durch Urlaub oder Krankheit Ersatz benötigt wurde, sprang Personal vom Bw Nbg-Rbf ein; selbstverständlich auch, wenn das Freystädter Bockerl zum 14-tägigen „Waschtag" (Kesselstein auswaschen und Revision der Lok) ins Heimat-Bw überführt werden mußte. Als Ersatzlok für die etwa zwei Tage dauernde Reparatur brachten wir eine Lok der BR 86 nach Neumarkt/Opf. und fuhren mit der BR 98 507 zurück.

Auf diese Fahrten „freuten" sich besonders die Linien-Fahrdienstleiter der Hauptstrecke Regensburg – Nürnberg im Abschnitt Neumarkt/Opf. – Fischbach. Mit einer Höchstgeschwindigkeit von 45 km/h waren wir verständlicherweise kein gern gesehener Gast, benötigten wir doch für solch einen Dienst mit Hin- und Rückfahrt oft bis zu 6 Stunden. Wir verbrachten manchmal mehr Zeit in den Überholgleisen der Bahnhöfe Postbauer, Ochenbruck und Feucht als auf der freien Strecke.

Doch jetzt bin ich etwas vorausgeeilt, denn meine erste praktische Tuchfühlung hatte ich als Dreher, etwa 1950 in der Werkstatt des Bw. Kesselschmied Hörauf mußte an dieser Lok gerissene Stehbolzen auswechseln, das sind Versteifungsbolzen zwischen Feuerbüchse und Stehkessel. Diese waren durch Kesseldruck ständig auf Zerreißen gespannt und gaben oft „ihren Geist auf". Durch Heraus-spritzen von Kesselwasser im hohlgebohrten Stehbolzen war der defekte leicht unter den hunderten von Bolzen auszumachen. Waren mehr als 3 Bolzen nebeneinander gerissen, mußte man eine Kesselexplosion befürchten, weshalb das Heer der Kesselschmiede ständig Stehbolzen auswechselte.

Diese Arbeit ist schon bei üblichen Dampfloks schwierig, weil man durch das schmale Feuerloch in die Feuerbüchse kriechen muß. Bei dieser kleinen Lok kam noch hinzu, daß man nur von unten, durch den Aschekasten, in die Feuerbüchse gelangen konnte. So blieb dem armen Kesselschmied bei der kleinen Rostfläche von lediglich 1,32 m × 1 m wenig Platz, um mit dem Druckluftbohrer defekte Stehbolzen herauszubohren, Gewindereste auszustemmen und die neuen Bolzen einzupassen.

Gerade dieses Einpassen war schwierig, weil fast jeder von mir aus Kupfer gedrehte Stehbolzen einen anderen Gewindedurchmesser benötigte. Nachdem die Lok schon fast 40 Jahre auf dem Buckel hatte, wurde jedes Mal beim Herausmeißeln das Innengewinde im Kessel beschädigt, so daß aus Sicherheitsgründen die Gewinde mit einem verstellbaren Gewinde vorher neu geschnitten werden mußten. Der ursprünglich gleiche Durchmesser aller Stehbolzen und ihrer Bohrungen im Kessel ließ sich daher nicht beibehalten. In Ermangelung entsprechender Gewindelehren hatten der Kesselschmied und ich einige Tage zu arbeiten, um die individuellen Stehbolzen auf der Drehbank herzustellen und in die Feuerbüchse einzupassen.

Mir tat nur der arme Kerl leid, denn immer wieder mußte er sich in die kleine Feuerbüchse zwingen, um die Bolzengewinde zu probieren, bis sie nach mehrmaligem Abdrehen um jeweils Zehntelmillimeter endlich paßten.

Wie schnell gingen diese Arbeiten dagegen bei den Einheitsloks vor sich. Innerhalb weniger Stunden waren die genormten, gewindelosen Stehbolzen eingeschweißt.

Als ich dann im Jahre 1953, zunächst für 3 Jahre als Heizer, in den Lokfahrdienst kam, lernhs ich dieses Bockerl näher kennen. Sehr zu schaffen machte mir die tiefe Lage der Feuertür, da ich mich als „Langer" zum Feuern fast niederknien mußte. Ungewohnt war auch der Schmierapparat der Bauart De Limon Fluhme für die Zylinderschmierung. Auf der Heizerschule hatte ich wohl gelernt, daß es solch altmodische Apparate noch geben soll, doch ich glaubte es nicht. Alle anderen Loks hatten Schmierpressen, meistens Bauart Bosch. Da brauchte man nur das benötigte Heißdampföl hineinzuschütten und hatte anschließend etwa 200 km seine Ruhe. Den Transport des Öls zu den Schmierstellen am Zylinder besorgte problemlos ein Achsantrieb. Ganz anders war es am Freystädter Bockerl. Dieser „De Limon" arbeitete mit Kesseldampf. Zum Füllen des Ölbehälters mit Naßdampföl mußte zuerst der Dampfzufluß abgesperrt und der Behälter vom Kondenswasser befreit werden. Vergaß man dies, flog einem beim Aufschrauben der Verschlußstopfen um die Ohren und der Führerstand war in Dampf gehüllt. Hatte man diese Hürde glücklich genommen, so wurde nach dem Füllen mit Öl wieder Kesseldampf in den Schmierapparat eingelassen. Beim Abfahren mußte dann noch die Ölförderung mit 2 Dampfhähnen separat für jeden Zylinder eingestellt werden. Dabei hatte man durch 2 verschmutzte, kleine Schaugläser die Menge der geförderten Öltropfen zu beobachten. 3–6 Tropfen pro Minute lautete die Vorschrift. Bis man aber diese Fördermenge endlich eingestellt hatte, war schon der nächste Bahnhof erreicht und schließlich verlangte auch die Feuerbüchse wieder frische Kohlen.

Bei längerem Aufenthalt mußte, um Öl zu sparen, der Schmierapparat abgestellt werden, und beim Weiterfahren begann die Prozedur von neuem. So klein und genügsam die Lok auch war, als Heizer hatte man keine Langeweile.

Eine Rarität an der Lok war auch die Bremseinrichtung, wurde doch nur die 1. und 2. Treibachse durch Bremsklötze abgebremst. Für die 3. Treibachse wurden die Bremskräfte durch die Kuppelstangen übertragen, was starkes Ausschlagen der mit Weißmetall ausgegossenen Kuppelstangenlager verursachte. Andererseits war die Radreifenabnützung, durch die unglücklich gewählte Bremsklotz-

anordnung, verständlicherweise an den Achsen 1 und 2 größer als bei der ungebremsten Achse 3. Da aber gekuppelte Achsen zwangsläufig gleiche Umdrehungen machen müssen und die Kuppelstangen wegen ungleicher Raddurchmesser auch in diesem Fall über Gebühr beansprucht wurden, muß der Radsatz 3 öfters durch Nachdrehen auf gleiches Maß gebracht werden.

Eine Besonderheit war auch die Druckluftausrüstung der Westinghouse-Bremse; eine für zentimetergenaues Fahren völlig unzureichende Bremseinrichtung. Immer dann, wenn genaues Rangieren erforderlich war, z. B. bei Fahrt in den Lokschuppen, an die Bekohlung, an den Wasserkran, beim Umsetzen der Lok, Verschieben von Waggons, Heranfahren an den Zug usw., hatte der Heizer keinesfalls Pause. Er übernahm die Arbeit des Bremsers und hatte seinen Platz an der Wurfhebel-Handbremse. Dabei war einiges Gefühl erforderlich, um die Lok an der richtigen Stelle mit dem Gewichtshebel zum Halten zu bringen. Der Lokführer bediente in solchen Fällen nur den Regler, wie anno 1835 auf dem „Adler". Um Dampf und somit auch Kohlen zu sparen (wegen der Kohleprämie) wurde die Luftpumpe bei solchen Fahrten immer zugedreht. Eine heute unglaubliche Angelegenheit, wenn man bedenkt, daß bei allen anderen Baureihen die Luftpumpe vom Dienstbeginn bis zum Ende dauernd in Betrieb sein mußte, um jederzeit mit Druckluft bremsbereit zu sein, da die Handbremse nur als Feststellbremse zum Abstellen der Lok bei Dienstende benötigt wurde. Damit der Lokführer das Wiederaufdrehen des Dampfventils für die Luftpumpe bei Fahrt mit dem Zug nicht vergaß, welches schlimme Folgen gehabt hätte, war das knallende Auspuffgeräusch des Luftpumpen-Abdampfes eine gute Gedächtnisstütze. Es mußte immer hörbar sein, wenn man mit Druckluft bremsen wollte. Dieses typische Auspuffgeräusch war allen Loks der Frühzeit, aber auch den sog. Kriegsloks eigen, welche nicht über einen Speisewasservorwärmer verfügten, der den Abdampf lautlos aufnahm.

Da die Riggenbach-Gegendruckbremse im Bremsbetrieb ein ähnliches Geräusch am senkrechten Auspuffrohr (neben dem Kamin), erzeugte, ist vermutlich die falsche Annahme in der Literatur zu erklären, die Lok sei zusätzlich mit einer Gegendruckbremse ausgerüstet gewesen.

BR 98 507, kurz vor Einfahrt in den Bahnhof Greißelbach, am 01. 05. 1955.   Foto: G. Turnwald.

BR 98 507 östlich von Freystadt, auf dem Weg nach Greißelbach.   Foto: G. Turnwald, Oktober 1958.

Für Lokalbahn-Lokomotiven war zum Verstellen der Steuerung ein Handhebel mit Rastenverstellung üblich. Doch diese hier von mir beschriebene Lokomotiv-Gattung hatte eine Steuerkurbel mit Gewindespindel und einen schönen kugeligen Griff zum Feststellen – so elegant wie eine Schnellzuglok. Den Vorteil wußten die Lokführer zu schätzen, lag er doch darin, die Zylinderfüllung auch bei voll geöffnetem Regler gegen den starken Widerstand des Flachschiebers, wegen der günstigen Übersetzung, mühelos verändern zu können. Bei Lokomotiven mit Handhebelsteuerung, wie z. B. die bayerische R 3/3 (DR/DB–BR 89[6–8]) mußte dagegen der Regler immer zurückgenommen werden, wenn man die Zylinderfüllung verändern wollte. Andernfalls wurde einem der Handhebel infolge des unter Dampfdruck schwergängigen Flachschiebers beim Ausrasten sofort aus der Hand gerissen.

Mit 4,3 cbm Wasservorrat in den Wasserkästen war die Lok nicht üppig ausgerüstet. Schlimm wurde es daher für mich, als blutigen Anfänger, an einem Sommertag. Ich war dem Lokführer „Käs-Krauss" zugeteilt (seine Frau hatte einen Käseladen in Fürth). Wir hatten einige Pendelfahrten zwischen Freystadt und Greißelbach auszuführen und zwischendurch eine längere Pause in Greißelbach. Letztgenannter Ort hatte jedoch keinen Wasserkran. Der Lokführer machte mich hierauf aufmerksam und meinte außerdem, ich sollte bei der letzten Fahrt vor der Pause das Feuer gering halten, damit die Lok während der Standzeit auf keinen Fall zum Abblasen der Sicherheitsventile kommt. Nachdem aber die Strecke steigungsreich war und es für einen jungen Lokführeranwärter nichts Schlimmeres gab, als wegen zu wenig Feuer und damit Dampfmangels auf der Strecke „a Ständerle" zu machen, nahm ich die Anweisung nicht so ernst. Vielmehr legte ich feste Kohlen nach, um den bei dieser Lok sowieso niedrigen Kesselhöchstdruck von 12 Atmosphären zu halten. Aber falscher Ehrgeiz schadet nur – das Feuer war für die Pause entschieden zuviel. Die Sicherheitsventile bliesen dauernd überschüssigen Dampf ab, wodurch allmählich der Wasserstand im Kessel sank. Um den Wasserverlust im Kessel zu ersetzen, mußte ich von Zeit zu Zeit mit dem Injektor das Wasser aus den Wasserkästen in den Kessel pumpen, bis unser Vorrat fast erschöpft war. In unserer Not schritten wir zu einer sicherlich einmaligen Methode, die ich nie vergessen werde. Unser Glück war ein Bahnbediensteter in seinem neben dem Greißelbacher Bahnhof gelegenen Garten. Er stellte uns einen Eimer und seine Handpumpe zur Verfügung. Fast unsere gesamte Pause verbrachten wir damit, etwa 30 mal den Eimer voll Wasser zu pumpen, vom Garten zur Lok zu tragen und in den seitlichen Wasserkasten zu schütten. Damit hatten wir genug Wasservorrat für die Fahrt nach Freystadt und dort ging es sofort an den ersehnten Wasserkran.

Zu seiner Zeit absolut fortschrittlich war auch das sog. Krauss-Helmholtz-Gestell, welches bereits bei den Vorgängertypen D VIII und D X Verwendung fand. Es handelt sich, vereinfacht ausgedrückt, um eine drehbare Deichselverbindung zwischen der Laufachse und der benachbarten Treibachse. Dazu muß ich jedoch etwas weiter ausholen. Die bis zu diesem Zeitpunkt vorhandenen seitenverschiebbaren Laufachsen (sofern sie nach Bauart Adam, Bissel oder amerikanisches Drehgestell waren) trugen nicht zum ruhigen Lauf der Lokomotiven bei. Sie waren in erster Linie dazu da, Lokgewicht zu übernehmen, damit der vorgeschriebene Achsdruck nicht überschritten wurde. Beim Geradeaus-Lauf schlingerten diese einzelnen Laufachsen, je nach Spurmaß, mehr oder minder seitlich hin und her. Beim Einlauf in die Kurve verschoben sie sich zwar seitlich, ohne aber Führungskräfte auf den Lokrahmen zu übertragen. Die Lok fuhr aber zunächst noch geradeaus weiter; erst der Anlauf des Spurkranzes vom nachfolgenden, festgelegten Treibrad an der Schienenkante, lenkte die Lok verhältnismäßig ruckartig in die Krümmung ein. Durch die schlagartige Ablenkung in den Überhang der Lok übersteuerte der Radsatz, in dem der Spurkranz kurzseitig an der Kurveninnenschiene hoch anlief. Je nach Geschwindigkeit und Krümmungsradius wiederholte sich das Spiel einige Male, bis sich die Lok stabilisierte und der vorgegebenen Kurve folgte. Starke Spurkranz- und Schienenabnützung, sowie eine Lockerung der Schienenbefestigung waren die Folge. Dieses Problem erkannte Richard von Helmholtz und die Lokfabrik Krauß entschloß sich, nach seinen Kurvenlaufstudien das neue Laufgestell zu bauen.

Der große Vorteil des Krauß-Helmholtz-Gestells lag hauptsächlich in seiner idealen

Führungseigenschaft beim Kurvenlauf. Selbst beim Geradeaus-Lauf war der Lauf schon ruhiger, weil die eigenwilligen Bewegungen der Laufachse durch das Deichselgestell gedämpft waren. Beim Einlauf in die Krümmung verdrehte darüberhinaus die Laufachse die Deichsel radial um ihren Drehpunkt. Andererseits stützte sich das Deichselende am Lagerkasten der benachbarten, verschiebbaren Treibachse ab, wobei durch eine Richtungskraft über den Drehzapfen auf den Lokrahmen in Richtung Kurveninnenseite erfolgte. Die Lok wurde somit konsequent in die Kurve eingelenkt, bevor die Treibachse mit ihrem Spurkranz an der Kurvenaußenschiene anlief. Auch bei schlechter Gleislage ergab sich somit ein weicher Kurveneinlauf.

Obwohl unsere D XI noch keinen gefederten Drehzapfen kannte, lief sie elegant in die Kurven hinein, allerdings nur bei Rückwärtsfahrt, wegen der unsymmetrischen Achsanordnung von C 1.

Mit 139 Lokomotiven bildeten diese kleinen Maschinen die größte Gruppe unter den bayerischen Lokalbahnlokomotiven und waren in nahezu allen Bw's anzutreffen. Beispielsweise hatte das Bw Nbg.-Rbf. im Jahre 1935 folgende 6 Maschinen:
BR 98 438, 446, 493, 494, 498 und 512.

Im Jahre 1939 waren es noch 3: BR 98 494, 498 und 512. 1951 waren es dann 4, allerdings nur eine betriebsfähig. Ab 1953 verblieb nur noch betriebsfähig die BR 98 507.

Als letzte Maschine mußte das Freystädter Bockerl, die BR 98 507, im Oktober 1960 ihren Dienst beenden. Nach äußerlicher Aufarbeitung im Ausbesserungswerk Ingolstadt steht sie heute als Denkmal neben dem Ingolstädter Hauptbahnhof. Um sie möglichst stilecht darzustellen, hat man hier den nachträglich angebauten Turbodynamo für die elektrische Beleuchtung abgenommen, ohne die elektrischen Stirnlampen durch Petroleumlampen zu ersetzen. Ein kleiner Stilbruch, den nur der Fachmann erkennt.

Wenn es mir meine Pausen im späteren Fahrdienst auf elektrischen Lokomotiven ermöglichten, stand ich manchmal in Erinnerung schwelgend vor dem Lok-Denkmal in Ingolstadt. Dabei fragte ich mich, warum man bisher immer nur über die großen Dampflokomotiven berichtet und solchen unscheinbaren Zugpferden kaum Beachtung schenkt.

Denkmallok BR 98 507 vor dem Ingolstädter Hauptbahnhof.   Foto: M. Bräunlein, 1989.

Auf dem Kessel: Lokführer Müller (1952 im Bahnhof Freystadt). Foto: S. Voigt

Denkmallok vor dem Ingolstädter Hauptbahnhof. Foto: M. Bräunlein, 17. 06. 1988.

Allersberger Doppelkopf

In der Regel haben Stichbahnen zwei definierte Endpunkte, die Allersberger Nebenbahn leistete sich deren fünf. Außer dem Endbahnhof Allersberg lagen alle anderen – wie Perlen einer Kette – hintereinander an der Hauptstrecke Regensburg – Nürnberg: Rübleinshof/Burgthann, Ochenbruck, Feucht und Nürnberg-Hbf. Eine derart hohe Zahl ist möglicherweise auch Ausdruck der Suche nach Identität, zumal betriebliche Gründe nicht immer mit den Wünschen der Fahrgäste harmonieren.

Ein Mosaiksteinchen für die geschilderte Situation ist eindeutig in der Vergangenheit zu finden. Beim Bau der Abkürzungslinie Regensburg – Nürnberg durch die Ostbahngesellschaft blieben Allersberger Forderungen unberücksichtigt. Lediglich die vom Ort weit entfernte Haltestelle Postbauer – über eine Distriktstraße erreichbar – blieb vorerst ein schlechtes Zugeständnis. So gesehen brachte die 1904 eingeweihte Nebenbahn durchaus Vorteile im Verkehrsangebot, aber nicht jeder zwischen Allersberg und Unterferrieden zugestiegene Fahrgast wollte einen Anschlußzug erreichen. Burgthann wiederum war betrieblicher Verknüpfungspunkt mit der Hauptbahn, aber kein Ziel für Marktfrauen, Handwerker oder Gewerbetreibende. Diese orientierten sich vorwiegend nach Feucht – weniger nach Ochenbruck. Auch die Pendler nach dem 2. Weltkrieg hatten meist nur ein Ziel: Nürnberg-Hbf. Die Hauptstrecke bot somit Möglichkeiten, Nebenbahnzüge bedarfsgerecht an unterschiedlichen Zielen enden zu lassen, es fehlte aber der organisch gewachsene Zielort.

Selbst nach dem 2. Weltkrieg blieb Ochenbruck noch Umsteigestation mit Wende- und Abstellmöglichkeit für Nebenbahnzüge. Erst zum Sommerfahrplan 1969 übernahm Burgthann endgültig die Funktion von Endpunkt- und Umsteigestation für Nebenbahnzüge außerhalb des Berufsverkehrs. Das Kursbuch verzeichnete aber immer noch Züge, welche bis Feucht oder Nürnberg-Hbf. durchfuhren, bzw. von dort kamen.

Welchen Stellenwert man tatsächlich den einzelnen Endpunkten zuordnete, wird deutlich bei Schilderung einer außergewöhnlichen Betriebssituation, nachvollzogen am Sommerfahrplan 1969. Um 15.03 Uhr verließ GmP 8837 – Lok rückwärts gekuppelt – Allersberg und erreichte mit Zwischenhalt an jeder Station 15.36 Uhr Burgthann. 5 Minuten später ging es auf der Hauptstrecke weiter bis Ochenbruck. Der dortige Aufenthalt von 15.48 bis 16.03 Uhr diente in der Regel dazu, mitgeführte Güterwagen abzustellen. Während der Rangiermanöver warteten die wenigen Reisenden geduldig auf das Wiederankuppeln der Zuglok, damit pünktlich bis Feucht weitergefahren werden konnte. In Feucht angekommen, änderte sich vor der Weiterfahrt die Namensgebung. Aus dem Personenzug wurde ein Leerreisezug, welcher um 16.15 Uhr ohne Zwischenhalt in Nürnberg-Fischbach bis Nürnberg-Dutzendteich durchfuhr. Während der Fahrt schon tauschte der Schaffner seine blaue Dienstjacke gegen den schwarzen Arbeitsmantel, zog Arbeitshandschuhe an und postierte sich an der ersten Tür des unmittelbar hinter der Lok befindlichen Waggons.

Nicht wie üblich rollte der Zug am außergewöhnlich langen Bahnsteig in Nürnberg-Dutzendteich entlang, um unmittelbar gegenüber dem Bahnhofsgebäude anzuhalten. Nein, dieser kurze Zug hielt sofort an, nachdem er in das Bahnsteiggleis eingefahren war, manchmal so knapp, daß der letzte Waggon des Zuges unmittelbar neben dem Ausfahrsignal für die Gegenrichtung stand.

Was nun folgt, war ein ebenso interessantes wie spannendes Betriebsgeschehen. Abermals wurde die Lok abgekuppelt, die daraufhin in aller Eile den Bahnsteig entlangfuhr bis zum Stellwerk 3. Über das Güterzuggleis (Gleis 6) ging es sofort zurück, vorbei an den abgestellten Wagen zu einem Wasserkran, welcher sich in der sog. Abstellgruppe befand.

Während die Dampflok nun an einem Wasserkran den Vorrat ergänzte, verließ ein anderer Nahverkehrszug eben diese Hinterstellanlage über Gleis 3, durchfuhr den gesamten Bahnhofsbereich, um anschließend weit im Streckengleis Richtung Nürnberg-

Hbf. anzuhalten. Von dort aus setzte er auf Gleis 5 zurück.

Jetzt war ein neuer Zug komplett. Vorne, die Pufferbohle am Ausfuhrsignal, eine E 94 oder E 44, dazwischen 6 „Silberlinge" sowie 3 „Pärchen" vom Allersberger Zugteil. Am Schluß dann die Dampflok der Baureihe BR 86. So fuhr der Zug − Janus genannt − nach Nürnberg-Hbf. und kam dort gegen 16.45 Uhr an.

Je nach Fahrplanperiode fuhr der erste Zugteil entweder nach Neustadt/Aisch oder Bamberg; der rückwärtige Teil als N 3514 um 17.08 Uhr nach Allersberg zurück. Dort um 18.01 Uhr angekommen, gab es nicht etwa eine Pause für das Lokpersonal, sondern harte körperliche Arbeit. Die Vorräte der Lok bedurften der Ergänzung und dazu rangierte man diese notwendigerweise auf das Lokschuppengleis.

Vorräte ergänzen bedeutet in erster Linie Kohle schippen. An halbleeren Kohlebansen wurden ebenerdig die Kohlestücke in den einzig noch vorhandenen Kohlehund geschaufelt und die Fuhre dann wenige Meter weiter vor den Bockkran geschoben. Dieser mechanische Kran befand sich auf einem Betonpodest und hatte Handbedienung. Zuvor noch die Kette am Kohlewagen eingeklinkt, dann ging es Zentimeter für Zentimeter nach oben. Zahnrad und klappernde Hemmung sorgten für die richtige Begleitmusik. Nach dem Hubvorgang drehte man den Kran incl. angehängtem Kohlebehälter und schüttete anschließend die Kohle in den Lokbehälter. Dieser Vorgang wiederholte sich an jedem Werktag um die gleiche Zeit. Lokführer und Heizer schimpften über die altertümliche Anlage. Nebenbahnromantik aus anderer Sicht.

Gmp 8837 W ☒ 24., 31. XII., 6. I. (73,1) 2. Klasse

Allersberg—Feucht

Tfz 086 — Last 380 t — P 33 / G 38 Mindestbr

Lage der Betriebsstelle km	Höchstgeschw. und Beschränkungen km/h	Betriebsstellen, ständige Langsamfahrstellen, verkürzter Vorsignalabstand	An der Trapeztafel hält Zug	Ankunft	Abfahrt	Kreuzung mit Zug	Überholt wird / Überholt durch Zug	Zuglauf meldg. durch / Art
1	2	3	4	5	6	7	8	9
14,7		Allersberg . . . . . . ⌇			1503	3512		Zf Fa
10,2		Seligenporten Hp . . ⌇		1512	13			
8,1	40	Rengersricht Hp . . .		×	18			
6,4		Pyrbaum Hst . . . ⌇		22	23			
2,7		Unterferrieden Hst . ⌇		30	31			Zf Ak Fa
0,0 / 79,0		Burgthann . . . . . . ⌇		36	41			
		A ⌒						
81,9	65	Mimberg Hp		45	45			
83,9		Ochenbruck		1548	1603			
88,1		Feucht		1610				

Zuglok rangiert unterwegs but 1 Min., ok 9 Min.

Lrb 3511 W ☒ 24., 31. XII., 6. I. (31,2)

Feucht—Nürnberg-Dutzendteich

Tfz 086 — Last 150 t — 44 Mindestbr

1	2	3	4	5	6	7	8	9
88,1		Feucht			1615			
92,5	80	Fischbach (b Nürnberg)			20			
96,8		Nür-Dutzendteich . . .		1625				

Pb 3514 W ☒ 24., 31. XII., 6. I. (31,1 bis Ok=Nvb 36,1) 2. Klasse, vS u nS=oG

Nürnberg Hbf—Allersberg

Tfz 086 — Last 150 t — 48 Mindestbr

Lage der Betriebsstelle km	Höchstgeschw. und Beschränkungen km/h	Betriebsstellen, ständige Langsamfahrstellen, verkürzter Vorsignalabstand	An der Trapeztafel hält Zug	Ankunft	Abfahrt	Kreuzung mit Zug	Überholt wird / Überholt durch Zug	Zuglauf meldg. durch / Art
1	2	3	4	5	6	7	8	9
100,5	40	Nürnberg Hbf			1708			
		A ⌒						
98,9		Sbk 92			11			
96,8		Nür-Dutzendteich		1713	14			
92,5	80	Fischbach (b Nürnberg) .			18			
88,1		Feucht		22	23			
83,9		Ochenbruck			28			
81,9		Sbk 76			30			
79,0	40	E ⌒						
0,0		Burgthann . . . . . . ⌇		33	34	8837		
2,7		Unterferrieden Hst . . ⌇		38	39			
6,4		Pyrbaum Hst . . . ⌇		45	46			
8,1	50	Rengersricht Hp . . ⌇		49	50			
10,2		Seligenporten Hp . ⌇		53	54			
	30	E ⌒						
14,7		Allersberg . . . . . . ⌇		1801				Zf Ak

Mitfahrt auf dem Führerstand

Endlich ist es soweit! Der Wunsch, die Strecke Neumarkt/Opf. – Beilngries auf dem Führerstand einer Diesellok erleben zu dürfen, realisiert sich an einem warmen Frühlingstag 1980. Strahlend blauer Himmel, Sonnenschein und angenehme Temperaturen heben die Stimmung zusätzlich. Gerne wäre ich mit dem Zug angereist. Jedoch – ein Blick ins Kursbuch zeigt überdeutlich – die Zeit guter Eisenbahnverbindungen ins Tal von Sulz und Altmühl sind schon lange vorbei.

Bahnhof Neumarkt/Opf. Auf Gleis 3 steht der Personenzug nach Beilngries bereit. Zuglok ist die 211 189, wie sie computergerecht heißt. In „altmodisches Rot gekleidet" steht sie an der Spitze von 6 grünen, vierachsigen Umbauwagen. Der Lokführer, ein junger Mann vom Bahnbetriebswerk Nürnberg-Rangierbahnhof, begrüßt mich am Bahnsteig. Soeben hat er eine kleine Unregelmäßigkeit am Motor vom Umlaufblech aus behoben und zieht sich nun den grauen Arbeitsmantel aus. Mit ihm nun steige ich ins Reich der Technik, das – gefüllt mit Armaturen, Instrumenten, Hebeln und Schaltern – wenig Platz für Gemütlichkeit läßt. Zur Abfahrt sind es zwar nur noch wenige Minuten, sie genügen aber, um Erinnerungen nachzuhängen.

Gegenüber am Bahnhofsgebäude, dort wo heute das uniforme Bahnsteigdach den Bahnhof ziert, befand sich bis in die sechziger Jahre eine Absperrung. Der Metallgitterzaun teilte den breiten Hausbahnsteig in zwei Zonen und endete rechtwinklig vor der Tür des Aufsichtsbeamten. Den Reisenden standen somit verschiedene Wartebereiche zur Verfügung. Im Gebäude die hohe Wartehalle mit Kiosk und Fahrkartenschalter, daneben die Bahnhofswirtschaft und außerhalb am Bahnsteig der genannte „Stauraum" im Freien.

Viele Male verabschiedete sich hier, jeweils am zweiten Weihnachtsfeiertag, gegen 20.00 Uhr, ein illustres Völkchen. Der Besuch bei Tante und Onkel in Neumarkt/Opf. war an diesem Tag obligatorisch. Mutter schimpfte über die Kälte und die zugigen Verhältnisse hier am Bahnsteig. Dagegen erzählte

Onkel zum wiederholten Male die Geschichte, wie er noch als praktizierender Zahnarzt im Bummelzug nach Freystadt fuhr, um dort Patienten ambulant zu behandeln. Die nötigen Instrumente, inkl. Tretbohrer, hatte er in zwei großen Koffern verstaut.

Vater und ich hingegen beobachteten interessiert die vor dem zweiständigen Lokschuppen abgestellten Dampfloks. Nur undeutlich hoben sich Kohlebanzen, Bockkran, Lokschuppen und die beiden Dampfloks der Baureihe 86 im fahlen Licht der Bahnhofbeleuchtung ab. Die Loks selbst wirkten wie lebendige Schattenrisse, deren Atmen man zu hören glaubte. Ab und zu löste sich eine kleine Dampfwolke und flog mit Träumen beladen in den Nachthimmel.

Zehn Minuten vor Zugabfahrt erschien der Aufsichtsbeamte, öffnete die kleine Tür im Zaun, knipste die Fahrkarten und wies auf den roten Triebwagen hin, der auf Gleis 5 bereitstand. Eilig hatten es plötzlich alle Fahrgäste, obwohl sich der ET 32 erst in einer Viertelstunde mit dem charakteristischen Rumpeln in Bewegung setzte.

Abfahrtszeit! Das Signal jedoch zeigt noch Hp 0 (rot). Eine Kleindiesellok kreuzt unseren Fahrweg und kommt auf dem Nachbargleis dahergewuselt, um eine Garnitur „Silberlinge" abzuholen. „Ausfahrt steht", ruft der Lokführer jetzt und schaltet die Fahrstufe bis Stellung 2. Die Lok zittert und aus dem Motorraum wird das Dröhngeräusch größer. Langsam gewinnt der Zug an Fahrt, um am Bahnsteigende über eine Doppelkreuzungsweiche ins Streckengleis einzufahren. Nach dem Stellwerk bereits der erste Kontakt mit der Bundesstraße 299 (nach Landshut). Wie groß das Fabrikgelände der Firma Pfleiderer ist, zeigt sich anschließend bei der minutenlangen Vorbeifahrt. Noch bevor das Werksgelände zu Ende ist, wird der Bremshebel für den Haltepunkt „Hasenheide" betätigt.

Entlang an Gärten und den letzten Häusern von Neumarkt geht es auf einen Mischwald zu, der erst im Herbst aus seiner Eintönigkeit erwacht. Anschließend teilen sich Bundesstraße, Radweg, Eisenbahn und Telegrafenleitung die schmale Waldschneise bis zum nächsten Bahnübergang – im folgenden BÜ genannt.

Der Zug fährt nun aus dem Wald heraus in ein weitgeschwungenes Tal, mit Äckern, Wiesen, Feldern. Am linken Hang ist ohne Mühe die Steigung der Regensburger Strecke zu erkennen. Das Zementwerk mit seinen großen Bunkern paßt so gar nicht zu dem idyllischen Haltepunkt Sengenthal, der aus einem aufgeschütteten Bahnsteig, einem Emailleschild, Fahrplanaushängen und einer großen Kastanie besteht. Rechts neben dem Gleis ausgedehnte Maisfelder und eine Pappelallee als vages Zeichen dafür, daß Schiene und Straße in Kürze auf einen neuen Begleiter treffen, den alten Kanal. Erneut ein Bahnübergang, eine S-Kurve und er ist da. Angler sitzen vor einem Schleusenwärterhäuschen und spielen Karten. Mancher hebt die Hand zum Gruß, ein anderer schwenkt den Hut. Ist es die Freude über den schönen Tag oder begrüßt man einen Bekannten, der im Zug sitzt. Ist es gar der Zug selbst, den man begrüßt, nachdem Stilllegungshinweise nicht verstummen wollen? Während ich noch den Anglern nachblicke, zieht unauffällig die kleine Bretterbude mit dem riesigen gemalten Karpfen in das Blickfeld; Werbegag des Fischereivereins.

Die Weiterfahrt bis Greißelbach gestaltet sich etwas eintönig und so meldet sich der Lokführer: „Mir gefällt es hier, man kann so schön in den Wendepausen mit den Einheimischen Karten spielen und die Brotzeit in den Wirtshäusern stimmt auch." Das wäre wichtiger, als der IC-Streß. Mit etwas Glück könne man auch im Sommer, links am Baggersee, „a paar Naggerde" sehn – was will man mehr.

BÜ und S-Kurve – Einfahrt Greißelbach. Von hier aus bog früher die Nebenbahn nach Freystadt ab. Als die Strecke 1978 abgebaut wurde, übernahm Greißelbach die Funktion des Güterumschlages für Freystadt. Große Brachflächen an der Ladestraße zeugen noch heute von intensivem Holzumschlag.

Die Abfahrt verzögert sich. Für eine ältere Frau ist der Abstand zwischen letzter Trittstufe und Bahnsteigrest zu groß. Der Schaffner eilt hinzu und hilft. Danach schaltet er in aller Ruhe die Blinklichtanlage für die nächsten beiden Kreuzungen mit der Bundesstraße ein. Ein kurzer Pfiff, er hebt die Kelle und mit forscher Fahrt geht es aus dem Bahnhof. Man darf sie nicht lange warten lassen, die ungeduldigen Autofahrer auf der B 299. Gleich nach dem zweiten Bahnübergang beginnt dann das obligatorische Wettrennen zwischen Individualverkehr und dem Nebenbahnzug. Der Lokführer zählt die Sekunden. Bis der erste Motorradfahrer zum Überholen ansetzt, sind es 10.

Allzulange dauert der ungewollte Wettbewerb jedoch nicht. Kurz vor dem Ortseingang von Mühlhausen muß nämlich schon wieder die Geschwindigkeit des Zuges gedrosselt werden. Zwei untergeordnete Straßen kreuzen den Gleisbereich. Mit lediglich 10 km/h dürfen beide Straßen überquert werden; und das wissen die Autofahrer, die schnell noch riskant vor dem Zug hinüberhuschen. Die Lok dankt es ihnen jedesmal mit einer Nickbewegung, bedingt durch das noch intensivere Abbremsen.

Die Station Mühlhausen ist erreicht. Linker Hand ein aufgeständerter alter Güterwagen vom Typ G 10, bis vor kurzem noch als Güterschuppen benutzt. Rechts eine Bretterbude als Unterstellmöglichkeit, welche doch scheinbar mehr als Jugendtreff benutzt wird. Auf dem Abstellgleis zwei Güterwagen, aus denen gerade Torfballen auf Traktorgespannen umgeladen werden. Weiter hinten an einer Scheune die Reklametafel für eine längst vergessene Zigarettenmarke – „Mokri".

Eine Frau in Kittelschürze kommt aus dem Haus mit dem großen Schriftzug „Mühlhausen-Sulz" und tritt zwischen den beiden kugelförmig geschnittenen Ziersträuchern am Gartenzaun hindurch auf den „Bahnhofsvorplatz". Ein Plausch mit dem Schaffner schließt sich an.

Nach einigen Minuten hebt er unvermittelt die Kelle, pfeift, und „ab geht die Post" – unmittelbar am alten Kanal entlang. Meterhoch steht das Schilf und wiegt sich rhythmisch im Fahrtwind. Knorrige Apfelbäume stehen zwischen den so unterschiedlichen Verkehrswegen. Links der Kanal, rechts Wiesen und lichter Wald; so geht es bis zur nächsten Kreuzung mit der Bundesstraße. Unmittelbar dahinter befindet sich eine Grabungsstelle, an der heute junge Leute ihren Forschungsarbeiten nachgehen. Sie suchen nach Überresten einer keltischen Siedlung, in der auch Eisenverhüttung und Eisenverarbeitung stattgefunden haben soll.

Schnurgerade ziehen alter Kanal und Eisenbahnstrecke dahin, bis Pollanten. Ein verlassenes, schmuckloses Bahnhofsgebäude,

Als Güterschuppen nutzte man in Mühlhausen einen ehemaligen Güterwagen.

Foto: M. Bräunlein, 07. 07. 1989.

„Eingangskontrolle" in Beilngries.

Foto: M. Bräunlein, 14. 03. 1980.

Reste eines Bahnsteiges, zwischen den Gleisen viel Unkraut und eine total zerfurchte Ladestraße, so präsentiert sich heute ein einstmals markanter Haltepunkt. Sind dies etwa Vorboten einer neuen Kanalbaustelle für den Rhein-Main-Donaukanal? Die Trostlosigkeit der Szene wird abgerundet durch eine Sargfabrik, oben am Hang.

Weiter geht die Fahrt. Zwischen Sulz, altem Kanal und Bundesstraße schlängelt sich das Gleis durch das weit geschwungene Tal. Vorbei geht es an einem Parkplatz, den gerade eine Bundeswehrkolonne zur Rast benutzt. Plötzlich Blaulicht und Martinshorn. Ist da irgendwo ein Verkehrsunfall? Nein! Das Polizeiauto fährt mehreren überbreiten Baufahrzeugen voraus, welche an einer Kanalbaustelle schon erwartet werden. Vom tausendjährigen Berching sehen wir zuerst nur die Schlote der alten Flachsröste. Unbeschrankte Wegübergänge, Pfeifen, Bremsen. Eine enge Rechtskurve und der Zug steht am Bahnsteig. Viele Schulkinder verlassen lärmend nach allen Seiten den Zug. Für wenige Minuten gehört der Bahnhof ganz ihnen. „Von jetzt an fahren wir leer", meint der Lokführer. Ein Pfiff und weiter geht die Fahrt. Zwischen altem Kanal und Stadtmauer waren noch einige Meter vorhanden, um die Gleise verlegen zu können. Mit einem Bahnübergang verabschiedet sich Berching und dann wieder das gewohnte Bild. Links die Bundesstraße, dann alter Kanal, ein Streifen Schilf, die Bahn und rechts ein Blick auf Wiesen, Felder und auf gegenüberliegende Hügel. So geht es bis nach Plankstetten. Vorher wird noch mit einigen Pfiffen die Bundesstraße überquert. Vom Führerstand aus schaut man in Wohnstuben, Ställe, Lagerschuppen, auf eine Schafherde und einen Entenweiher. Von vis-à-vis grüßt der wuchtige Bau des Benediktinerklosters. Nur noch wenige Minuten bis Beilngries. Für mich folgt nun der merkwürdigste Teil der Fahrt. Während der Zug fast unmerklich den Hang hinabfährt, erweckt der alte Kanal den Eindruck, als wolle er immer höher hinaus. 20, 30 Meter Höhenunterschied zwischen altem Kanal und Eisenbahn werden es jetzt wohl sein. Klappernde Weichen. Einfahrt Beilngries. Eine interessante Fahrt ist zu Ende.

Stilleben und Realität eines Bahnhofes an der Nebenbahn Neumarkt/Opf.-Beilngries.
Foto: M. Bräunlein, Beilngries, 14. 03. 1980.

Bahnhof Greißelbach, Kanonenofen im Wartesaal.
Foto: M. Bräunlein, 1980.

Beilngries, alter Bahnhofsteil, Fenster im Bahnhofsgebäude. Foto: M. Bräunlein, 1989.

Bahnhof Beilngries,
alter Bahnhofsteil,
historische Lampen-
bude.
Foto:
M. Bräunlein, 1989.

141

Abschied im Novembernebel

Ein Samstag im November 1988. Die morgendliche Nebelsuppe hatte nur zögerlich einem strahlenden, blauen Himmel Platz gemacht. Für mich vermutlich eine der letzten Gelegenheiten, in diesem Jahr die Herbststimmung im Ottmaringer Tal per Kamera einzufangen. Als ich dann am späten Nachmittag die Autobahn in Richtung München benutzte, ziehen schon wieder Wattebäusche quer zur Fahrbahn. Immer häufiger wechseln nun Nebelbänke und Sonnenschein, um bei Hilpoltstein unvermittelt in diffuses Dämmerlicht überzugehen.

Just in diesem Augenblick noch Horrormeldungen aus dem Autoradio: Bei dichtem Nebel stießen heute morgen auf der Autobahn Ulm – Kempten 60 Autos zusammen und soeben wiederholt sich – laut Radiomeldung – dort das, was jedermann mit Kopfschütteln quittiert: Eine abermalige Massenkarambolage auf derselben Autobahn. Doch aufgepaßt! Vor mir auf der Mittelspur ein deutlich langsamerer Pkw in der Nebelsuppe. Beim Überholen erkenne ich, daß auf dem Lenkrad eine Landkarte ausgebreitet ist, welche vom Fahrer studiert wird. Und das bei diesem Nebel! Hat er denn die Meldungen aus dem Radio nicht mitbekommen? Und wenn schon, verlangt nicht die aktuelle Situation volle Konzentration eines jeden Verkehrsteilnehmers?

Als ich erst einmal den Schreck überwunden hatte, sinnierte ich über eine andere Frage nach: war denn der Schiffsverkehr vor 140 Jahren, auf der nach König Ludwig benannten Wasserstraße, ebenso mit individuellen Freiheiten behaftet? Wahrlich nicht! Da war der Gegenverkehr ebenso geregelt wie das Verhalten während des Schleusens oder bei Gewitter. Bei Dunkelheit und Nebel ruhte der Verkehr per Verordnung und bei Eisgang blieben die Kähne ohnehin in den Häfen. Na bitte!

Weg mit diesem nutzlosen Vergleich. Ausfahrt „Altmühltal". Noch wenige Kilometer bis Ottmaring. Kurz vor der Ortschaft, in einer langgezogenen Linkskurve gilt es abzubiegen. Über einen holprigen Feldweg geht es zur Schleuse 18. Die Wiesen und Felder links und rechts des Weges machen einen ungepflegten, trostlosen Eindruck. Die Pappeln am Kanal ragen ihre leeren Äste in das Nichts und selbst die Hügel auf der gegenüberliegenden Talseite heben sich nur schemenhaft als schwarze Masse ab. Tiefschwarz und ohne jegliche Regung auch die Wasseroberfläche des Kanals. Abschiedsstimmung, Wehmut, Traurigkeit, Endzeitstimmung. Und doch gibt es Kontrapunkte. Im Wasser am Oberlauf tanzen Äpfel, die gerne den Wasserfall hinuntergepurzelt wären. Weiter hinten, am Ende der Schleusenkammer, einige Gänse, welche gerade ihre Schwimmstunde beenden und das restliche Wasser schnatternd aus dem Gefieder rubbeln. Zwei Katzen spielen im Gras. Sie sind neugierig und kommen auf mich zu, lassen sich streicheln und zeigen ihre Freude durch wohliges Schnurren. Für einen Moment kommt die Sonne hinter dem Wald hervor, taucht die Schleusenkammer in orangefarbenes Licht und läßt Nebelschwaden und Kühle für einen Moment vergessen. Aus dem nahen, parallel zur Schleusenkammer befindlichen Stall, tritt ein älteres Ehepaar und verriegelt die alte, windschiefe Türe. Man grüßt sich, spricht miteinander und erfährt nebenbei, daß die Schafe, Ziegen und Hühner schon bald ein neues Domizil weiter oben am Hang beziehen werden. In Kürze nämlich rücken schon die Baumaschinen an. Die Gänse hingegen sollen an Weihnachten in der Pfanne brutzeln, Vorbestellungen hätte man genügend.

Dunkelheit hat sich endgültig ausgebreitet. Für Fotos ist es nun zu spät. Tschüs, alter Kanal!

Zwischenzeitlich verschwunden ist diese Idylle im Ottmaringer Tal, denn seit 1990 haben dort schwere Baumaschinen für den Main-Donau-Kanal das Sagen.   Foto: M. Bräunlein, 1989.

Der Güterzug auf der Nebenbahn Neumarkt/Opf.-Beilngries verkehrte in der Regel an jedem Werktag. Den
Strecken- und Rangierdienst besorgte am 18. 05. 1989 die 333 107.   Foto: M. Bräunlein.

Dieselbetrieb auf der
Nebenbahn Burgthann-
Allersberg. 211 142 mit
P 3507 bei Abfahrt
in Burgthann am
07. 05. 1972.

211 264 mit P 3511 auf
der im Bogen verlau-
fenden Brücke über die
Bundesstraße, nahe
Unterferrieden, am
16. 05. 1973.

211 142 mit N 3510
in Allersberg am
07. 05. 1972.
3 Fotos: F. Jäger.

Früher hatten die Bahnhöfe Kelheim und Riedenburg Ländebahnen zum Ludwigs-Kanal. Heute gibt es in Kelheim nur noch Güterverkehr und die Gleisanlagen in Riedenburg sind schon lange abgebaut. 211 203 mit Kurzzug in Kelheim am 15. 04. 1988. Ob solche Züge auch auf manchen Modelleisenbahnen fahren?

Foto: M. Bräunlein.

211 293 ist mit P 2667 in Riedenburg angekommen.   Foto: F. Jäger, 09. 06. 1968.

Von der Altmühltalbahn zwischen Eichstätt-Bahnhof und Beilngries ist lediglich das Teilstück Eichstätt-Bahnhof – Eichstätt-Stadt. Den Pendelverkehr besorgte am 25. 04. 1982 die Schienenbusgarnitur, bestehend aus Triebwagen 798 784 und Beiwagen 998 636. Links ein Signal mit bayerischem Signalflügel aus dem Jahr 1937.

Dampfsonderfahrten mit der Museumsdampflok BR 86 457 im Tal der Sulz:
. . . am 28. 08. 1988 bei Plankstetten. 2 Fotos: M. Bräunlein.

. . . am 28. 08. 1988 in Berching.

. . . am 21. 02. 1988 in Berching.

2 Fotos: M. Bräunlein.

Ein Schmankerl für Eisenbahn-Freunde war am 30. 11. 1966 der Sonderzug Dsts 22 432. Nicht nur wegen der BR 98 1125 als Zuglok oder der Wagen, nein, noch konnte die Strecke Roth-Greding voll befahren werden.
Foto: F. Jäger.

Wehmut dagegen bei der Abschiedsfahrt auf der Allersberger Bahn. Eine Wehrmachtsdiesellokomotive vom Typ 236 126 mit zwei historischen Schnellzugwagen in Burgthann.
Foto: F. Jäger, 01. 04. 1973.

Kein Sonderzug, aber auch schon Vergangenheit. Rangiermanöver in Berching mit einer Köf (333 107).
Foto: M. Bräunlein, 14. 08. 1987.

Für Eisenbahn-Freunde arrangiert: Fahrt im Güterzug auf der für den Reiseverkehr stillgelegten Nebenbahn Eichstätt-Stadt – Kinding mit Köf 11 197. Foto: F. Jäger, 20. 04. 1968.

Gleich wird der Bahnhof Berching den Schülern gehören, welche den Zug in alle Richtungen verlassen werden. Foto: M. Bräunlein, 25. 03. 1982.

Erinnerungen an den „alten Bahnhofsteil" von Beilngries. Es ist Freitag und die 211 321 hat soeben die Personenwagen für das Wochenende in Beilngries hinterstellt. Foto: M. Bräunlein, 25. 09. 1987.

Ehemalige Nebenbahn-Bahnhöfe – hübsch restauriert.　　　　　2 Fotos: M. Bräunlein.

Kanalhäfen und Hafenbahnen

Die Zeit scheint stillzustehen. Schleuse und Lände in Worzeldorf. Foto: M. Bräunlein, 03. 04. 1988.

Wenn das Handelsschiff aus Offenbach oder Mainz in Frankfurt anlegte, ertönten vom Turm Trompetensignale. Es war das äußere Erkennungszeichen für die Stadt und ihre Bürger, wie wichtig der Main als Wasserstraße für Handel, Gewerbe und somit für das Leben innerhalb der Mauern war. Für ein Gemeinwesen wie Frankfurt bot der Fluß Sicherheit in zweifacher Hinsicht. Sieht man von den Launen der Natur ebenso ab wie von jahreszeitlichen Bedingungen, so war meist regelmäßiger Verkehr auf dem Fluß möglich. Im Vergleich zu den unsicheren Landstraßen (Raubüberfälle, Achsbrüche) führte dies zu einer Zuverlässigkeit im Handel, welche neue Maßstäbe in der Entwicklung von Gemeinden setzte. Der Fluß gewährte der Stadt aber auch Schutz im eigentlichen Sinne des Wortes. Hatten doch mittelalterliche Städte wie Köln, Mainz, Frankfurt, Würzburg, Bamberg oder Regensburg am Wasser keinerlei Symbole für Schutz und Trutz. Der Hafen war Keimzelle der Stadtentwicklung; Stadtkern, Handelszentrum und Lände lagen dicht beieinander und wurden landeinwärts von Befestigungsanlagen umschlossen.

Innerhalb der Mauern wiederum pulsierte vielfältiges Gesellschaftsleben, dafür sorgten Berufe wie Schiffsbauer, -Eigner, -Zimmerleute, Zollbedienstete und Spediteure. Selbst-

verständlich kannte man auch den Kaufmann, den Sattler oder den Schmied – aber das waren ja auch andernorts weit verbreitete Berufe. So vermischen sich in mittelalterlichen Städten an Flüssen ganz von selbst Lastensegler, Kräne, Kirchtürme und Befestigungsanlagen zu einem Ensemble von Bürgerstolz und Wohlstand. Unzweifelhaft offenbarte die Flußschiffahrt für Handel und Transport ihre Vorteile und es schien nur recht und billig, das Netz der Wasserstraßen auszubauen. Zwar lassen sich Kanalbauten in Europa bereits im 17. Jahrhundert nachweisen, die Bauwut setzte jedoch erst so richtig Anfang des 19. Jahrhunderts ein. Rußland (Ladogakanal) und Schweden (Götakanal) begnügten sich vorerst mit je einem Kanal. In Amerika, England und Schottland entstanden mehrere Kanäle, in Frankreich, Holland und Brandenburg gleich sinnvoll abgestimmte Kanalnetze. Selbst die Alpenrepublik Österreich entwickelte Kanalideen.

Abgesehen davon – 1830 beispielsweise zählte man auf dem Finowkanal in Preußen 5200 Kähne pro Jahr und die Schleusen waren Tag und Nacht in Betrieb. Hier konnte das fortschrittliche Bayern nicht abseits stehen und so war der Ludwig-Donau-Main-Kanal eine zeitgerechte Entscheidung. Die Ironie des Schicksals brachte es aber mit sich, daß er noch wäh-

152

rend seiner Bauzeit zum Mißerfolg degradiert wurde. Als folgenschwerer Planungsfehler erwies sich die Parallelführung von Kanal mit einem Teilstück der ersten bayerischen Fernbahn. Man hatte zu sehr in europäischen Dimensionen gedacht und war völlig überrascht, als jetzt Transportzeiten augenscheinlich verglichen werden konnten. Die Bahn benötigte zwei Stunden von Nürnberg nach Bamberg, der Lastkahn einen Tag. Findige Köpfe errechneten sogar, daß die Bahn ab 30 km Distanz wesentlich billiger Güter transportieren könne als ein Kanalschiff. Ihre Rechnung unterstützten sie mit dem Hinweis, daß bei einem Zuwachs an Transportvolumen konsequenterweise auch wesentlich mehr Treidelpferde benötigt wurden. Für große Distanzen jedoch fehlten diese „PS".

So finden sich in jeder der beiden Verkehrssysteme Fürsprecher und Gegner. An ein sinnvolles Miteinander, an Verknüpfungspunkte zwischen Schiene und Wasserstraße, zwecks Austausch von Waren, dachte scheinbar niemand. Innerhalb eines derart eng vorgegebenen Rahmens war ein Kontakt auch undenkbar. Dies gilt in der Anfangszeit auch für Bamberg, dem vorläufigen Endpunkt der Ludwigs-Süd-Nordbahn und dem Ausgangspunkt des Ludwigs-Kanals. In unmittelbarer Nähe von Rathaus und Altstadt gelegen war der Hafen „Am Kranen" ein Rudiment der in der Stadt vorhandenen Märkte (Holz-, Fisch-, Viktualien-, Getreide-, Kohle- oder Obstmarkt) sowie zum Schlachthof. Dementsprechend waren auch Umschlagmenge und umgeschlagene Waren: Holz, Baustoffe, Steine, Kohle, Vieh, Salz, Wein, Getreide und andere Lebensmittel. Verkehrsgünstig wie die Lände nun mal lag, garantierte sie optimalen Güterumtausch per Fuhrwerk, sowohl für Bamberg und Umgebung, als auch für den Transithandel. Daran änderte selbst der Ludwigs-Kanal nichts, denn ein eigener Kanalhafen kam in Bamberg nicht zur Ausführung. Stattdessen erfolgte der Ausbau vorhandener Anlagen. Neben neuen Lagerhäusern und einer größeren Lagerfläche placierte man an der ebenso neuerrichteten Kaimauer zwei mechanische Kräne der Firma Späth (erste bayerische Fabrik in Dutzendteich bei Nürnberg) und erzeugte so das interessante Flair des Bamberger Hafens, wie es das Foto auf Seite 12 zeigt.

Nach der Umgestaltung änderte sich der Gesamteindruck in und am Hafen durchaus. Biedermeiersche Behäbigkeit wich betriebsamer Hektik, ausgelöst durch eine Vielzahl neuer Einzelfunktionen. Neben dem Be- und Entladen von Schiffen mußte nun auch der Wechsel von Gütern zwischen Kanal- und Flußschiff bewerkstelligt werden. Außerdem nahm der Fuhrwerksverkehr im Hafengebiet überproportional zu, hatte sich doch eine bislang unbekannte Speditionsart ergeben. Gemeint ist nämlich der Pendelverkehr zwischen Bahnhof und Hafengebiet mit Fuhrwerken. Verantwortlich für diese ungewohnte Situation waren in erster Linie äußere Umstände: bekanntlich war das Teilstück Nürnberg – Bamberg des Ludwigs-Kanals 1843 fertig, das der Ludwigs-Süd-Nordbahn 1844. Durch die fast gleichzeitige Inbetriebnahme neuartiger Verkehrswege bekam die Korrespondenz von Gütern zwischen Nürnberg und Bamberg (incl. der Unterwegsstationen) eine neue Dimension. Man konnte nämlich jetzt zwischen drei verschiedenen Verkehrsmitteln wählen: Landstraße, Kanal oder Eisenbahn. Hochwertige Güter aus Nürnberg mit Adressaten an Rhein und Main wechselten zumindest bis Bamberg von der Landstraße auf die Güterwagen der Eisenbahn. Holz, Steine, Getreide und andere Massengüter transportierten die Kanalschiffe.

Der Gütertransport auf dem Ludwigs-Kanal führte in Bamberg zu dem bis dahin unbekannten Umladen zwischen Main-Lastseglern und Kanalschiffen. Der Gütertransport per Bahn wiederum erzwang den innerstädtischen Pendelverkehr, was jedoch nicht bedeutet, daß jede per Fuhrwerk transportierte Einheit auch auf Schiffe verladen werden mußte, denn der Hafen und die nahegelegenen Märkte bildeten das städtische Handelszentrum. Im Lauf der Zeit empfand man den Pendelverkehr zwischen Hafen und Bahnhof – besonders wegen der engen Gassen – als störend und das zweimalige Umladen als nachteilig. Eine Konsequenz in dieser Situation wäre eine Hafenbahn gewesen, was das gewachsene Stadtbild allerdings nicht zuließ. Ferner ergaben sich schon bald weitere Fragezeichen und Unsicherheiten. So sprach man zwar schon lange von Verbesserungen für die Mainschiffahrt, baute aber zuerst eine Eisenbahnlinie von Bamberg über Schweinfurt, Würzburg, Aschaffenburg

Regensburg: Dom, Altstadt, „Steinerne Brücke" und Dampfer auf der Donau. Ein Stich von Grueber. Auf der anderen Donauseite befindet sich seit dem 01. 10. 1865 die Donaulände und die Ländebahn.

Würzburg.   Festung m. d. alten Mainbrücke.

Würzburg, Hafen, alte Mainbrücke und Festung zur Jahrhundertwende.   Sammlung: M. Bräunlein.

nach Frankfurt/Main. Als Ludwigs-Westbahn bezeichnet und 1854 in der Gesamtlänge eingeweiht, konnte das vorerst nur einen Rückgang der per Flußschiff transportierten Waren bedeuten.

Erst als man sukzessive den Main zur Großschiffahrtsstraße umwandelte und die Mainflotte zur Modernisierung anstand, entschloß man sich endgültig zu einem neuen Hafen – außerhalb der Altstadt. Der 1912 eingeweihte „Prinz-Ludwig-Hafen" wurde nicht nur vom Areal her den gestiegenen Frachtzahlen gerecht, er war Teil eines neuen verkehrs- und wirtschaftspolitischen Konzeptes. Dies zeigt auch die funktionelle Gliederung:

– Zoll- und Umschlaghafen
– Industriehafen
– Holz- und Floßhafen
– Petroleumhafen
– Winterhafen.

Auch verfügte der neue Hafen über genügend Reserveflächen für Schiffswerften und Industrieansiedlungen. Selbstverständlich wurde mit der Hafeneinweihung die neue Hafenbahn ihrer Bestimmung übergeben, was sofort dem Holzumschlag zugute kam. Im wesentlichen bestand die Hafenbahn aus einem Verbindungsgleis zum Bahnhof, zwei Hochkaigleisen, einem Tiefkaigleis und zwei Einpollergleisen im Floßhafen.

Bamberg erhielt also seine Hafenbahn fast 70 Jahre nach den ersten großen Änderungen im historischen Hafenbereich, welche im Zusammenhang mit dem Ludwigskanal standen. Wesentlich schneller kam es in Regensburg zum Bau der ersten Hafenbahn. Die vorausschauende Kgl. privilegierte Ostbahngesellschaft wünschte von Anfang an Güteraustausch zwischen Donauschiffen und Eisenbahn. Bereits bei Konzessionierung des Basisschienennetzes für die bayer. Ostbahnen (12. April 1854) fixierte man jeweils Donauländebahnen für Passau und Regensburg. Elf Jahre später war es dann soweit. Am 1. Oktober 1865 übergab man die Hafenbahnen gleichzeitig in Passau und Regensburg dem Betrieb.

Vom damaligen Kopfbahnhof in Regensburg führte die Schienenverbindung am Schlachthof vorbei zur Kaimauer an der Donau, nahe der „Steinernen Brücke"; Länge 1,4 km. Hafenanlagen und Endpunkt der Bahn lagen also auch hier unmittelbar am histori-

schen Stadtkern. So ist es nicht verwunderlich, wenn es auf den wenigen Gleisen etwas eng zuging. Wollte man für alles, was umgeschlagen wurde, auch die passenden Güterwagen zur Verfügung stellen, mußten eben zwangsläufig viele Rangierfahrten stattfinden.

Wie wichtig die Ostbahn-Entscheidung war, zeigt folgende, überaus positive, Entwicklung:

1880 3.708 Güterwagen
1882 6.161 Güterwagen
1888 18.350 Güterwagen
1890 24.631 Güterwagen.

Verständlicherweise reichte auch in Regensburg bei weit höheren Güterumschlagszahlen als in Bamberg der Platz am Fluß zur Jahrhundertwende nicht mehr, um den unterschiedlichen Funktionen gerecht zu werden. 1905 kam es dann zur Einweihung des Luitpoldhafens mit seinen großzügigen Anlagen sowie den vielen Kai- und Rangiergleisen. Für die notwendige Verlegung des Verbindungsgleises zum Regensburger Hauptbahnhof ließ man sich allerdings bis 1909 Zeit.

1963 betrug die Gleislänge im Regensburger Osthafen 74 km.

Mit 880 m wesentlich bescheidener zeigt sich da die Ländebahn in Kelheim, welche mit der Stichbahn von Saal kommend am 15. Februar 1875 eröffnet wurde.

Wie auf der Skizze auf Seite 159 angegeben, führten zwei Industriegleise aus dem Kopfbahnhof. Über das eine hatte die Fa. Lang bessere Absatzmöglichkeiten für ihren Steinbruch, das andere führte als Ländebahn zur Donau. Der Umschlagplatz selbst bestand aus einem befestigten Uferstreifen von 175 m Länge, dem eigentlichen Donau-Lände-Gleis (ca. 200 m lang) und dem ebenso langen Ausziehgleis.

Mit dem Kanalhafen hatten diese Gleisanlagen allerdings nichts zu tun, lag er doch gegenüber auf der anderen Uferseite. Eine Anbindung des Kanalhafens an die Ländebahn – und damit an das Schienennetz – unterblieb damals und auch späterhin. Technische Schwierigkeiten dürften hierbei jedoch kaum eine Rolle gespielt haben, war doch bis zur Eröffnung der Kelheimer Nebenbahn schon mehrfach der Beweis erbracht worden, daß auch breite Flüsse für die Eisenbahn kein Hindernis darstellten, erwähnt sei lediglich

Häfen in Bamberg. Hafen „Am Kranen", 1936.

Sammlung: M. Bräunlein.

Eröffnung des Prinz-Ludwig-Hafens, 1912.

Foto: Archiv der Stadt Bamberg.

Einpoldern von Lang-
holz im Hafen Bamberg
(1913).
Foto:
Stadtarchiv Bamberg.

das Brückenbauwerk bei (Regensburg-) Prüfening. Ohne weiteres hätte man ab 1875
außerdem die Chance gehabt, eine Eisenbahnlinie von „sekundärer Bedeutung" zwischen Regensburg und Nürnberg über Kelheim, Riedenburg, Dietfurt, Beilngries und
Neumarkt/Opf. zu realisieren. Voraussetzung
wäre allerdings gewesen, die vorhandene
Ländebahn über die Donau zu führen, den
Kanalhafen gleismäßig anzubinden und die
Strecke wie beschrieben weiterzubauen.
Jedoch bestand kein Interesse, beide
Varianten in die Tat umzusetzen. Man prakti-
zierte weiterhin Stichbahnpolitik; darüberhinaus ergab sich keine Notwendigkeit, die
Infrastruktur des Kanalhafens zu verbessern.
Im Gegenteil, man begnügte sich mit der Ländebahn an der Donau, war doch die Schiffahrt
oberhalb Regensburgs im Aufwind begriffen.
Die Hoffnungen allerdings, den Güteraustausch zwischen Schiff und Schiene zu intensivieren, haben sich in Kelheim nicht verwirklicht. Schon bald war das sog. Zufahrgleis
fester Bestandteil der neugegründeten Simo-
nius'schen Cellulosefabriken, welche hier
einen idealen Gleisanschluß für ihre eigenen
Zwecke vorfanden. Als 1915 Fabrik- und
Gleisanlagen deutlich erweitert werden
sollten, diskutierte man über eine neue Trasse
für das Donau-Lände-Zufahrgleis und über
die Wiederbelebung der vorhandenen Lände-
Bahn. Zur Ausführung kamen diese Ideen nie,
denn Kelheim benötigte eine solche Anlage
nicht mehr.

Ein ähnliches Schicksal zeichnete sich
auch für die Ländebahn in Riedenburg ab.
1904 mit der Nebenbahn von Ingolstadt nach
Riedenburg eröffnet, führte nur ein Zustreifgleis — ohne Rangiermöglichkeiten — zur
Kanallände. Das war zwar nicht viel, erfüllte
aber insofern seinen Zweck, als nur Güterwagen zum Be- und Entladen bereitgestellt
wurden. Allerdings war letzteres sehr selten
der Fall, so daß möglicherweise hier keine
wirtschaftlichen Überlegungen im Vordergrund standen, sondern militärische durch die
Landesfestung Ingolstadt. Mag dieser Gedanke auch ungewöhnlich erscheinen, es darf
nicht übersehen werden, daß seinerzeit das
Militär bei jedem bayerischen Verkehrspro-
jekt, ob Straße, Schiene oder Wasserstraße,
Mitspracherecht hatte. So war die Militär-
hauptverwaltung beim Ludwigs-Kanal über
jeden Durchlaß, jede Durchfahrt, Über- oder
Unterführung detailliert informiert; handelt es
sich doch hierbei — aus militärischer Sicht —
um empfindliche Stellen, welche es bei Bedarf
zu schützen galt. Neben dieser allgemeinen
Feststellung gibt es noch das Engagement des
Militärs beim Bau der Nebenbahn Ingolstadt
— Riedenburg. Die Vermessung der Strecke
erfolgte durch Soldaten und beim Bahnbau
waren Ingolstädter Pioniere beteiligt. Ein
Gleisanschluß an der Riedenburger Lände aus
militärischen Überlegungen heraus ist deshalb durchaus denkbar, für den Güteraustausch jedenfalls besaß das Ländegleis
keine Attraktivität. Egal welche Idee nun wohl

Befreiungshalle und Mündung des Donau-Main-Kanals bei Kelheim.   Stahlstich von B. Metzeroth

die richtige war, das Ende der Kanalschiffahrt bedeutete gleichzeitig das Ende dieses Gleisanschlusses, welches Mitte der 50er Jahre demontiert wurde.

So individuell die Entwicklungsphase der dargestellten Hafenbahnen auch gewesen sein mag, sie legen Zeugnis ab für ein langsames Zusammenwachsen von Schiene und Wasserstraße. Möglicherweise hat der sorgfältig gepflegte Konkurrenzgedanke anfangs eine Rolle gespielt, wurde aber im Laufe der Zeit von anderen Überlegungen abgelöst. Andererseits sind die unvollkommenen Verknüpfungspunkte zwischen Nebenbahn und Ludwigs-Kanal in Kelheim, Riedenburg, Beilngries, Berching, Greißelbach und Wendelstein Beispiele, wie Chancen ungenutzt blieben. Gleichwohl gab es einen Gleisanschluß, der sogar die Bezeichnung „Hafenbahn" verdient: in Nürnberg!

Weniger als in historisch gewachsenen Hafenstädten hatte man in Nürnberg Probleme mit der schienenmäßigen Anbindung des Kanalhafens an vorhandene Gleisanlagen. Ohne Umwege führte die Hafenbahn vom Centralbahnhof, zwischen dem Augsburger- und Bamberger Ast der Ludwigs-Süd-

Nordbahn, zum 1,5 km entfernten Kanalhafen an der Rothenburger Straße. Nachweisbar konnte deshalb die kürzeste Verbindung realisiert werden, weil Eisenbahn und Kanal den historisch gewachsenen Altstadtring lediglich tangierten und nicht − wie früher die Handelsstraßen − in den Stadtkern führten. So hatte hier die industrielle Revolution außerhalb des Stadtkerns flächenmäßig freie Entfaltungsmöglichkeiten und die sogenannte Südstadt gewann an Profil. Charakteristisch für den neuen Stadtteil wurde die Mischung aus großen und kleinen Fabriken sowie Kohlenhof, Schlachthof und dazwischen Bahnbetriebswerke, Ausbesserungswerk, Rangieranlagen und die Anlagen des Kanals.

Zum historischen Nürnberg gab es nun einen Gegenpol. Sieht man von Drahtziehern und Bleistiftfabrikationen ab, befand sich innerhalb der Altstadt nur Gewerbe mit Handwerkscharakter. Maximal 20 Mitarbeiter stellten solide Waren von internationalem Ruf her. Wieviele Gewerbetreibende sich niederlassen durften, entschied der Rat der Stadt und innerhalb der einzelnen Gewerbezweige herrschten feste Regeln und Verhaltensvorschriften. Außerhalb des Mauerringes ent-

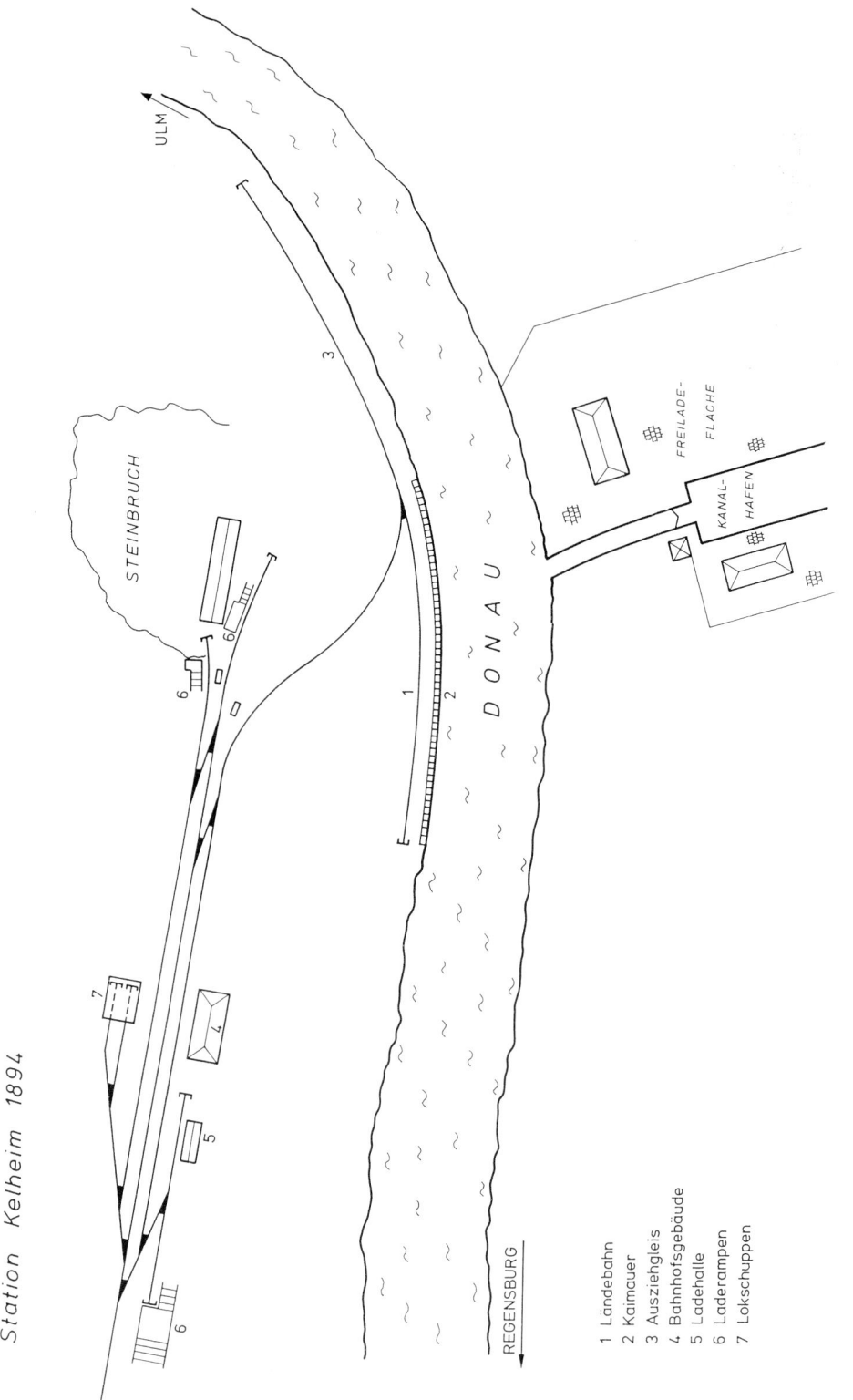

Station Kelheim 1894

ULM

STEINBRUCH

DONAU

REGENSBURG

FREILADE-
FLÄCHE

KANAL-
HAFEN

1 Landebahn
2 Kaimauer
3 Ausziehgleis
4 Bahnhofsgebäude
5 Ladehalle
6 Laderampen
7 Lokschuppen

Station Kelheim und Ländebahn, 1875.

Gezeichnet von Markus Kirchhoff.

159

Ländebahn in Markt-
breit um 1910.
Foto: Archiv
der Stadt Marktbreit.

Ländebahn in Passau
um 1900.
Foto:
Sammlung M. Bräun-
lein.

Ländebahn in Regens-
burg um 1900.
Foto: Sammlung
M. Bräunlein.

standen Fabriken mit mehreren tausend Arbeitern, die Gewerbefreiheit war hergestellt (1868) und für die Belange der Arbeiter setzten sich Gewerkschaften ein. Namen wie Späth, Cramer-Clett, Siemens, Halske, Neumeyer (Zündapp-Motorräder), Victoria (Fahrräder), Zipp (Reißverschlüsse), Welb (Waagen), Vau (Öfen und Herde), Triumph (Motorräder), Müller (Kugellager), Linde (Kunsteis und technische Gase), Braun (Feuerlöschgeräte), Faun (Elektromobile und Lastkraftwagen) und Tafel (Eisenfabrikation) sind verbunden mit Industrieansiedlungen außerhalb des mittelalterlichen Stadtkerns. Sie alle sorgten durch ihre vielfältige Produktionspalette für verschiedenartige Transportaufgaben.

Paßten sich die Anlagen der Bahn bis zur Jahrhundertwende dem industriellen Fortschritt an, führten Kanal, Kanalhafen und Hafenbahn im Vergleich ein stiefmütterliches Dasein. Hinterfragt man nun die Abkopplung des Kanalhafens von der industriellen Entwicklung, kann unschwer festgestellt werden, daß es nicht nur systembedingte Gründe waren, sondern zum Teil auch lokale Kleinigkeiten. Verdeutlicht wird dies an der Entwicklung der Nürnberger Gaswerke (potentielle Kohleabnehmer) und ihr Verhältnis zu Eisenbahn und Kanal. Das erste (private) Nürnberger Gaswerk befand sich nämlich in Doos. Eingerahmt von Ludwigsbahn, Chaussee, Ludwigs-Süd-Nordbahn und Ludwigs-Kanal wäre der Transportweg zwischen Werksgelände und den Ladegleisen ebenso lang gewesen wie der zwischen Gaswerk und Ludwigs-Kanal. Bestätigung findet diese Überlegung durch den Plan auf Seite 52, aber nur theoretisch, denn zwischen Schleuse 80 und dem Gaswerk befand sich ein Höhenunterschied, den beladene Fuhrwerke nur mühsam erklommen hätten. Blieb also nur noch der nächstgelegene Hafen in Fürth-Poppenreuth, der zwei Kilometer entfernt war.

Zweifelsohne gestaltete sich der Umschlag von Kohle mit der Bahn wesentlich problemloser, während der Kanalschiffahrt ein wichtiger Kunde dauerhaft verloren ging. Hatte man erst einmal die Vorteile eines Transportmittels kennengelernt, nutzte man es auch weiterhin. Dies galt selbst für das erste städtische Gaswerk. Obwohl in unmittelbarer Nähe von Ludwigs-Bahnhof (am Plärrer) und Kanalhafen gelegen, partizipierte dieser Großbetrieb ab 1851 ausschließlich mit der Bahn.

Zwar mußten die Güterwagen einen Umweg von der staatlichen Ludwigs-Süd-Nordbahn über Fürth-Kreuzung zur Ludwigsbahn in Kauf nehmen, dafür entfiel das kostenintensive und zeitaufwendige Umladen vom Kanalschiff aufs Fuhrwerk. Außerdem hatte man mit der Eisenbahn die Möglichkeit, dort Kohle zu bestellen, wo jeweils das preislich oder qualitativ günstigste Angebot vorhanden war.

Als dann am Nürnberger Plärrer die vorhandenen Anlagen den gestiegenen Anforderungen nicht mehr genügten, suchte man mit Bedacht ein Gelände mit Anschlußmöglichkeit zur Eisenbahn und zum Ludwigs-Kanal. Fündig wurde man in Sandreuth, wobei das Gelände von den Streckengleisen Nürnberg – München und vom Ludwigs-Kanal umrahmt wurde. Letzterer war aber lediglich Notnagel, hoffte man doch, die damals (1904) schon diskutierte Rhein-Main-Donau-Wasserstraße würde im Großraum Nürnberg das Kanalbett des Ludwigs-Kanals mit benutzen. Erst dann wollte man Kohle per Schiff anliefern lassen.

Unter den geschilderten Umständen scheinen Kanal, Kanalhafen und Hafenbahn für die aufstrebende Industrie nur ein Notbehelf gewesen zu sein. Sogar Zweifel an dem Begriff „Hafenbahn" sind berechtigt, denn die Industrie hatte die Schienenverbindung nicht gefordert und die Inbetriebnahme am 21. 10. 1851 stand wahrlich unter einem anderen Vorzeichen: An diesem Tag nämlich meldet die „Generaldirektion der Kgl. Bayerischen Verkehrsanstalten" an die „Kgl. Eisenbahn-Commission": „. . . Die . . . Zweigbahn ist nunmehr nicht allein bis zur I^{ten} Drehscheibe (fertig), sondern bis zur II^{ten} Drehscheibe an der Hafenmauer des Kanalhafens hergestellt, es können demnach von jetzt an die Bahntransportwagen auf besagtem Verbindungsgleis gedrückt und so die ankommenden Schienen unmittelbar vom Ausladeplatz auf die Wägen verladen werden."

Dieser unscheinbare Vermerk enthält neben dem Eröffnungsdatum einen wichtigen Hinweis zur Entstehungsgeschichte der Hafenbahn. 1851 waren nämlich noch einige Teilstrecken der Ludwigs-Süd-Nordbahn in Bau. Wie nun dem obigen Schreiben unschwer entnommen werden kann, sollten Schienen über Rhein, Main und Ludwigs-Kanal auf dem Wasserweg nach Nürnberg transportiert werden, um – dort auf Güterwagen umgeladen – die jeweiligen Baustellen per Achse zu erreichen. Für die Eisenbahn war dieses Verfahren preis- und zeitgünstiger, aber auch sicherer als der Transport von Schienen per Fuhrwerk auf dem Landweg.

Neben der Ludwigs-Süd-Nordbahn dürfte noch manch andere Baustelle mit Schienen beliefert worden sein, so z. B. die der Ludwigs-Westbahn oder für die Strecken der Bayerischen Ostbahn oder auch für Gleisanschlüsse bei neugegründeten Fabriken.

Zwischen 1858 und 1860 ging die Episode der Schienenverladung im Nürnberger Kanalhafen zu Ende, denn in diesem Zeitraum war das Streckennetz Frankens und der Oberpfalz soweit intakt, daß die Schwerindustrie bei Haidhof ihre Schienen vom Fabrikhof per Güterwagen dierekt an die Baustellen versenden konnte. Schienenmaterial aus dem Ruhrgebiet war nun nicht mehr gefragt.

So gesehen konnte die Hafenbahn keine positive Entwicklung verzeichnen und die Anlagen blieben dieselben. Einzige Änderung innerhalb einer rund 50jährigen Betriebszeit war der Bau einer Unterführung für die Schwabacher Straße. Hintergrund für diese Baumaßnahme stellte die Verlängerung der Pferdestraßenbahn von der Bauerstraße zur Schlachthofstraße dar. Mit der besonderen Funktion einer Hafenbahn hatte die Unterführung allerdings nichts zu tun. Änderungen oder Erweiterungen der Gleisanlagen längs der Kaimauer sind auch nicht bekannt, ging doch die Benutzungshäufigkeit ab 1863 ständig bergab. Das endgültige Aus für den Hafenbahnanschluß kam dann zwischen 1900 und 1904. Innerhalb des genannten Zeitraumes erfolgte die Umgestaltung des Nürnberger Centralbahnhofes. So wurden allgemein die Gleisanlagen um 3 m angehoben sowie die Streckengleise in Richtung Fürth neu angelegt. Unmittelbar angrenzend an die Gleise der ehemaligen Ludwigs-Süd-Nordbahn wurde ein hoher Damm aufgeschüttet – incl. einer weiteren Brücke für die Schwabacher Straße. Dieser Damm diente nach seiner Fertigstellung den Richtungsgleisen zwischen Centralbahnhof und Bahnbetriebswerk sowie den neuen Richtungsgleisen zwischen Fürth und Nürnberg. Konsequenterweise mußten dem Dammbau die Hafenzufuhrgleise geopfert werden, was vermutlich zwischen 1900 und 1901 geschah.

War dieser Schienenverbindung auch kein dauerhafter Erfolg beschieden, so dürfte sie doch die erste ihrer Art in Deutschland gewesen sein. Ausschlaggebend für das Votum ist nicht allein der Zeitpunkt der Inbetriebnahme (21. 10. 1851), sondern die Tatsache, daß der Gleisanschluß prinzipiell über alle Grundelemente einer Hafenbahn verfügte. Beispielsweise gab es von Anfang an ein Verbindungsgleis zum nächstgelegenen Güterbahnhof. Im vorliegenden Falle führte es sogar zum Centralbahnhof, denn er hatte bis 1904 zusätzliche Pflichten aus dem Güterverkehr zu bewältigen. Einzige Aufgabe des speziellen Gleises war Zu- und Abfuhr von Güterwagen für den Kanalhafen. Dagegen gab es im Hafengebiet selbst noch ein Umfahrgleis sowie Rangier- und Abstellmöglichkeiten.

Dokumentiert die vorhandene Gleisanlage lediglich eine großzügige Ausstattung, markiert das Kaigleis den Unterschied zwischen Lände- und Hafenbahn. Es lag nämlich nicht nur parallel zum Hafenbecken, sondern auch im Schwenkbereich der Krane. Durch die gewählte Anordnung von Schiene und Kran am Hafenbecken setzte Nürnberg ungewollt den Anfangspunkt einer rationellen Umschlagtechnik zwischen Schiene und Wasser. Sicherlich war die neue Art der Umschlagtechnik noch immer zeitaufwendig, denn die drei handbetriebenen Krane und die beiden Drehscheiben stellten ein gewisses Hindernis dar. Der Vergleich mit Bamberg zeigte jedoch deutlich den Fortschritt des Nürnberger Umschlagsystems, denn in Bamberg konnte man 1851 und danach nicht auf den Pendelverkehr mit Fuhrwerken zwischen Hafen und Bahnhof verzichten.

Bedauerlicherweise ging vom Nürnberger Umschlagsystem kein nennenswerter Impuls für nachfolgend errichtete Lände- und Hafenbahnen aus. Lediglich die private Ostbahngesellschaft wählte die gleiche Anordnung für ihre Hafenbahnen in Passau und Regensburg. Hingegen sollte es bei den von der Staatsbahn bedienten Hafenbahnen noch bis zur Jahrhundertwende dauern, ehe sich auch dort das „Nürnberger Modell" durchzusetzen begann.

Der vorläufige Endpunkt der in Nürnberg erstmals praktizierten Umschlagtechnik läßt sich heute ohne weiteres am Staatshafen in Eibach nachvollziehen. Aus handbetriebenen Bockkränen wurden hochmoderne Portalkräne, welche durchaus in der Lage sind, nicht nur Ladestraße, Schiene und Lastkähne zu bedienen – darüberhinaus erhalten viele Firmen ihre Güter per Kran direkt vom Schiff.

Die Hafenbahn an der Rothenburger Straße hingegen hatte keinerlei innovative Ambitionen. Sie blieb was sie war, eine Ent- ladestelle für Schienen mit „ein bißchen Gü- terumschlag". Rationelle Umschlagtechnik war nicht gefragt, denn die Nürnberger Indu- striebetriebe bevorzugten direkte Gleisan- schlüsse auf ihrem Firmengelände.

Umschlag auf der den Bahnhof und Kanalhafen in Nürnberg verbindenden Zweigbahn

Es wurden befördert:		Hiervon gingen von der Bahn auf den Kanal	Vom Kanal gingen auf die Eisenbahn über
Jahr	Tonnen		
1855/56	9237	–	–
1856/57	15817	15122	695
1857/58	18342	n. a.	n. a.
1858/59	10837	"	"
1859/60	7993	"	"
1860/61	9353	"	"
1861/62	14287	"	"
1862/63	20220	"	"
1863/64	18952	"	"
1864/65	17011	"	"
1865/66	12829	"	"
1866/67	14424	"	"
1868	11751	"	"
1869	16026	"	"
1870	11529	"	"
1871	15077	"	"
1872	13700	"	"
1873	10559	"	"
1874	10697	"	"
1875	8536	"	"
1876	7329	6807	522
1877	7730	6331	1399
1878	6410	5911	499
1879	5334	4758	576
1880	5863	5163	700
1881	6701	5846	855
1882	5968	5683	285
1883	7577	6126	1451
1884	7281	6810	471
1885	8320	6962	1357
1886	10690	9344	1356
1887	9197	8697	300
1888	7456	7150	306
1889	8073	7651	422
1890	6215	5945	270
1891	6321	5825	396
1892	5820	5580	240

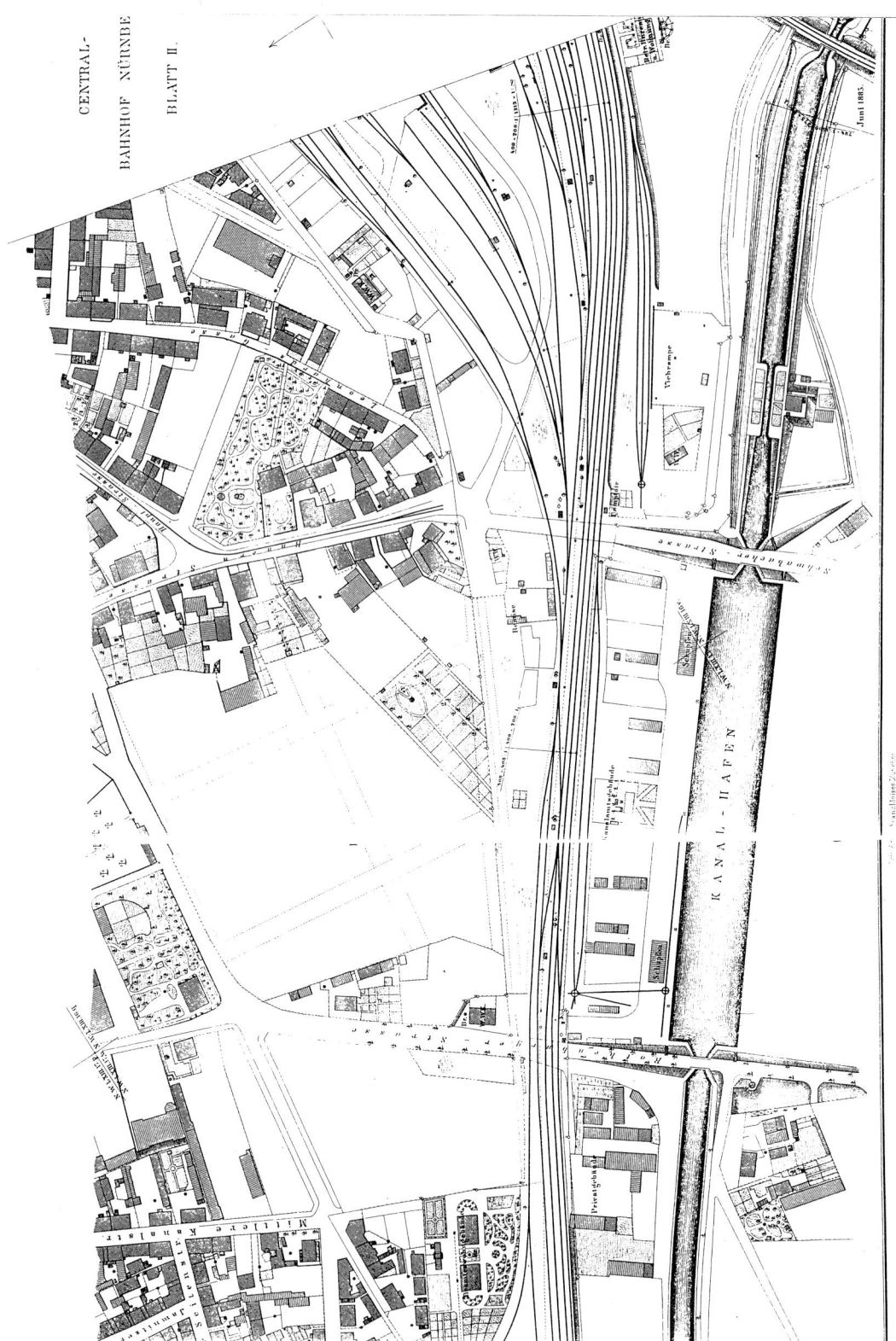

Kanalhafen und Hafenbahn in Nürnberg an der Rothenburger Straße, 1885. Zeichnung: Bayer. Staatsarchiv.

Der Kanalhafen in Nürnberg an der Rothenburger Straße. Im Hintergrund die Burg, davor die „Ludwigs-Süd-Nord-Bahn" mit einem Zug Richtung Nürnberg-Centralbahnhof.   Foto: Sammlung M. Bräunlein.

Die gleiche Perspektive am 21. 07. 1920. Gleise und Drehscheiben wurden entfernt, die Hafenbahn gibt es nicht mehr und die Staatsbahnstrecke Nürnberg-Fürth wurde höher gelegt.
Foto: Hochbauamt der Stadt Nürnberg.

DEMERAG

Das Ende der ersten Nürnberger Hafenbahn bedeutete nicht gleichzeitig das Aus für eine Verknüpfung von Schiene und Wasserstraße im Stadtgebiet. Wenige Jahre danach entstand – nur einen Steinwurf entfernt – in Gibitzenhof ein neuer Umschlagplatz am Ludwigskanal.

Die Nürnberger Speditionsfirma C. Weber & Co. (gegründet 1892) entschloß sich 1910, Schiffsverkehr auf dem Ludwigskanal durchzuführen. Bei allgemein sinkenden Transporteinheiten auf dem Kanal hatte man eine Marktnische reaktiviert und kümmerte sich um Speditionsaufgaben zwischen Neckar, Rhein, Main und Donau. Das Geschäft mit angemieteten Frachtkähnen schien erfolgversprechend und konsequent erlangte die Schiffsabteilung dieser Spedition Selbständigkeit in Form der „Donau-Main-Schiffahrtsgesellschaft m.b.H.". Mit fünf Motorschiffen (Rohölhilfsmotor) eröffnete man den eigenen Schiffsverkehr zwischen Bamberg und Regensburg. Darüberhinaus waren eigene Kähne in den Monaten Februar bis November zwischen Mannheim, Frankfurt und Regensburg unterwegs, in der übrigen Zeit nur zwischen Frankfurt und Bamberg. Daneben flößte man bei Bedarf Langholz auf Ludwigskanal und Main.

1915 ergaben sich deutliche Steigerungen der Transportzahlen auf dem Kanal, bedingt durch immense Getreidemengen, welche aus den Donauländern zum Main und Rhein hin verfrachtet werden mußten. Kriegsbedingt hatte die Bahn für solche Aufgaben keine freien Kapazitäten und so profitierte die Kanalschiffahrt von einer Vielzahl zusätzlicher Transportaufgaben. Machbar waren diese Transporte selbst für eine Spedition nur über die kurzfristige Anmietung fremder Schiffe. Ab November 1916 waren dann allein zu diesem Zweck über 100 Schiffe zwischen Regensburg, Mannheim und Duisburg unterwegs.

Die Bewältigung solch zusätzlicher Aufgaben erbrachte wenigstens für eine Weile ein positives Verhältnis zur Binnenschiffahrt, weshalb die bayerische Staatsregierung den Ausbau der Schiffahrtsstraße zwischen Aschaffenburg und Passau ernsthaft erwog. Für die Donau-Main-Schiffahrtsgesellschaft eröffnete diese Nachricht neuartige Zukunftspläne und am 15. März 1917 erfolgte die Umwandlung der GmbH in eine Aktiengesellschaft mit der offiziellen Bezeichnung „Donau-Main-Rhein-Schiffahrts AG" (DEMERAG). Außerdem kam es zum Ankauf der angesehenen Gründerfirma Weber & Co. Mit acht eigenen Kanalmotorschiffen, fünf Mainschleppschiffen und zwei Motorschiffen für 250 t Nutzlast sah man den Hausforderungen gelassen entgegen.

Der DEMERAG-Firmensitz in Nürnberg befand sich in Gibitzenhof am Ludwigskanal, eingerahmt von den Einfahrgleisen des Nürnberger Rangierbahnhofes und den Mietshäusern an der Dianastraße. Neben den zehn Lagerhallen dürfte wohl auch die Gleisanlage ab 1913 sukzessive entstanden sein. 569 Meter Gleis, davon ein Kai- und ein Lagerhallengleis, drei Weichen – mehr benötigte man für die vielfältigen Aufgaben nicht. Das Rangieren sowie den Zu- bzw. Abtransport der Güterwagen zum nahegelegenen Rangierbahnhof führten Loks der deutschen Reichsbahn, später der Deutschen Bundesbahn durch. Bei dieser Regelung blieb es auch, als 1941 die Gleisanlagen in den Besitz der AG übergingen.

Selbst als nach dem Zweiten Weltkrieg die Schiffahrt auf dem Kanal nicht mehr möglich war, wurden die Schienen weiterhin benutzt. Erst als das Gelände 1960 der Stadt Nürnberg verkauft wurde – Ausbau der Dianastraße für Schwerguttransporte der Trafo-Union zum neuen Kanalhafen – wurde der Gleisanschluß demontiert. Der Abbruch der Gleisanlagen zerstörte den Lebensnerv der Firma, welche heute in Nürnberg nicht mehr existiert.

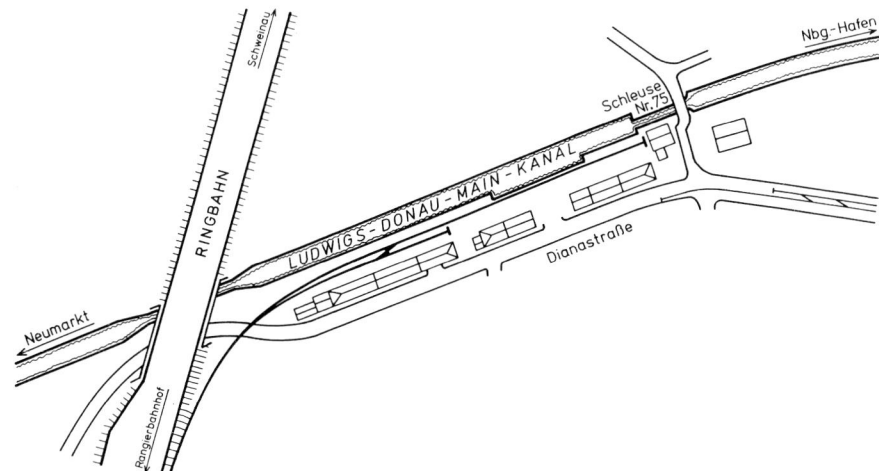

Lände Nürnberg - Gibitzenhof

Lageplan der „DEMERAG" in Nürnberg-Gibitzenhof. Gezeichnet von Markus Kirchhoff.

Die Anlagen um 1926,
fotografiert von
H. Falk.

Die Nürnberger Hafenbahn

Betrachtet man die Verbindungspunkte zwischen Schiene und Main-Donau-Wasserstraße in Nürnberg chronologisch, so steht, hinter der ersten Hafenbahn an der Rothenburger Straße und der DEMERAG in Gibitzenhof, die jetzige Hafenbahn in Eibach an dritter Stelle. Die Planungen zu diesem Hafen begannen allerdings schon früher – zwischen dem Ersten und dem Zweiten Weltkrieg. Bereits im Generalbebauungsplan von 1926 war in der von Südfriedhof, Eibach, Reichelsdorf und Königshof umgrenzten Fläche ein Hafen vorgesehen. Konkrete Pläne wurden jedoch erst 1940 entwickkelt, verschwanden kurz danach – wegen des Kriegsbeginns – in den Schubladen und konnten erst 1960 erneut aufgegriffen werden. Nach langen Beratungen über das Aussehen der Hafenanlagen ergaben sich bei der sogenannten „Gabellösung" (Anordnung der Hafenbecken wie einer Gabel) die meisten Vorteile zwischen nutzbarer Fläche, gewünschter Kailänge, Firmenansiedelung sowie Anbindung von Schiene und Straße.

Von Duisburger Straße und Bahnlinie Nürnberg – München gleich weit entfernt wurde der Hafenbahnhof errichtet. Er verfügt über ein Drucktastenstellwerk, einen Ablaufberg, als auch über genügend Rangier- und Abstellgleise. Die Nutzlänge der Gleisharfe wird mit 750 m angegeben. Über ein sog. Zustreifgleis, das parallel zur nördlichen Hafenstraße verläuft, erfolgt die Zustellung der Güterwagen zu den Hafenbecken. Die im Hafenrandgebiet angesiedelten Firmen sind über ein Industriegleis angeschlossen. Jedes der 1200 m langen Hafenbecken verfügt mindestens auf einer Seite über zwei Kaigleise, welche über diverse Weichen vielfach miteinander verbunden sind. Den Warenumschlag besorgen Umschlaggeräte, welche mit ihrem Portal die Gleisanlagen überspannen, aber auch in der Lage sind, jedweden Güteraustausch zwischen Schiff, Bahn, LKW und Firmengelände zu besorgen.

Die Konzeption der Gleisanlagen (derzeit: 23 km Streckennetz und 110 Weichen) erlaubt eine bedarfsgerechte Erweiterung. Den Rangierdienst übernehmen werktags zwei Diesellokomotiven des Bahnbetriebswerkes Nbg.-Rbf. Es handelt sich in der Regel um Lokomotiven der Baureihen 290/291. In letzter Zeit selten anzutreffen sind die der BR 360.

Die Eröffnung des Staatshafens fand am 23. September 1972 statt und war eine harmonische Demonstration für die Schiene-Kanal-Kombination. Das Rahmenprogramm der Eröffnungsfeier begann damit, die Festgäste per Sonderzug von Nbg.-Hbf. über Fürth-Hbf. zum Haltepunkt „Alte Veste" (Rangaubahn Fürth – Cadolzburg) zu bringen. Wegen des kurzen Bahnsteiges dieser Station wurde der Sonderzug geteilt und mit je einer V 100 bespannt. Zu Fuß erreichten die Teilnehmer die nahe Anlegestelle und stiegen aufs Schiff um. Auf dem neuen Kanal setzte man die Rundreise zum Staatshafen fort. Am späten Nachmittag kehrten die Gäste mit dem Sonderzug, der jetzt am Zugschluß und am Zuganfang jeweils mit einer V 100 bespannt war, zum Nürnberger Hauptbahnhof zurück.

Zwar steht für die jetzige Hafenbahn ein ähnliches Schicksal, wie das der Ländebahn an der Rothenburger Straße, nicht zu befürchten, eine Verlagerung vom Schiff-LKW-Umschlag hin zur Intensivierung vom Schiff-Schiene-Umschlag käme den ursprünglichen Hafenüberlegungen jedoch näher und wäre zeitgerecht.

R H E I N - M A I N - D O N A U - K A N A L

Rotterdamer Straße

H A F E N B E C K E N

Bremer Straße

Linzer Straße

Preßburger Straße

Hamburger Straße

Duisburger Straße

NORD

Stell-werk

Gleis-waage

Nbg - Fibach

Hauptsignale

Gleisplan für den Staatshafen Nürnberg, Stand April 1991.   Gezeichnet von M. Kirchhoff.

Im Gegensatz zu den in „die Natur" eingebetteten Häfen des Ludwigs-Kanals prägt die Technik das Bild vom Nürnberger-Kanalhafen. Dafür läßt sich aber manches zum Schmunzeln entdecken, z. B. ein Schiffseigner, der einen Stuhl am Schiffskran befestigt hatte und am 30. 06. 1990 Malerarbeiten durchführte. Foto: M. Bräunlein.

Marcus Deschauer

Der neue Main-Donau-Kanal

Ende des 19. Jahrhunderts, mitten in der industriellen Revolution, regten sich in Bayern erste Stimmen, welche als Nachfolge für den damals schon anachronistischen Ludwigskanal eine neue und leistungsfähige Main-Donau-Schiffsverbindung forderten. Unterstützung erhielten sie von Prinz Ludwig von Bayern – dem späteren König Ludwig III. – der, wie sein Großvater, Ludwig I., an einem Kanalbauprojekt Gefallen fand. 1892 schloß sich die Kanallobby zum „Verein zur Hebung der Fluß- und Kanalschiffahrt in Bayern" (später kurz Kanalverein genannt) zusammen. Ihr Ziel war, die politische Durchsetzbarkeit eines neuen Kanals voranzutreiben und die technische Durchführung zu planen. Wie beim alten Kanal auch, wurde eine Vielzahl möglicher Trassenführungen ausgearbeitet. Ebenfalls zur Debatte stand der Ausbau des Ludwigskanals sowie ein Schiffsweg zwischen Neckar und Donau.

Um die Pläne „für München" interessant zu machen, war grundsätzlich eine Fortsetzung über Augsburg zur Landeshauptstadt hin vorgesehen, was die Verbindung der wichtigsten bayerischen Städte per Wasserstraße (Main, Donau und Kanal) bedeutet hätte. Dies wäre dem Vorbild eines flächendeckenden Wasserstraßennetzes, wie in Norddeutschland, näher gekommen.

Die Kanallobby hatte es jetzt in Bayern aber schwerer als die Canalisten zu Zeiten Ludwigs I., und so dauerte es bis zum Ersten Weltkrieg, ehe sie einen politischen Erfolg erringen konnten. In den Kriegsjahren sah man auch strategische und kriegswirtschaftliche Vorteile einer neuen Main-Donau-Verbindung, so daß die Bayerische Regierung 1917 die Errichtung eines Kanalbauamtes genehmigte. Im selben Jahr noch gründete sich mit dem „Main-Donau-Stromverband" der Vorläufer einer späteren Rhein-Main-Donau AG. Nach dem Ersten Weltkrieg nahm dann das Projekt konkrete Formen an. Am 13. Juli 1921 schloß das Deutsche Reich mit Bayern den Main-Donau-Vertrag, der am 30. Dezember die Gründung der Rhein-Main-Donau AG nach sich zog. Vom Aktienpaket

hielten 48% das Reich und 26% das Land Bayern.

Vor Inangriffnahme des Verbindungskanals wurde in den darauffolgenden Jahren mit dem Ausbau von Main und Donau begonnen, um sie zwischen Aschaffenburg und Bamberg bzw. Kelheim und Passau für die Großschiffahrt nutzbar zu machen. So entstanden ab den 20er Jahren die Voraussetzungen für das dritte Kanalprojekt nach Karl dem Großen und König Ludwig I. in Bayern. Wie ernsthaft man das Projekt anging, zeigte sich schon 1929 beim Bau der Eisenbahnlinie Kinding – Beilngries, wo man im Altmühltal eine Streckenführung wählte, die eine möglichst einfache Kreuzung mit dem Schiffsweg gewährleistete. Andererseits rechnete man allgemein mit einer neuen Linienführung außerhalb des Ludwigskanals, was die Stadt Erlangen bewog, über eine neue Funktion der alten Schiffahrtsstraße nachzudenken: eine Schnellstraße sollte dort entstehen.

1938 dann der Durchbruch; konnten sich doch jetzt alle Beteiligten über eine definitive Trassenführung des neuen Wasserweges (Bamberg – Nürnberg – Beilngries – Kelheim) einigen, was im Rhein-Main-Donau-Gesetz festgeschrieben wurde.

Das Rhein-Main-Donau-Projekt paßte selbst dem Nationalsozialismus gut ins Konzept, denn hier wurde es zur Reichsaufgabe erklärt und war auch als Arbeitsbeschaffungsmaßnahme dienlich. Bereits 1939 begannen südlich von Nürnberg erste Vorarbeiten für den neuen Kanal, die bei Kriegsausbruch jedoch wieder einzustellen waren.

Nach dem Krieg vollzog sich insofern ein Wandel, als die geplante Schiffahrtsstraße in den Rang eines europäischen Fernwasserweges erhoben wurde. Als „Europakanal" soll dieser das wichtige Mittelstück einer 3500 km langen, die europäische Hauptwasserscheide überwindenden Wasserstraße zwischen Nordsee und Schwarzem Meer werden, so daß 13 Staaten mit etwa 500 Millionen Menschen ökonomisch näher zusammenrücken.

1959 nahm die Rhein-Main-Donau AG auf dem Teilstück Bamberg – Nürnberg die

Arbeiten auf und − nachdem 1962 der Mainausbau Bamberg erreichte − konnte 1972 der Nürnberger Hafen seiner Bestimmung übergeben werden.

Die Ausmaße des Kanalbettes wurden gegenüber dem Ludwigskanal circa verdreifacht. Damit empfiehlt sich der Kanal nicht nur für das 1350-t-Europaschiff, sondern auch für den 3300-t-Schubverband von 185 m Länge und 11,40 m Breite. Die Zahl der Schleusen wurde gegenüber dem alten Kanal von 101 auf 16 reduziert, davon sind drei mit einer Hubhöhe von 24,67 m die höchsten in Deutschland.

Insgesamt wird der Kanal eine Länge von 171 km haben. Von Bamberg ausgehend verläuft er im Regnitztal bis Fürth, teils in der Regnitz selbst, teils als Seitenkanal. Die Trasse wendet sich dann südöstlich über Nürnberg nach Hilpoltstein zur 406 m über NN hohen Scheitelhaltung. Von dort wird über Berching und Beilngries im Sulz- und Ottmaringer Tal Dietfurt erreicht, wo sich der Kanal mit der Altmühl vereinigt. Die kanalisierte Altmühl wiederum mündet bei Kelheim in die Donau. Diese Streckenführung hatte bereits zu Beginn des 19. Jahrhunderts Wiebeking als beste Lösung vorgeschlagen. Pechmann hatte sie aber beim Bau des Ludwigskanals wegen schwieriger Wasserversorgung der Scheitelhaltung verworfen.

Das Problem der Wasserzufuhr für den Bereich des Stillwasserkanals wird die Rhein-Main-Donau AG besser lösen können: durch fünf Pumpspeicherwerke wird Wasser aus Altmühl und Donau zur Scheitelhaltung gefördert werden. Zugleich soll Wasser aus diesen beiden Flüssen ins wasserarme Regnitz-Main-Gebiet gelangen. Zu diesem Zweck werden verschiedene Überleitungssysteme und Wasserspeicher gebaut, z. B. der Brombachsee (er wird mit 12,7 km² größer sein als der Tegernsee), der Altmühl- und der Rothsee. Zu einer Seenplatte zusammengefügt haben sie nicht nur technische Funktion, sondern dienen auch der Ökologie und der Naherholung.

Obwohl der Ludwigskanal früher in Betrieb ging als die erste in gleicher Richtung verlaufende Nord-Süd-Verbindung der Eisenbahn, mußte die Wasserstraße die Konkurrenz durch die Schiene fürchten, nicht umgekehrt. Wie aber verhielt sich die Bahn, als sich der Bau einer neuen Schiffahrtsstraße ankündigte? Zu Beginn dieses Jahrhunderts war die Bayerische Staatsbahn sogar noch an einem zügigen Ausbau des Mains bis Aschaffenburg interessiert, hätte sie doch ihren Kohlehafen bei Mainz am Rhein auflassen können und Ruhrkohle hätten von Aschaffenburg aus per Bahn in Bayern verteilt werden können. Die Bayerische Staatsbahn konnte davon aber nicht mehr profitieren, da der Mainausbau Aschaffenburg erst 1920 erreichte. Im selben Jahr wurde die Bayerische Staatsbahn aufgelöst und ging als Segment in der Reichsbahn auf.

Als dann ab 1921 das Kanalprojekt konkrete Fortschritte machte, standen Vertreter der Reichsbahn diesem jedoch skeptisch gegenüber. Sie behaupteten, der Kanal sei nicht nötig, da die Bahn den Frachtverkehr alleine bewältigen könne. So schrieb 1935 die „Fränkische Tageszeitung" im nationalsozialistischen Stil über eine Main-Donau-Verbindung: „Sehnlichst wünschen wir alle den Tag herbei, an dem die nunmehrige Deutsche Reichsbahn sich ebenso verständnisvoll und neidlos damit abfindet, daß auch auf den deutschen Wasserstraßen die ihnen zukommenden Massengüter befördert werden, wie sie sich . . . damit abgefunden hat, daß die von ihr früher so sehr bekämpften und mit scheelem Blick betrachteten Fernlastwagen auf den deutschen Landstraßen dahinrollen und ihre Aufgabe erfüllen."

Die Deutsche Bundesbahn mußte dann nach dem Zweiten Weltkrieg ihre Preispolitik zunehmend am LKW-Wettbewerb orientieren. Auch der Main-Donau-Kanal wird zukünftig für die Bahn auf den parallel verlaufenden Linien erhöhten Wettbewerb bedeuten. Das Bundesverkehrsministerium schätzte 1981 die Einnahmeausfälle der Bundesbahn durch Transportverbilligung und Abwanderung von Transportgut auf 120 Millionen DM pro Jahr. Auf der anderen Seite bietet der Kanal der Bahn auch Chancen für neue Geschäfte (z. B. Zu- und Ablaufverkehr).

Eine andere Schätzung ist das erhoffte jährliche Transportaufkommen von 6 Milliarden Tonnen. Ob sich diese Prognose erfüllt, wird sich ab 1992 zeigen. Denn dann soll, mehr als ein Jahrhundert nach der ersten Initiative, der letzte Teil zwischen Hilpoltstein und Essing vollendet sein.

Feststehendes Faktum ist dagegen, daß der Main-Donau-Kanal siebenmal von Bahnlinien gekreuzt wird: von den Hauptstrecken

Riedenburg
Blick von der St. Anna-Brauerei

Das Altmühltal bei Riedenburg. Damals (1914) und heute (1990) mit der Kanalbaustelle für den Main-Donau-Kanal).
Sammlung u. Foto: M. Bräunlein.

172

Fürth − Würzburg, Nürnberg − Ansbach und Nürnberg − Treuchtlingen sowie von den Nebenbahnen Strullendorf − Schlüsselfeld/Ebrach, Forchheim − Höchstadt (Aisch), Erlangen-Bruck − Herzogenaurach und Fürth − Cadolzburg. Die Linie Neumarkt/Opf. − Beilngries wird den Kanal nicht mehr kreuzen, da das Gleisstück Greißelbach − Beilngries im Herbst 1989 abgebaut wurde.

Berührungspunkte zwischen Kanal und Eisenbahn (d. h. Hafenbahnen) existieren, anders als beim alten Kanal, von Anfang an an den wichtigsten Häfen. Die Nutzung des Bahnanschlusses, aber auch die der Häfen selbst, ist bei den kleineren Umschlagspunkten momentan allerdings noch in Frage zu stellen. Im Zuge des Wandels in Osteuropa kann der fertiggestellte „Europakanal" jedoch durch zunehmenden Ost-West-Handel an Bedeutung gewinnen. So könnte z. B. der geplante Donaufreihafen Deggendorf nach Wiederinbetriebnahme der Eisenbahnlinie Deggendorf − Pilsen eine Drehscheibe für Güter von und nach der Tschechoslowakei werden. Die Kanalhäfen im einzelnen:

Bamberg
 2 Stichbecken
 16 km Gleisnetz
Forchheim
 Parallelhafen mit 100 m Umschlagufer
Erlangen
 Parallelhafen mit 450 m Umschlagufer
 1 Stichbecken
 2 km Gleisnetz
Fürth
 Parallelhafen mit 560 m Umschlagufer
 2 km Gleisnetz
Nürnberg
 derzeit 2 Hafenbecken, ein Parallelhafen
 23 km Gleisnetz

Roth
 Parallelhafen mit 150 m Umschlagufer
Mühlhausen
 Parallelhafen mit 200 m Umschlagufer
Beilngries
 Parallelhafen mit 140 m Umschlagufer
Dietfurt
 Parallelhafen mit 220 m Umschlagufer
Riedenburg
 Parallelhafen mit 140 m Umschlagufer
Kelheim
 Parallelhafen mit 490 m Umschlagufer
 1 Stichbecken
 0,5 km Gleise

Nicht unerwähnt sei die Problematik des Umweltschutzes. Im Gegensatz zum Ludwigskanal, der heute in seinen erhaltenen Teilen als Feuchtbiotop gilt (mit 500 zum Teil unter Naturschutz stehenden Pflanzenarten), geriet der voraussichtlich 3,2 Milliarden teure „Europakanal" oft ins Kreuzfeuer der Kritik von Umweltschützern. Sicher beeinträchtigt der Kanal den Naturhaushalt und zerstört unwiederbringliche Biotope. Dies gilt besonders für die ökologisch wertvollen Täler: Altmühl-, Ottmaringer- und Sulztal. Andererseits bemüht sich die Rhein-Main-Donau AG gerade dort im Rahmen eines Landschaftsplanes um möglichste Rücksichtnahme auf die Natur, nicht zuletzt durch Druck der Öffentlichkeit. So sollen z. B. neugeschaffene Flach- und Stillwasserzonen Ausgleichsflächen sein. Auch die offensichtlichen Narben, die durch die gewaltigen Erdverschiebungen moderner Technik der Landschaft zugefügt wurden, sind in einigen Jahren verheilt. Im laufenden Betrieb verspricht der neue Kanal ein relativ umweltfreundliches Transportmittel zu sein, bei niedrigem Energieverbrauch und geringer Luft- und Lärmbelastung.

Main-Donau-Wasserstraße

Technische Daten

Baubeginn:	1959 in Bamberg
Bauende:	1992 im Altmühltal
Streckenführung:	Bamberg − Forchheim − Erlangen − Fürth − Nürnberg − Hilpoltstein − Berching − Beilngries − Dietfurt − Riedenburg − Kelheim
Gesamtlänge:	171 km
Inbetriebnahme:	25. September 1962: Einweihung des Staatshafens in Bamberg
	23. September 1972: Kanalteilstück Bamberg − Nürnberg eingeweiht
	23. September 1972: Staatshafen in Nürnberg eingeweiht
	27. September 1985: Kanalteilstück Nürnberg − Roth eingeweiht
Konzeption:	Stauwassergeregelte Regnitz (z. T. Regnitzseitenkanal zwischen Bamberg und Forchheim);
	Stillwasserkanal von Forchheim bis Dietfurt;
	stauwassergeregelte Altmühl von Dietfurt bis Kelheim.
Kanalbrücken:	In Trogkonstruktion werden folgende Flüsse überbrückt:
	− die Zenn bei Fürth-Atzenhofen
	− die Regnitz bei Fürth-Dambach
	− die Schwarzach bei Wendelstein-Neuses
höchster Punkt:	406 m über NN; im Streckenabschnitt zwischen Hilpoltstein und Bachhausen
Höhenunterschied:	vom Main bis zur Scheitelhaltung:
	176 m (11 Schleusen)
	von der Donau bis zur Scheitelhaltung:
	68 m (5 Schleusen)
Schleusenanlagen:	Länge: 190 m, Breite: 12 m

Schleusen:			
Bamberg	(10,94 m)	Leerstetten	(24,67 m)
Strullendorf	(7,41 m)	Eckersmühlen	(24,67 m)
Forchheim	(5,29 m)	Hilpoltstein	(24,67 m)
Hausen	(12,0 m)	Bachhausen	(17,0 m)
Erlangen	(18,30 m)	Berching	(17,0 m)
Kriegenbrunn	(18,30 m)	Dietfurt	(17,0 m)
Nürnberg	(9,40 m)	Riedenburg	(8,40 m)
Eibach	(19,49 m)	Kelheim	(8,40 m)

Bei einer Wasserspiegelbreite von 55 Metern und einer Wassertiefe von 4 m bis 4,8 m können den Kanal Europaschiffe (Ladevermögen: bis 1.500 t) und Schubverbände mit einem Ladevermögen bis zu 3.300 t befahren.

Neue Trassen — alte Ideen

Sieht man von der Modernisierung des Straßennetzes ab, änderte sich in der vom alten Kanal berührten Region in den letzten 50 Jahren verkehrspolitisch wenig. Nun aber haben sie wieder das Sagen, die Krane, Bagger, Lader und andere schwere Baustellenfahrzeuge im Tal von Sulz und Altmühl. Termingerecht soll er fertig werden, der neue Main-Donau-Kanal und ... ergibt sich nicht noch Unvorhergesehenes, wird er 1992 seiner Bestimmung übergeben.

Unabhängig von diesem Ereignis ist er schon jetzt, wie die Autobahn Nürnberg — München auch, integraler Bestandteil der Landschaft, wobei sich unzweifelhaft Topographie und technische Lösung — stärker als in der Vergangenheit — gegenseitig beeinflußten. Selbst bei der relativ schmalen Schnellbahntrasse für den ICE spricht man von Landschaftszerstörung und streitet in der Tat noch heftig um Varianten. Beherrscht wird die Diskussion von Themen wie Ökologie, Landschaftszerstörung, Trassenvarianten, Wirtschaftlichkeit, Sinn und Unsinn einer solchen Neubaustrecke.

Der Bogen zur Vergangenheit wurde diesbezüglich allerdings sehr selten gespannt, bildet aber einen wohltuenden Kontrapunkt zu heutigen Intuitionen. Hier nun der Bericht des „Beilngrieser Wochenblatt" vom 18. Januar 1926:

„Die Frage der Erbauung einer direkten Bahn und zwar Hauptbahn Ingolstadt — Hersbruck über Beilngries — Neumarkt geht auf die Anfänge der bayerischen Eisenbahnbauten zurück und in der Tat fand diese Strecke auch Aufnahme in den bekannten bayerischen Gesetzentwurf 1869 über die noch zu bauenden Bahnen. Neben der noch fehlenden Strecke Ingolstadt — Geisenfeld — Landshut a. I., welche gleichfalls in diesem Hoffnungsgesetz Platz gefunden hat, sind ja so ziemlich jetzt alle anderen Linien zur Ausführung gelangt. Unerfindlich ist es deshalb, warum man gerade die Strecke Ingolstadt — Hersbruck ausgelassen hat, obwohl diese eine der wichtigsten innerbayerischen Verbindungen und die kürzeste Süd-Nordlinie von München aus darstellen würde. Sie wäre direkt in der Mitte zwischen den Süd-Nordlinien über Augsburg — Treuchtlingen — Nürnberg — Bamberg und über Landshut — Regensburg — Weiden — Hof. Ueber das Technische einer solchen Strecke, welche die natürliche gegebene Fortsetzung der Hauptlinie München — Ingolstadt nach Norden darstellen würde, ist zu sagen: Besondere Bauschwierigkeiten bestünden keineswegs und auch die Kosten wären in Anbetracht der Vorteile und Wegabkürzungen, welche eine solche Linie für weite Bezirke und viele Plätze unseres Bayernlandes mit sich bringen würde, zu verantworten und vertretbar. Es ist die Frage, ob nicht sonst, wenn man diese Lücke im bayerischen Eisenbahnnetz noch weiter beläßt, anderswo, zumal in Großstädten, durch Bahnhofumbauten, Verlegungen, Vergrößerungen usw. (man sprach auch schon von Anlage einer Vierspur „Nürnberg — Schwabach") mehr Unkosten erwachsen als durch den Ausbau dieser so wichtigen und naturgemäßen Verbindungslinie, welche gleich nach den neuesten Grundsätzen des elektrischen Bahnbetriebs neu- bezw. umgebaut werden könnte. Denn, nicht zu übersehen, große Teile dieser Verbindung bestehen ohnedies schon, wenn auch als Lokalbahn. Es fehlt südlich das Stück Ingolstadt-Nordbahnhof — Kipfenberg (etwa 19 Kilometer). Über Denkendorf und Paulushofen nach Beilngries läßt sich eine Bahnlinie kaum führen, weil hier der Abfall vom Juraplateau zum Altmühltal bei Beilngries nicht zu gewinnen ist ohne ein kostspielige und wegverlängernde Rampe, so daß man lieber gleich über Schelldorf und das Birktal bereits bei Kipfenberg zur Altmühl strebt. Von da bis Kinding besteht die schmalspurige Lokalbahn Eichstätt — Kinding, welche ohnehin schon zum Umbau für die Normalspur bestimmt ist. Eine verkürzte Zwischenlokalbahn Eichstätt-Bahnhof — Eichstätt-Stadt — Kipfenberg würde dann eine Verbindung schaffen zwischen der alten Hauptlinie Ingolstadt — Eichstätt — Treuchtlingen — Würzburg und der neuen Hauptbahn Ingolstadt — Kipfenberg — Beilngries — Neumarkt — Nürnberg — Hof. In Kinding könnte durch Ausbau der fehlenden 7 Kilometer bis Greding die Lokalbahn Roth – Hilpoltstein – Thalmässing – Greding direkten Anschluß nach Süden erhalten, durch die neue Hauptbahn nach Ingolstadt – München. Die 9 Kilometer lange Altmühltalstrecke Kinding – Beilngries sodann ist gleichfalls zum Neubau bereits als Vollspurbahn vorgesehen im Zuge der auszubauenden Altmühltallinie von Eichstätt – Kinding her.

Ebenso ist die Bahnstation Beilngries bereits vollständig neu gebaut, unter Berücksichtigung des Verkehrs in der Richtung nach Neumarkt i. O. nach Norden zu verlegt worden. Nun kommt die Lokalbahn Dietfurt – Beilngries – Neumarkt i. O. Von dieser bliebe das Endstück Beilngries – Dietfurt als eventuell einmal bis Breitenbrunn oder Riedenburg zu verlängernde Zweiglokalbahn bestehen mit schönem Anschluß von Süden (München – Ingolstadt) und Norden (Nürnberg – Neumarkt) her. Die Strecke Beilngries – Neumarkt nun verläuft aufs günstigste im Sulztale, weist sehr geringe Steigungen (kaum 1:200) auf und im großen und ganzen einen sehr gestreckten Lauf im flachen breiten Tal. Gerade diese Lokalbahn wäre sonach, wie keine zweite in Bayern, geradezu prädestiniert zum Umbau in eine Hauptbahn. Einige scharfe kurze Krümmungen bei Berching und Greißlbach (Kanalüberbrückung) wären unschwer zu beseitigen.

In Neumarkt würde die wichtigste Südost-Nordwestlinie Wien – Passau – Regensburg – Nürnberg – Würzburg – Köln erreicht und gekreuzt. Wie vorteilhaft für wichtige Verkehrsrealitionen! Also bis dahin, Neumarkt sind eigentlich ganz neu zu bauen nur 19 Kilometer (Ingolstadt-Nordbhf. – Kipfenberg), wenn man die bereits zum Bau genehmigten 9 Kilometer Kinding – Beilngries als schon bestehend rechnet, die aber erst hierdurch ihren richtigen Wert bekämen. Eine solche, demnach mit 19 bis höchstens 28 Kilometer Neubaustrecke (inklusive Kinding – Beilngries) zu erstellende direkte Hauptbahn Ingolstadt – Beilngries – Neumarkt wäre ein gar außerordentlich wichtiges Glied im Bayerischen Eisenbahnnetz, das einfach nicht ausgebaut und falsch zusammengefügt ist – mit ungesundem und ungerechtem Übergewicht der Westfront über Treuchtlingen – Augsburg (man vernimmt ja ständige Klagen über Verkehrsverstopfung auf dem Augsburger Hauptbahnhof, der man hier auf die einfachste und

für weite Landesteile vorteilhafteste Weise etwas vorbeugen könnte), solange solche Lücken im Eisenbahnnetz noch vorhanden sind wie gerade mitten durchs Zentrum von Bayern, wodurch das Land künstlich zerrissen und die verschiedensten Verkehrsverbindungen von Nord nach Süd und umgekehrt auf mehr oder minder große Umwege wider Willen und nicht zum Vorteil festgelegt werden. Eine bestehende Hauptstrecke München – Ingolstadt – Beilngries – Neumarkt würde außer der Fortsetzung nach Hersbruck, die wir jetzt noch außer Auge lassen, einen äußerst günstigen Anschluß nach Nürnberg – Würzburg – Frankfurt von München – Ingolstadt her schaffen, und den Weg München – Nürnberg gegenüber der jetzigen Verbindung über Augsburg – Donauwörth – Treuchtlingen wie Ingolstadt – Treuchtlingen – Nürnberg um fast 20 km verkürzen. Die nicht unwesentliche Wegabkürzung, die sich dann auswirkt auf alle die verschiedenartigen Verbindungen von Norden nach Süden, die über die Strecke Nürnberg – München verlaufen, ist nicht zu unterschätzen in ihrer Bedeutung für ganz Bayern und speziell im Hinblick auf die Verkehrsbedeutung der angestrebten Linie Ingolstadt – Beilngries – Neumarkt. Denn, wenn wir die Verbindung München – Nürnberg über Ingolstadt – Neumarkt um 20 Kilometer abkürzen, so verkürzen sich dann von selbst gegenüber dem Weg über Treuchtlingen – Augsburg so wichtigen Verbindung wie Bamberg – München, Leipzig – Probstzella – München, Magdeburg – München, Berlin – Bitterfeld – Saalfeld – München usw."

Weitere Ausführungen erläutern die Streckenführung von Neumarkt/Opf. bis Hersbruck. Da aber diesem Gedanken heute jeglicher realistischer Hintergrund fehlt, soll er auch nicht näher dargestellt werden. Dagegen finden sich in dem Zeitungsbericht überraschende und – derzeit wieder aktuelle – Anknüpfungspunkte zwischen heutigen Reisebedürfnissen und Planungen aus der Frühzeit der Eisenbahn. Auffälligstes Beispiel ist die direkte Linie von Nürnberg über Ingolstadt nach München. Schon zu Zeiten der Ludwigs-Süd-Nordbahn konzipiert, mußte die Linienführung militärischen Überlegungen ebenso Tribut zollen wie dem historisch verbrieften Einfluß der Wasserstraßen. Selbstverständlich sind ICE-Planungen frei von solchen Fak-

BR 23 105 nimmt gerade die Rampe bei Strullendorf (Neben-bahn Strullendorf-Frensdorf-Schlüssel-feld-Ebrach), um dann auf der Blechträger-brücke über den neuen Main-Donau-Kanal zu poltern.
Foto: M. Bräunlein, 23. 06. 1990.

toren, unterliegen dafür anderen Zwängen und Hindernissen. Absolut identisch jedoch ist die Frage der Zeitersparnis, obwohl die Ant-wort von der Wahl der Trasse ebenso ab-hängig ist wie von den technologischen Mög-lichkeiten. Unter diesem Aspekt kann die Ant-wort – damals wie heute – nur lauten: Nürn-berg – Ingolstadt – München. Akzeptiert man diese neu zu bauende Schnellbahn erst einmal unter diesem Aspekt, so ergibt sich – mit Blick auf die Vergangenheit – für die vom alten Kanal verkehrspolitisch beeinflußte Region folgende schienengebundene Idealvorstel-lung:

1. Auf der neuen Magistrale werden vorwie-gend Reisende und Güter mit hohen Ge-schwindigkeiten befördert. Der Zeitvor-teil ist ein Hauptanliegen dieser Strecken-führung.

2. Auf den noch verbliebenen Varianten von Nürnberg nach München über Augsburg oder Ingolstadt könnten dann nach-stehende Verbesserungen umgesetzt werden:

2.1. Für die seit 1870 in Betrieb befindliche Strecke Treuchtlingen – Ingolstadt – München ließe sich ein City-Bahn-Projekt zwischen Eichstätt und München rea-lisieren. Wesentliche Haltepunkte wären dabei Ingolstadt-Nord, Ingolstadt-Hbf. und die Station für den neuen Großflug-hafen München II.
Eichstätt käme dabei aus seiner historisch bedingten Randlage heraus, während der

Flughafen München II seiner zukünftigen Verteilerrolle entsprechend Würdigung fände.
Liegt dem City-Bahn-Konzept ein 2-Stun-den-Takt zugrunde, müßte der Fahrplan zwischen München-Hbf. und dem neuen Großflughafen im S-Bahn-Takt verdichtet werden.

2.2. Selbst Augsburg hat fast unbemerkt an seine historische Bedeutung wieder ange-knüpft, welche mit der „München-Augs-burger-Eisenbahn" begann. Tausende von Pendlern bestätigen jeden Werktag die Richtigkeit einer Entscheidung, welche 1844 in die Tat umgesetzt wurde. Der viergleisige Ausbau zwischen beiden Städten ist deshalb ein absolutes Muß, gleich wie der Beschluß für den Fernver-kehr ausfallen möge. Hinzu kommen noch gute Chancen für eine Schnellbahn-trasse von München über Augsburg, Ulm und Stuttgart in das Rhein-Main-Gebiet, so daß Augsburg wegen der Schnellbahn-verbindung Nürnberg – Ingolstadt – München wohl nicht in eine verkehrspoli-tische Randlage gedrängt wird. An Wich-tigkeit gewinnen wird auch die alte Nord-Süd-Verbindung von München nach Ber-lin über Augsburg – Nürnberg und Leip-zig. Eine schnelle Antwort für diese histo-risch gewachsene Magistrale wäre der Pendolino im Fernverkehr. Er könnte nicht nur ein interessantes Angebot für Reisende sein, sondern hätte folgende Vorteile:

- Fahrzeitverkürzung (auch auf Teilstrecken) bei vorhandener Trassenführung.
- Denkbar wäre auch die Relation München – Augsburg – Nürnberg preis-
günstig anzubieten, denn nicht jeder
Reisende hat dieselben Ambitionen
wie die ICE-Werbung schmackhaft
machen will.

- Selbst für die deutsche Waggonbau-
industrie käme die Pendolinolösung
gelegen, könnte man doch einen Ent-
wicklungsvorsprung erreichen und
dem Ausland anbieten. Dies wäre ein
Vorteil mit Zukunft, denn in anderen
Ländern wird ebenfalls nach Möglichkeiten von Fahrzeitverkürzungen
gesucht, ohne viele Strecken begra-
digen zu müssen.

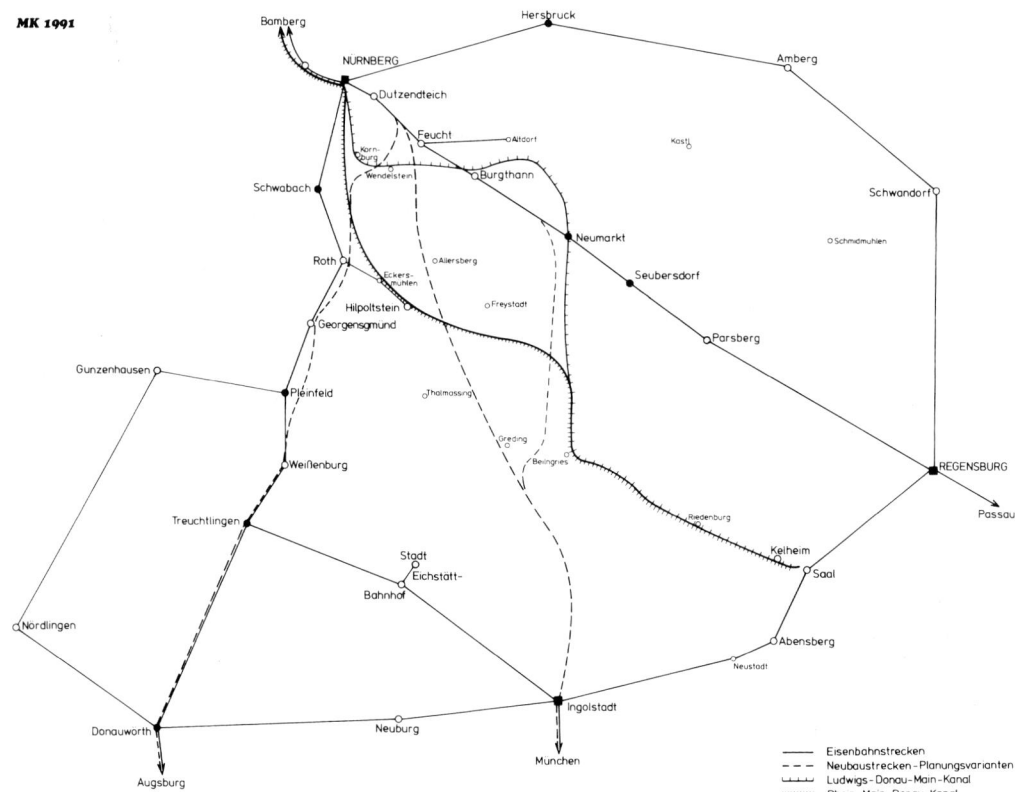

Bestandsaufnahme im Städteviereck Nürnberg-Regensburg-Ingolstadt-Donauwörth: Alter und neuer
Main-Donau-Kanal sowie die verbliebenen Eisenbahnstrecken (Zustand etwa wie 1874) und einige
Varianten der zukünftigen ICE-Verbindung (gestrichelt gezeichnet) Nürnberg-München.

Gezeichnet von M. Kirchhoff.

Ein Triebwagen der Gattung 614 überquert, von Cadolzburg kommend, am 13. 07. 1990 den neuen Main-Donau-Kanal bei Fürth-Süd.
Foto: M. M. M. Bräunlein.

Zeugnis

Herr Josef Krieger, Maurermeister aus Fürth war vom 1. April bis heute bei der unterfertigten Gesellschaft als Unterakkordant beschäftigt. Derselbe hat während dieser Zeit die Maurer- und Steinhauerarbeiten mehrerer gewölbter und offener Durchfahrten im Bezirk der Section Neumarkt, Linie Nürnberg − Regensburg hergestellt.

Die von Ihm ausgeführten Arbeiten sind vollständig meistermäßig solid und mit großer Genauigkeit hergestellt, und hat derselbe in jeder Beziehung sich in allen seinen Arbeiten sowie durch ruhiges taktvolles Benehmen und reelle Handlungsweise gegen seine Arbeiter stets die vollste Zufriedenheit erworben.

Neumarkt in/Oberpfalz am 25. November 1871

2. Berlin—Triest.

a	b	c		d	e		f	g	h	i	k	l	
10 36	über Mühldorf 10 48	1 8	.	8 48	über Mühldorf 10 48	Ab Berlin . . . . An	6 25	8 25	.	4 56	6 42	8 19	über Mühldorf
12 9	1 50	↓	.	10 13	1 10	Ab Leipzig . . . An	4 6	7 1	.	4 27	5 1	4 2	
5 55		7 40	.	4 13		Ab Nürnberg . . . An		12 50		10 30	10 55		
8 40		10 5	.	7 14		An | München		10 20		8 15	8 25		
9 30		11 45	.	8 15		Ab |	7 59	10 0	6 25	8 2			über Mühldorf
12 8	12 8	2 20	.	10 50	10 50	An | Salzburg	5 19	7 20	3 25	5 40		5 40	
12 32		2 50	.	11 22		Ab |	4 58		2 35	5 21			
2 52	.	5 1	.	1 48		An Badgastein . . . Ab	2 49	.	12 36	3 20		.	
9 1	.	11 25	.	8 16		An Triest . . . Ab	7 30	.	5 30	8 40	.	.	

Wichtigste Wagenläufe:

a: D-Schnellz.; dir. Wagen 1.–3. Kl. Berlin-Triest, Speisew. Berlin-München, Schlafw. München-Triest.

b: D-Schnellz.; dir. Wagen 1.–3. Kl. bis Landshut, Speisew. Reichenbach-Landshut.

c: D-Schnellz.; dir. Wagen 1.–3. Kl. u. Speisew. Berlin-München, dir. Wagen 1.–3. Kl. u. Schlafw. München-Triest.

d: D-Schnellz.; dir. Wagen 1.–3. Kl. u. Schlafw. Berlin-München, dir. Wagen 1.–3. Kl. Leipzig-München, dir. Wagen 1.–3. Kl. u. Speisew. München-Triest.

e: D-Schnellz.; dir. Wagen 1.–3.Kl. Berlin-Triest. Schlafw. bis Landshut.

f: D-Schnellz.; dir. Wagen 1.–3. Kl. Triest-Berlin. Speisew. Triest-München, ab Landshut auch Schlafw.

g: D-Schnellz.; dir. Wagen 1.–3. Kl. u. Schlafw. München-Berlin.

h: D-Schnellz.; dir. Wagen 1.–3. Kl. u. Schlafw. Triest-München.

i: D-Schnellz.; dir. Wagen 1.–3. Kl. Triest-Berlin, ab München im Zug **k**, Schlafw. Triest-München, dir. Wagen u. Speisew. München-Berlin.

k: D-Schnellz.; dir. Wagen 1.–3. Kl. Triest-Berlin vom Zug **i**, dir. Wagen u. Speisew. München-Berlin.

l: D-Schnellz.; dir. Wagen 1.–3. Kl. Landshut-Leipzig, Speisew. Landshut-Reichenbach.

Sommerfahrplan-Ausschnitt von 1914 (s. S. 46).

Literaturhinweise

Karlheinz Gleß:	Rosse Reiter Fuhrwerksleut, transpress − VEB Verlag für Verkehrswesen, Berlin 1986
Hans-Joachim Uhlemann:	Berlin und die märkischen Wasserstraßen, transpress − VEB Verlag für Verkehrswesen, Berlin 1987
„Donau-Schiffahrt":	Schriftenreihe des Arbeitskreises Schiffahrts-Museum Regensburg e.V., Band 1 und Band 2, sowie Rundschreiben Nr. 8, 11 und 12
Gottfried Mälzer:	Der Main, Geschichte eines Flusses, Echter Verlag, Würzburg 1986
Walther Zeitler:	Eisenbahnen in Niederbayern und der Oberpfalz, Vereinigte Oberpfälzische Druckereien und Verlagsanstalt GmbH, Weiden 1985
Manfred Bräunlein:	150 Jahre Eisenbahn in Nürnberg, Bufe-Fachbuch-Verlag, München 1985
Manfred Bräunlein:	Von der Ostbahnstrecke zu S-Bahn-Linie, Fahner-Verlag, Lauf a. d. Pegnitz 1987
Kosmas Lutz:	Der Bau der bayerischen Eisenbahnen rechts des Rheines, R. Oldenburg Verlag, München und Leipzig 1883
Hans-Peter Schäfer:	Die Entstehung des Mainfränkischen Eisenbahnnetzes, Teil 1, Böhler-Verlag GmbH, Würzburg 1979
Emma Mages:	Eisenbahnbau, Siedlung, Wirtschaft und Gesellschaft in der südlichen Oberpfalz (1850−1920); Dissertation Univ. Regensburg 1983, Verlag Michael Lassleben, Kallmünz
Markus Gurnik:	Die Geschichte des Ludwig-Donau-Main-Kanales unter Berücksichtigung besonderer Verhältnisse im Raum Wendelstein, Facharbeit am Gymnasium Roth 1987
Marcus Deschauer:	Die Bemühungen der Marktgemeinde Wendelstein um Anschluß an das Eisenbahnnetz und die daraus resultierende Entstehung der Lokalbahn Feucht − Wendelstein, Facharbeit am Gymnasium Roth 1986
Helga Krause:	Lokalbahn Feucht − Wendelstein, Entstehung und Einstellung; Zulassungsarbeit zur 1. Prüfung für das Lehramt an Volksschulen, 1976
Dr. Georg Schanz:	Studien über die bayerischen Wasserstraßen. Der Donau-Main-Kanal und seine Schicksale; C. C. Buchner Verlag, Bamberg 1894
Heinz Zirnbauer:	Rhein-Main-Donau. Die Geschichte eine Idee in Bildern; GAA-Verlag, Nürnberg
L. Schnabel, W. E. Keller:	Vom Main zur Donau. 1200 Kanalbau in Bayern; Bayer. Verlagsanstalt Bamberg, 1984
Kosmas Lutz:	Der Bau der Bayerischen Eisenbahnen rechts des Rheins. Verlag von R. Oldenburg, 1883, München und Leipzig
	„100 Jahre Gredl 1888−1988", Sonderheft der heimatkundlichen Schriftenreihe des Landkreises Roth, Roth 1988
	Hafen Bamberg, Verkehrszentrum in Oberfranken, Festschrift; Herausgeber: Länderdienst-Verlag München 1987 in Zusammenarbeit mit der Hafenverwaltung Bamberg